D1676826

Altlasten
Bewertung · Sanierung · Finanzierung

Altlasten

Bewertung · Sanierung · Finanzierung

Herausgegeben von
Prof. Dr. jur. Dipl.-Pol. Edmund Brandt

3., neu bearbeitete und erweiterte Auflage

EBERHARD BLOTTNER VERLAG · TAUNUSSTEIN

Gedruckt auf 80 g/qm Recycling-Papier mit 100 % Altpapieranteil.

CIP-Titelaufnahme der Deutschen Bibliothek:

Altlasten:
Bewertung, Sanierung, Finanzierung /
Herausgegeben von Edmund Brandt. –
3., neu bearbeitete und erweiterte Auflage –

Taunusstein: Blottner, 1993
ISBN 3-89367-030-0
NE: Brandt, Edmund [Hrsg.]

1. Auflage 1988
2., neu bearbeitete und erweiterte Auflage 1990
3., neu bearbeitete und erweiterte Auflage 1993

Herstellung: elda GmbH, Darmstadt
Umschlaggestaltung: M. Köster, Grafik-Design, München
Druck: Rombach GmbH Druck- und Verlagshaus, Freiburg i. Br.
ISBN 3-89367-030-0

Inhalt

Bestandsaufnahme und Bewertung

Sanierung

Haftung und Finanzierung

Dokumentation und Analyse

Ausweitung – neue Problemfelder

Vorwort

Das Altlastenproblem läßt sich – wie die meisten Umweltprobleme – nicht von einer Disziplin allein bewältigen. Diese Erkenntnis kann zwar inzwischen als allgemein akzeptiert gelten. Was daraus folgt, wie insbesondere die interdisziplinäre Zusammenarbeit aussehen muß, damit adäquate Problemlösungen erreicht werden können, ist aber alles andere als klar. Hinzu kommt, daß lange Zeit hindurch und noch bis vor kurzem Umfang und Schwierigkeit des Altlastenproblems unterschätzt wurden. Auch das ist selbstverständlich nicht ohne Auswirkungen geblieben, ebensowenig wie die leeren Kassen der Länder und namentlich der Kommunen, die ganz wesentlich nach wie vor die Sanierungslast zu tragen haben.

Hier setzt der vorliegende Sammelband an: Fachleute verschiedener Wissenschaftsbereiche haben an seiner Erstellung mitgewirkt, getragen von dem Bewußtsein, daß nur bei sorgsamer und umfassender Berücksichtigung aller Aspekte Fortschritte in der Sache zu erreichen sind. Wichtig erschien in dem Zusammenhang, daß gerade die ingenieurwissenschaftlichen Aspekte in ihrer politisch-rechtlichen Einbettung und unter Berücksichtigung von Problemen, die sich bei der Umsetzung von Lösungsstrategien stellen, behandelt werden. Am Anfang stehen deshalb Beiträge, in denen übergreifende Gesichtspunkte in den Vordergrund gestellt werden (H.- J. KOCH/CLAUS).

Um eine präzise Vorstellung vom Zuschnitt und von der Dimension des Altlastenproblems zu bekommen, bedarf es zunächst einer Bestandsaufnahme. Sie wird von HENKEL geliefert; dabei spielen sowohl quantitative als auch qualitative Gesichtspunkte eine Rolle.

Immer deutlicher schält sich – bereits bedingt durch nicht ausreichende Kapazitäten – das Erfordernis heraus, vor der eigentlichen Sanierung die Altlasten zu untersuchen und zu bewerten. Nur so kann im übrigen auch eine Prioritätensetzung gelingen, von der sich erwarten läßt, daß sie zu einem sinnvollen Ressourceneinsatz führt. Mittlerweile gibt es dazu eine – eher verwirrende – Fülle von methodischen Ansätzen. Als um so wichtiger erweist es sich, diese Ansätze nebeneinander zu stellen und vergleichend zu analysieren. Dies geschieht in dem Beitrag von E. KOCH.

Ebenfalls vergleichend setzt MEINERS an, der die zahlreichen, z.T. sehr unterschiedlich strukturierten Sanierungstechniken einer kritischen Bestandsaufnahme unterzieht. Auf diese Weise wird es dem Leser nicht nur ermöglicht, sich rasch einen Überblick über die angebotenen Verfahren zu verschaffen; es werden auch Kriterien entwickelt, mit deren Hilfe eine differenzierte Beurteilung der Leistungsfähigkeit der jeweiligen Technologie erfolgen kann. Wegen der hervorgehobenen Rolle, die Bodenbehandlungszentren im Rahmen der Sanierungsdiskussion einnehmen, ist ihnen ein eigener Beitrag gewidmet (KILGER/GRIMSKI).

Bei der Beschäftigung mit dem Altlastenproblem spielen Haftungs- und Finanzierungsfragen eine immer größere Rolle, nicht zuletzt deshalb, weil sich abzeichnet, daß die fehlenden Mittel zu einem der Haupthindernisse einer effektiven Sanierung zu werden drohen. Haftungsfragen stellen sich einmal im Verhältnis Bürger – Gemeinde, wenn die Gemeinde bei der Bebauungsplanung nicht angemessen auf das Altlastenproblem reagiert und dies Bürger geschädigt hat (HENKEL); zum anderen ist zu überlegen, unter welchen Voraussetzungen Private dafür herangezogen werden können, daß Altlasten entstanden sind (STAUPE/DIECKMANN). Mittlerweile kann als gesichert gelten, daß nur ein eher kleiner Teil der Mittel, die für die Altlastensanierung benötigt werden, über individualrechtliche Haftung zu erlangen sind. Damit ist es unabweislich, über weitere Möglichkeiten der Finanzierung nachzudenken (E. BRANDT).

Bei dem Versuch, das Altlastenproblem in den Griff zu bekommen, haben die beteiligten Instanzen in der Vergangenheit ganz unterschiedliche Wege beschritten – Erfolge, aber auch Mißerfolge waren das Ergebnis ihrer Bemühungen. Nach ca. zehn Jahren Sanierungspraxis erscheint es lohnend, einzelne Fälle und Vorgehensweisen, in denen deutlich wird, wie nahe oftmals Aus- und Irrwege nebeneinander liegen, zu dokumentieren und zu analysieren. Das geschieht in einem weiteren Abschnitt, in dem Autoren aus jeweils spezifischen Blickwinkeln Vorgänge und Entwicklungen schildern und kommentieren, die über den lokalen Bereich hinaus für Aufsehen gesorgt haben: das BMFT-Vorhaben Saarbrücken (SELKE), die Bille-Siedlung in Hamburg (J. BRANDT) und das Povel-Gelände in Nordhorn (WIEGANDT).

Typisch für die Altlastendiskussion ist, daß ständig neue Problemfelder sichtbar werden, sich insgesamt die Fragestellung ausweitet und Bereiche einzubeziehen sind, die zuvor nicht für einschlägig erachtet werden. Im letzten Abschnitt des Bandes wird versucht, einige in diesem Zusammenhang besonders interessante Entwicklungen einzufangen: Dabei geht es zunächst um die Altlastenproblematik in den neuen Bundesländern. Hier stellt sich eine Fülle von (zusätzlichen) Schwierigkeiten, die die Problemlösung nicht unerheblich erschweren (EISOLDT). Wenn eingangs gesagt wurde, daß das Altlastenproblem generell bis vor kurzem vielfach unterschätzt wurde, so gilt das für die Frage der Rüstungsaltlasten in noch viel stärkerem Maße. Um so schwieriger erweist es sich hier, zu angemessenen Lösungsansätzen zu gelangen (KÖNIG/SCHNEIDER). In Österreich hat die Beschäftigung mit Altlasten verhältnismäßig spät begonnen. Es ist dann aber in erstaunlich kurzer Zeit ein komplexes Instrumentenbündel entwickelt und zur Anwendung gebracht worden, um diesem Umweltproblem Herr zu werden. Die dabei gewonnenen Einsichten dürften auch für die Diskussion in der Bundesrepublik Deutschland von erheblicher Bedeutung sein (SCHWARZER).

Für einen ertragreichen, dauerhaften Bodenschutz ist die Bewältigung des Altlastenproblems essentiell. Deshalb erscheint es sinnvoll, die hier bestehenden Zusammenhänge herauszuarbeiten (E. BRANDT). Zugleich wird damit auch eine aktuelle rechtspolitische Entwicklung beleuchtet.

Angaben zu den Autorinnen und Autoren, ein Literaturverzeichnis und ein Sachregister runden den Band ab.

Ungeachtet verschiedener Diskussionszusammenhänge, in denen etliche der Beiträge entwickelt worden sind, handelt es sich bei den vertretenen Positionen natürlich um die persönlichen Auffassungen der Autorinnen und Autoren. Ihnen sei für die äußerst kooperative Haltung bei der Vorbereitung auch dieser Neuauflage ebenso gedankt wie Frau BÄRBEL ISEKE für die umsichtige, rasche und zuverlässige Erledigung der Schreibarbeiten.

EDMUND BRANDT

Edmund Brandt

Einleitung

In der mittlerweile reichlich vorhandenen Literatur zum Thema Altlasten fällt namentlich dann, wenn es um resümierende Bewertungen der erzielten Befunde geht, die Verwendung eines bestimmten Vokabulars auf. Da ist von Zwischenbilanzen die Rede, soll es sich um Momentaufnahmen handeln, werden erste Annäherungen an das Problemfeld konstatiert. Die Tendenz ist eindeutig: Niemand, der sich ernsthaft mit Altlasten beschäftigt, ist der Ansicht, man habe das Problem im Griff und es bedürfe lediglich noch der Umsetzung verfügbarer Lösungsstrategien, um den Tagesordnungspunkt abhaken zu können. Eher wird im Gegenteil zugestanden, daß sich die Karawane aus den beteiligten Wissenschaftlern und Praktikern erst auf den Anfangsetappen befindet und der Weg durch die Wüste noch unkalkulierbar weit ist. Dies schließt nicht aus, daß gelegentlich auch zufriedenstellende Ergebnisse erzielt werden und in Teilbereichen der Problemlösungsprozeß doch schon relativ weit fortgeschritten ist. Die dadurch verursachte Ungleichzeitigkeit – auch vielfältige Wechselbeziehungen – wird in diesem Band dokumentiert und analysiert. Sie zieht Klärungs- und Handlungserfordernisse nach sich und schafft die Grundlage für weitere Zwischenbilanzen. Auch derartige Zwischenbilanzen finden sich in den nachfolgenden Beiträgen – ihnen kommt sogar die Funktion von Korsettstangen in dem Bemühen um die Gewinnung von Transparenz zu.

Etwas außen vor bleibt bei alledem die Frage, welche Ausstrahlungen von der Altlastenproblematik für andere Bereiche der Umweltpolitik und für die Umweltpolitik generell ausgehen – genauer: was sich in den letzten zehn Jahren insoweit bereits geändert hat, aber auch, was sich ändern müßte, wenn die umweltpolitische Zukunft nicht ganz wesentlich von dem Problem Altlasten geprägt werden soll.

Diese Wahrnehmung determiniert die folgenden Überlegungen: In einem ersten Abschnitt finden sich einige Bemerkungen zum Stellenwert des Altlastenproblems im Kontext der umweltpolitischen Diskussion des vergangenen Jahrzehnts (unter I.). Dabei gewonnene Erkenntnisse lassen die Notwendigkeit eines Paradigmenwechsels in der Umweltpolitik deutlich werden (unter II.). Struktur und Inhalt des Umweltrechts sind gerade angesichts der Anforderungen und Herausforderungen durch das Altlastenproblem jedenfalls partiell neu zu überdenken. Darauf ist deshalb ebenso einzugehen (unter III.) wie auf die Frage, ob nicht gerade die bisher entwickelten und partiell schon ein Stück weit eingefahrenen Mechanismen der Lastenverteilung mit ihren vielfältigen Ausfächerungen und Implikationen einer erneuten Prüfung unterzogen werden müßten (IV.). Um den Einleitungscharakter nicht zu überfrachten, beschränken sich die Erörterungen überwiegend auf – mehr oder weniger angereicherte – Skizzierungen.

I. Zum Stellenwert des Altlastenproblems im Kontext der umweltpolitischen Diskussion des vergangenen Jahrzehnts

Allen Unkenrufen zum Trotz und ungeachtet gelegentlicher Dellen hier und da hat sich die Umweltpolitik im vergangenen Jahrzehnt insgesamt durchaus als Wachstumsbranche erwiesen. Verschiedene Indikatoren belegen das, so die in den öffentlichen Haushalten ablesbaren Steigerungsraten bei Umweltaufwendungen, der auf allen Ebenen vollzogene Auf- und Ausbau von Umweltministerien und -verwaltungen, nicht zuletzt auch der gestiegene Stellenwert, den Umweltprobleme in der politischen Auseinandersetzung einnehmen. Angesichts der Versäumnisse der Vergangenheit und der Quantität und Qualität der zur Lösung anstehenden Umweltprobleme war dies allerdings auch bitternötig, und vieles spricht dafür, daß das zur Verfügung gestellte Problemlösungspotential immer noch weit hinter dem zurückgeblieben ist, was eigentlich erforderlich gewesen wäre. Vor allem aber hat das lange und beharrlich in seiner Dimension und Intensität unterschätzte Altlastenproblem maßgeblich dazu beigetragen, daß ursprünglich anderen Zwekken zugedachte Ressourcen umgelenkt und hier eingesetzt werden mußten. Konkret bedeutet das, daß namentlich für den Bereich der Umweltvorsorge vorgesehene Mittel umgewidmet werden mußten, Behördenpersonal abgezogen und generell die Prioritätensetzungen verschoben werden mußten. In einigen Regionen ging dies so weit, daß zeitweilig die Erkundung, Bewertung und Sanierung bzw. Sicherung von kontaminierten Böden die Palette administrativer Maßnahmen im Umweltbereich prägte.

Beinahe wichtiger als die Veränderungen auf der Handlungsebene waren diejenigen auf der Wahrnehmungsebene: Entgegen der Erwartung, tendenziell den Blick von der Reparatur eingetretener Umweltschäden und der Abwehr drohender Umweltgefahren auf die Umweltvorsorge richten zu können, beanspruchten die „Sünden der Vergangenheit" zunehmend einen wesentlichen Teil der umweltpolitischen und umweltadministrativen Aufmerksamkeit. Dabei wirkte es sich als besonders gravierend aus, kaum jemals Zeitpunkt und Ausmaß des nächsten Altlastenfalls auch nur annähernd zuverlässig prognostizieren zu können. Zudem fiel es immer wieder schwer, Aufwendungen für die Altlastensanierung als Zukunftsinvestition erkennbar werden zu lassen – um ein Mehrfaches eingängiger war das Bild vom „Faß ohne Boden".

So ergibt sich als Resultat die fast paradoxe Situation, daß die Altlastenprobleme einerseits zu einem deutlich verstärkten Ressourceneinsatz innerhalb des Politikfeldes Umfeld geführt haben, andererseits der Umweltschutz im Konzert der miteinander wetteifernden Ressorts aber eher an Boden verloren hat. Soll dies nicht zu einem Dauerzustand werden, ist in der Umweltpolitik ein Paradigmenwechsel unabdingbar.

II. Notwendigkeit eines Paradigmenwechsels in der Umweltpolitik

Zu den häufig beklagten strukturellen Defiziten der Umweltpolitik gehört, daß zu spät (end-of-the-pip-Ansatz), an der falschen Stelle und zu lasch (Politik des peripheren Eingriffs) eingegriffen wird. Das bedarf hier keiner weiteren Erläuterungen. Wohl aber gilt es, darauf aufmerksam zu machen, daß diese Vorgehensweise zwar möglicherweise dazu beitragen wird zu verhindern, daß in Zukunft in größerem Ausmaß neue Altlasten – verstanden als punktuelle Bodenkontaminationen mit einem bestimmten Gefährdungspotential – entstehen werden (obwohl es keine Gewähr dafür gibt, daß beispielsweise nach heutiger Deponietechnik angelegte und betriebene Hausmülldeponien nicht in einigen Jahrzehnten sanierungsbedürftig sein werden), daß das aber mit einer gleichmäßigen, kaum zu kontrollierenden Umweltbelastung (der Luft, des Wassers, des Bodens) erkauft wird. Als mögliche Belastungspfade seien nur der bei der Müllverbrennung induzierte Luftpfad und der bei der Verwertung von Kompost induzierte Bodenpfad genannt.

Erschwerend kommt bei diesem Vorgang hinzu, daß Aufwand und Ertrag tendenziell in ein immer ungünstigeres Verhältnis zueinander geraten: Das letztlich bescheidene Mehr an Reinigungsleistung in den Filtern der Schornsteine emittierender Anlagen oder einer zusätzlichen Reinigungsstufe von Kläranlagen wird im Sinne des Wortes (zu) teuer erkauft oder ist manchmal sogar unbezahlbar. Jedenfalls dominiert der Eindruck eines Hase- und Igel-Wettlaufs mit den – aus der Sicht der Hasen – bekanntlich nicht besonders guten Erfolgsaussichten. So mühselig, vielfach wenig attraktiv und auch rechtlich alles andere als einfach führt deshalb immer weniger an der Erkenntnis vorbei, daß eine Umkehr bei der umweltpolitischen Prioritätenfolge stattfinden muß mit einer Vorverlagerung der Einwirkung möglichst bis hin zur Vermeidung. Das bedeutet, daß nicht zuletzt auch die Beschäftigung mit dem Altlastenproblem die Notwendigkeit zeigt, Einwirkungsmöglichkeiten zu schaffen und davon Gebrauch zu machen, die den Stofffluß, die Produktpalette und die Produktionsverfahren zum Gegenstand haben. Das hier bislang zur Verfügung stehende rechtliche Handlungsarsenal – genannt seien nur das Chemikaliengesetz, das Pflanzenschutzgesetz und das Düngemittelgesetz – reicht nicht entfernt aus, um leistungsfähige Lösungsansätze auch nur sichtbar werden zu lassen, geschweige denn, um schon selbst ein solcher Lösungsansatz zu sein. Damit ist es zugleich ein getreuliches Abbild der umweltpolitischen Lage generell – mit besonders gravierenden Schwachstellen im administrativen Bereich –, in dem die Stoffproblematik in all ihren Facetten sträflich vernachlässigt wird, ihre Abarbeitung aber ganz oben auf der umweltpolitischen Tagesordnung zu stehen hätte.

III. Änderungen des Umweltrechts – Erfordernisse aus der Sicht der Altlastenproblematik

An dieser Stelle soll es nicht um die soeben angesprochene – auch durch die Altlastenproblematik intendierte – Notwendigkeit einer Aufwertung und Umstruktuierung des Gefahrstoffrechts gehen und auch nicht um die das Umweltrecht insgesamt berührende Harmonisierungsdiskussion mit dem Umweltgesetzbuch als möglichen Endpunkt dieser Diskussion. Vielmehr soll hier – wesentlich bescheidener – ein kurzer Blick auf den Altlastenrechtsalltag geworfen und der dabei rasch offenbar werdende Handlungsbedarf skizziert werden.

Das administrativ-rechtliche Verhalten in bezug auf den Umgang mit Altlasten ist zunächst durch die Mühsal gekennzeichnet, überhaupt auf adäquate Vorschriften zurückgreifen zu können: Bundes- und Landesrecht, Abfall- , Gewässerschutz- und allgemeines Polizei- und Ordnungsrecht müssen bemüht werden, um die erforderlichen Ermächtigungsgrundlagen zu bekommen – und trotz der Fülle des bei der Suche ermittelten Normenbestandes bleiben Regelungslücken. Besonders deutlich wird das etwa dann, wenn es um die systematische Erfassung von Verdachtsflächen geht, oder – zweites Beispiel – um die Finanzierung der Altlastensanierung bei Ausfall des Verursachers.

Neben Regelungslücken treten auch Ungereimtheiten und Ungerechtigkeiten zu Tage. Dazu gehört die nach Polizeirecht zulässige Inanspruchnahme des Grundeigentümers für Gefahrenabwehrmaßnahmen als Zustandsstörer, obwohl vielfach viel eher Opfer als Täter im Hinblick auf die Bodenkontamination – und umgekehrt die im Regelfall nicht mehr durchsetzbaren Haftung des eigentlichen Verursachers der Altlast.

Die gesetzgeberischen Aktivitäten in etlichen Bundesländern, namentlich die Erweiterung von Landesabfallgesetzen um altlastenrechtliche Regelungen, belegen mehr die Notwendigkeit, zu handhabbaren, transparenten Normierungen zu gelangen, als daß man darin schon derartige Normierungen sehen könnte.

Für den Bund besteht nunmehr die Chance, im Rahmen eines Bodenschutzgesetzes ein geschlossenes altlastenrechtliches Regelwerk auszuformen und damit einen wichtigen Beitrag zur Problemlösung zu liefern (dazu näher der Beitrag am Ende des Bandes). Ob er sie nutzen wird, bleibt allerdings abzuwarten.

IV. Altlasten und die Lastenverteilung zwischen Bund und Ländern

Die Föderalismusdiskussion – nie ganz verstummt – hat in den vergangenen Jahren aus verschiedenen Gründen massiv Auftrieb bekommen. Der deutsche Ver- und der europäische Einigungsprozeß haben dazu nicht unerheblich beigetragen, Fragestellungen, wenn nicht induziert, so doch deutlicher zu Tage treten zu lassen.

Daß eine Neuverteilung der Lasten zwischen Bund und Ländern ansteht, wird von den an der Auseinandersetzung Beteiligten nicht bezweifelt, über das *Wie* wird hingegen lebhaft gestritten, und eine Lösung ist noch längst nicht in Sicht. Dazu trägt gewiß bei, daß die Konfliktlinien nicht nur vertikal, sondern auch horizontal verlaufen, und daß unter der Überschrift der ausreichenden finanziellen Leistungsfähigkeit auch thematisiert wird (und zu thematisieren ist), ob etliche der mittlerweile 16 Bundesländer überhaupt lebensfähig sind.

Im Rahmen der Diskussion um die Finanzierung der Altlastensanierung werden seit ca. 1985 gleichsam brennglasartig etliche der Problempunkte sichtbar, die in der Föderalismusdebatte eine Rolle spielen: So konnte der Bund anfangs – zutreffend – darauf verweisen, daß entsprechend der verfassungsrechtlich vorgegebenen Verknüpfung von Aufgabenwahrnehmung und Finanzierungsverantwortung die Finanzierungslast bei den Ländern liege. Er machte sich sodann die Unübersichtlichkeit der Bestimmungen im Grundgesetz über die Durchbrechung des Trennprinzips und die Schaffung von Verbundlösungen zunutze, um in der politischen Auseinandersetzung – unzutreffend – behaupten zu können, er dürfe sich an der Finanzierung der Altlastensanierung nicht beteiligen. Und er mußte schließlich erleben, daß er namentlich bei den Rüstungsaltlasten – und zwar gleich in vielfältigen Ausprägungen – so massiv finanziell in Anspruch genommen zu werden drohte, daß der Stellenwert der zuvor mit den Ländern ausgetragenen Auseinandersetzungen erheblich zu relativieren war und die Position des Bundes sich plötzlich gar nicht mehr als sonderlich komfortabel darstellte.

Im Bund-Länder-Verhältnis mag es zumindest zeitweilig zu einer Entspannung der Lage geführt haben, daß doch hier und da Mittel und Wege gefunden wurden, um Bundesmittel an die Länder transferieren zu können. Als Beispiel sei nur die Städtebauförderung genannt. Zur Bewältigung des Strukturproblems war der Ansatz jedoch kaum in nennenswertem Umfang geeignet, zumal Bestandteil dieses Strukturproblems die stark ausgeprägte unterschiedliche Betroffenheit einzelner Regionen ist. Dem konnte naturgemäß über derartige „Umwegfinanzierungen" nicht angemessen Rechnung getragen werden.

Wie praktikable, ergiebige und gerechte Finanzierungslösungen aussehen könnten, ist an dieser Stelle nicht weiter zu thematisieren (dazu näher im 2. Abschnitt des Bandes). Hier genügt es, darauf hinzuweisen, daß – auch – die durch die Altlastensanierung ausgelösten Finanzierungserfordernisse das bundesstaatliche Finanzierungs- und Finanzausgleichssystem als dringend reformbedürftig erscheinen lassen. Vieles deutet darauf hin, daß diese Erkenntnis zunehmend Verbreitung findet. Bis daraus umsetzbare Lösungen geworden sind, dürfte es allerdings noch ein weiter, mit vielen Hindernissen gespickter Weg sein.

Hans-Joachim Koch

Altlasten – eine umweltpolitische Herausforderung

I. Begriffliches

Die Diskussion über die von Altlasten ausgehenden Gefahren wird seit rund 20 Jahren geführt. Spektakuläre Prozesse um die „Beseitigung“ industriellen Sondermülls durch Firmen, die dieser Aufgabe – vielfach offenkundig – nicht gewachsen waren und deshalb gefährliche Abfälle wild ablagerten, erlangten das öffentliche Interesse, das zur Motivierung politischer Akteure regelmäßig erforderlich scheint. Das Umweltprogramm der Bundesregierung von 1971 enthielt die Zielsetzung, wilde und ungeordnete Ablagerungsplätze alsbald zu sanieren.[1] Dem Rat von Sachverständigen für Umweltfragen erschien dieses Ziel im Jahre 1978 im wesentlichen bewältigt. Die Sachverständigen schlossen allerdings fortbestehende „verborgene Gefahrenquellen“ nicht aus.[2] Es müsse sogar auf Dauer eine Anzahl ungesicherter, alter Ablagerungsplätze mit erheblichen Emissionen als „untilgbare Altlast“ hingenommen werden.[3] Damit war der Begriff der Altlast an prominenter Stelle eingeführt. Er hat sich auch gegen wissenschaftlicher klingende Bezeichnungen wie „Bodenkontamination“ durchgesetzt. Inzwischen gibt es eine Reihe von Begriffspräzisierungen[4], über deren Zweckmäßigkeit nur mit Blick auf die jeweilige Aufgabenstellung befunden werden kann.

In seinem Sondergutachten „Altlasten“ hat der *Rat von Sachverständigen für Umweltfragen* eine Altlastendefinition vorgeschlagen, der er sogar durch eine „bundesgesetzliche Initiative“ Verbindlichkeit verschafft wissen möchte:

---

1 BT-Drs. 6/2710, S. 31.
2 Umweltgutachten 1978, BT-Drs. 8/1938, S. 214 Rn. 656.
3 Umweltgutachten 1978, o. Fn. 2, S. 215 l. Sp.
4 s. den Überblick im Sondergutachten „Altlasten“ des RSU: BT-Drs. 11/6191, S. 18.

„Altlasten sind Altablagerungen und Altstandorte, sofern von ihnen Gefährdungen für die Umwelt, insbesondere die menschliche Gesundheit, ausgehen oder zu erwarten sind.

1. Altablagerungen sind
- verlassene und stillgelegte Ablagerungsplätze mit kommunalen und gewerblichen Abfällen,
- stillgelegte Aufhaldungen und Verfüllungen mit Produktionsrückständen auch in Verbindung mit Bergematerial und Bauschutt sowie
- illegale („wilde") Ablagerungen aus der Vergangenheit;

2. Altstandorte sind
- Grundstücke stillgelegter Anlagen mit Nebeneinrichtungen,
- nicht mehr verwendete Leitungs- und Kanalsysteme sowie
- sonstige Betriebsflächen oder Grundstücke,

in denen oder auf denen mit umweltgefährdenden Stoffen umgegangen wurde, aus den Bereichen der gewerblichen Wirtschaft oder öffentlicher Einrichtungen."[5]

Der Rat ist sich bewußt, daß dieser Vorschlag im Vergleich zu manchen anderen Definitionsansätzen eher eng ist. Nicht erfaßt sind insbesondere Bodenbelastungen durch Überschwemmungen, durch gärtnerische, forst- oder landwirtschaftliche Bewirtschaftung, durch Aufbringen von Abwasser, Klärschlamm oder Fäkalien sowie Versickerungen im Bereich privater Haushalte. Dagegen werden kriegs- oder rüstungsbedingte Altlasten offenbar im wesentlichen erfaßt, obgleich eine Klarstellung der Definition sinnvoll sein dürfte.[6]

In der juristischen Diskussion ist – aus guten Gründen – vornehmlich die Begriffskomponente „Alt-" näher thematisiert worden. Von Breuer stammt die prägnante und für die juristische Problematik kennzeichnende Bemerkung, die „signifikanten Altlastenfälle sind zugleich Altrechtsfälle".[7] Damit spricht Breuer zwei Aspekte der Altlastenproblematik an, nämlich einen juristischen und einen die Entstehung der Altlasten betreffenden:

---

5 BT-Drs. 11/6191, S. 18 f; s. ferner die Definition in § 16 HAbfAG, in § 22 bw in § 29 nw AbfG sowie in Art. 26 Bay AbfAlG.

6 s. auch BT-Drs. 11/6191, S. 19.

7 BREUER, JuS 1986, 5. 359 r. Sp.; DERS. NVwZ 1987, 5. 751, 553 l. Sp.

(1) Die rechtliche Beurteilung der Verantwortlichkeit für Altlasten hängt wesentlich vom Zeitpunkt des Inkrafttretens zweier umweltrechtlicher Spezialgesetze ab, nämlich des WHG und des AbfG. Mit dem 1.3.1960 – Inkrafttreten des WHG –, besonders einschneidend aber mit dem 11.6.1972 – Inkrafttreten des AbfG – sind die Anforderungen an die Behandlung von Abfällen verändert worden. Für Handlungen, die bis zum 1.3.1960 geschehen sind, weitgehend aber auch für solche, die bis zum 11.6.1972 erfolgten, sind die Landesgesetze zum Schutz der öffentlichen Sicherheit und Ordnung – kurz: Polizeigesetze – die maßgeblichen Rechtsgrundlagen für eine mögliche Inanspruchnahme von Verursachern der Bodenverunreinigungen.[8] (2) Viele der bedeutenden, bekannten Altlastenfälle sind nun gerade in der Zeit vor Inkrafttreten des AbfG, teilweise sogar vor Inkrafttreten des WHG verursacht worden. Dies ist der Grund dafür, daß die rechtliche Auseinandersetzung über die Altlasten zu einer bemerkenswerten „Wiederbelebung" alter polizeirechtlicher Streitfragen geführt hat.

Die unter (1) und (2) genannten Gesichtspunkte legen für die juristische Verwendung des Altlastenbegriffs eine zeitliche Eingrenzung auf solche Fälle nahe, die jedenfalls vor dem 11.6.1972 herbeigeführt worden sind.[9] Zumindest erfordert die Verwendung des Altlastenbegriffs in rechtlichen Zusammenhängen genaue Angaben zur zeitlichen Einordnung der zur Bodenverunreinigung führenden Vorgänge.[10] Die unten (III.) folgenden knappen Bemerkungen zur rechtlichen Verantwortlichkeit für Altlasten nach geltendem Recht beziehen sich auf solche Fallgestaltungen, die einer polizeirechtlichen Beurteilung unterliegen.

---

8 Dies ist unstreitig; vgl. nur KOCH, Bodensanierung nach dem Verursacherprinzip, 1985, S. 5 ff.; KLOEPFER, Die Verantwortlichkeit für Altlasten im öffentlichen Recht, in: Altlasten und Umweltrecht, 1986, S. 20 f.; PAPIER, Altlasten und Störerhaftung, 1985, S. 13; BREUER, JuS 1986, S. 359, 360 l. Sp.; DERS. NVwZ 1987, S. 751, 753 f; BRANDT/LANGE, UPR 1987, S. 11, 13 ff.; BRANDT/DIECKMANN/WAGNER, Altlasten und Abfallproduzentenhaftung, 1987, S. 9; SCHRADER, Altlastensanierung nach dem Verursacherprinzip, 1988; BRANDNER, Gefahrenerkennbarkeit und polizeiliche Verhaltensverantwortlichkeit, 1988; HERRMANN, Flächensanierung als Rechtsproblem, 1989; ZIEHM, Die Störerverantwortlichkeit für Boden- und Wasserverunreinigungen, 1989; a.A. neuerdings Pactow, NVWZ 1990, S. 510.

9 KLOEPFER, o. Fn. 8, S. 19; PAPIER, o. Fn. 8, S. 1 f; DERS., DVBl. 1985, S. 873.

10 In diesem Sinne BRANDT/LANGE, o. Fn. 8, S. 12, l. Sp., die grundsätzlich alle in der Vergangenheit geschehenen „einschlägigen Vorgänge" unter den Begriff „Altlasten" subsumieren wollen; ebenso HENKEL, Altlasten als Rechtsproblem, 1987, S. 35.

II. Dimensionen des Problems

Die Altlastenproblematik hat sich zu einer umweltpolitischen Herausforderung ersten Ranges entwickelt. Die Herausforderung ergibt sich schon aus der hohen Zahl sogenannter Verdachtsflächen und solcher Flächen, die bereits als umweltgefährdend eingestuft werden. Nach Bestandsaufnahmen der Bundesländer[11] war im Jahre 1986 von 30.000 „verdächtigen" Altablagerungen und 5.000 „verdächtigen" ehemaligen Betriebsgeländen auszugehen. Von den 30.000 Altablagerungen werden 3.000, von den 5.000 ehemaligen Betriebsflächen werden 2.400 als umweltgefährdend eingeordnet. Nach einer neueren Studie aus dem Deutschen Institut für Urbanistik ist nicht von insgesamt 35.000, sondern von 42.000 bis 48.000 Verdachtsflächen auszugehen.[12] Die Bundesregierung ging in ihrer Antwort vom 1.3.1989 auf Grund der Länderabgaben von rund 48.000 Verdachtsflächen aus.[13] Der RSU hält nunmehr die Annahme von 70.000 Verdachtsflächen in den „alten" Ländern der Bundesrepublik für realistisch.[14] Hinzu kommen ca. 28.000 Verdachtsflächen in den neuen Bundesländern.[15] Die Verläßlichkeit der Zahlen über Verdachtsflächen hängt u.a. von den Erfassungsmethoden der Bundesländer ab.

Noch problematischer als die Erfassung von Verdachtsflächen ist die Beurteilung der von Verdachtsflächen wirklich ausgehenden Umweltrisiken. Zu beachten ist zunächst, daß der Beurteilungsmaßstab nicht einfach nach politisch-wirtschaftlichem Für-Richtig-Halten festgelegt werden kann. Vielmehr sind – was auf seiten beteiligter Naturwissenschaftler und Techniker nicht immer deutlich genug gesehen wird – rechtliche Maßstäbe wesentlich.

Allerdings gibt es keine spezifischen rechtlichen Maßstäbe für Altlasten. Vielmehr sind die Maßstäbe desjenigen Gesetzes anzuwenden, das jeweils Handlungsgrundlage sein kann und soll. Nach den oben (I.) gegebenen Erläuterungen handelt es sich dabei wesentlich um die Polizeigesetze der Länder, teilweise auch um das WHG. Ein Eingreifen auf polizeirechtlicher Grundlage setzt eine Gefahr für die öffentliche Sicherheit oder Ordnung voraus (vgl. nur § 3 Abs. 1 hmb SOG). Eine Be-

---

11 Angaben bei FRANZIUS, WuB 1986, S. 169, 170.
12 HENKEL, o. Fn. 10, S. 30.
13 BT-Drs. 11/4104, S. 5 ff.
14 BT-Drs. 11/6191, S. 20.
15 BMU (Hrsg.), Umwelt, 1991, S. 538.

wertung von Altlasten erfordert eine Präzisierung dieses gesetzlichen Maßstabs (dazu unter III. 1.) sowie naturwissenschaftliche Prognosen („Gefährdungsabschätzung") über voraussichtliche Auswirkungen einer Altlast (zu den naturwissenschaftlichen Prognoseverfahren sei auf die Beiträge zur Untersuchung und Bewertung von Altlasten verwiesen). Wenn die Datenbasis für die naturwissenschaftliche Wirkungsprognose unzureichend ist, können weitere Aufklärungsmaßnahmen – beispielsweise Probebohrungen – erforderlich und nützlich sein. Juristen sprechen dabei von sogenannten Gefahrerforschungseingriffen (auch dazu unten III. 1.).

Die gewiß größte Herausforderung liegt darin, Sanierungstechniken zu entwickeln, die die beträchtlichen Umweltgefährdungen durch Altlasten zumindest zu reduzieren imstande sind. Diese eher bescheidene Zielsetzung entspricht nach meinen Beobachtungen dem gegenwärtigen Leistungsvermögen der Sanierungstechniken. Der Einsatz bereits entwickelter Sanierungstechniken hängt von entsprechenden Finanzierungsmöglichkeiten ab. Das für die Altlastensanierung erforderliche Finanzvolumen wurde Ende 1985 auf 17 Milliarden DM für 10 Jahre geschätzt.[16] Dabei besagt die Beschränkung auf 10 Jahre nicht etwa, daß danach die „Sanierung" abgeschlossen sei. Vielmehr ist mit weiteren kostenintensiven Maßnahmen zu rechnen. Im übrigen wird die genannte Schätzung angesichts der neuen Zahlen über Verdachtsflächen nach oben zu korrigieren sein. Der RSU geht von einem Bedarf von 20 Milliarden DM in den nächsten 10 Jahren in den alten Bundesländern aus.[17] Hinzu kommt ein erheblicher Finanzbedarf für die neuen Bundesländer.[18]

Der hohe Finanzbedarf hat intensives Nachdenken darüber ausgelöst, wer denn die Mittel aufzubringen hat. Die Durchsetzung des die Umweltgesetzgebung grundsätzlich tragenden Verursacherprinzips erschien von Anfang an zumindest sehr schwierig. Es war und ist vor allem damit zu rechnen, daß die Verursacher nicht zu ermitteln sind, tatsächlich oder rechtlich nicht mehr existieren oder jedenfalls finanziell nicht leistungsfähig sind. Letzteres hängt u.a. damit zusammen, daß in

16 FRANZIUS, o. Fn. 11, S. 170 r. Sp.
17 BT-Drs. 11/6191, S. 185.
18 BMU (Hrsg.), Umwelt, 1991, S. 429.

den Zeiten des wilden Deponierens[19] sich auch renommierte Industrieunternehmen zweifelhafter, finanzschwacher Abfall-„Beseitigungsunternehmen" bedient haben und sich nun zu ihrer rechtlichen Entlastung auf die Übergabe ihrer Abfälle an diese Beseitigungsunternehmen berufen. Einem solchen Rückzug aus der Verantwortung hat der BGH in einer Grundsatzentscheidung deutliche Grenzen gezogen und eine Abfallproduzentenhaftung begründet.[20] Unter anderem diese Entscheidung liefert wichtige Gesichtspunkte auch für eine polizeirechtliche Inanspruchnahme der finanziell eher potenten Abfallerzeuger (nähere Hinweise unten III. 2.). Es ist zu hoffen, daß Politiker die umweltpolitische Herausforderung erkennen, die darin liegt, das Verursacherprinzip auch gegen wirtschaftlich starken Widerstand durchzusetzen.

Allerdings wird eine Durchsetzung des Verursacherprinzips nur einen Teil der erforderlichen Sanierungskosten erbringen. Daher ist die Frage nach weiteren Finanzierungsmöglichkeiten ebenfalls dringlich. Die Umweltministerkonferenz hatte am 8./9.11.1984 die Industrie aufgefordert, binnen Jahresfrist freiwillig einen Solidarfonds zur Altlastensanierung zustande zu bringen. Andernfalls wollten die Minister nach amerikanischem Vorbild die Errichtung eines Sondervermögens auf gesetzlicher Grundlage erreichen. Diese Ankündigung erwies sich als leere Drohung. Die Länder gehen nun entsprechend einem unterschiedlichen Problemdruck und offenbar auch unterschiedlich entwikkelten Beziehungen zur Industrie getrennte Wege. Über die verschiedenen Modelle wird in diesem Band im Abschnitt „Haftung und Finanzierung" berichtet: Auch die Bundesregierung hat sich nach langem Zögern entschlossen, durch eine Sonderabgabe auf Abfall Finanzmittel zu beschaffen, die zunächst im Umfang von 40% für die neuen Bundesländer bestimmt sind.[21]

Die Finanzierungsmodelle einzelner Bundesländer enthalten zugleich Vorstellungen über eine Neugestaltung der Beseitigung industriellen Sondermülls. Dabei geht es – pauschal gesagt – um eine Kooperation zwischen Staat und Wirtschaft. Zwar liegt rechtlich die Pflicht zur Beseitigung von Sondermüll regelmäßig bei den Abfallbesitzern, da die

---

19 Für 1971 hat der Rat von Sachverständigen für Umweltfragen die Müllablagerungsplätze in der Bundesrepublik auf 50.000 geschätzt, worunter 130 geordnete Deponien vermutet worden sind: Umweltgutachten 1978 o. Fn. 2, S. 196 f. Tabelle 8.

20 BGH NJW 1976, S. 46.

21 BMU (Hrsg.), Umwelt, 1991, S. 463.

grundsätzlich zur Abfallbeseitigung verpflichteten Körperschaften des öffentlichen Rechts (vgl. § 3 Abs. 2 AbfG) von der Ausschlußmöglichkeit bezüglich industriellen Sondermülls (§ 3 Abs. 3 AbfG) durchweg Gebrauch gemacht haben. Der Staat soll jedoch nunmehr über die Beteiligung an Abfallbeseitigungsgesellschaften privaten Rechts in die Mitverantwortung gezogen werden. Dieses Vorgehen begegnet erheblichen umweltpolitischen Bedenken. Eine ungeschminkte Ursachenanalyse der Entstehung von Altlasten kann nicht bei den üblichen Feststellungen stehenbleiben, daß mangelndes Umweltbewußtsein aller (!) Bürger, fehlende Kenntnis von Gefahren und ein Gottvertrauen auf die Selbstheilungskräfte der Natur die Altlasten herbeigeführt hätten. Vielmehr hat die parlamentarische Untersuchung spektakulärer Fälle ergeben, daß das betriebswirtschaftliche Interesse der Unternehmen an niedrigen Produktionskosten, verbunden mit einem staatlichen Entgegenkommen aus Gründen sogenannter Standortpolitik, dazu geführt haben, daß wider besseres Wissen um die Gefährlichkeit von Abfällen billige und erkanntermaßen unsachgemäße Formen des Deponierens gewählt und damit Altlasten produziert worden sind.[22] Es steht zu befürchten, daß die neuen Kooperationsmodelle die staatliche Kontrolle in ähnlichem Maße unterminieren werden, wie dies die informelle „Standort-Kooperation" der Vergangenheit auch getan hat. Damit ist eine letzte Herausforderung der Altlasten genannt: Es muß vermieden werden, daß auf der Suche nach Finanzierungsmöglichkeiten der Altlastensanierung die staatliche Aufgabe der rechtlichen Kontrolle privatwirtschaftlicher Betätigung in einem wichtigen Bereich auf der Strecke bleibt.

III. Probleme der Verantwortlichkeit für Altlasten nach geltendem Recht

Eine Bekämpfung der von Altlasten ausgehenden Umweltgefährdung auf polizeirechtlicher Grundlage führt zu einer Reihe schwieriger Rechtsfragen.[23] Hier können nur zwei Fragen von sehr grundsätzlicher Bedeutung angesprochen werden, nämlich die nach der Kostentragung

---

22 Das Studium der beiden Untersuchungsberichte in den Bürgerschafts-Drs. 7/2995 und 11/3774 der Freien und Hansestadt Hamburg ist der Mühe wert.

23 Ein breites Spektrum polizeirechtlicher Fragen wird in der oben Fn. 8 angegebenen Literatur erörtert. Vgl. außerdem PAPIER, NVwZ 1986, S. 256; PIETZKKER, JuS 1986, S. 719; KLOEPFER, NuR 1987, S. 7; SELMER, in: von Münch/Selmer (Hg.), Gedächtnisschrift für W. Martens, 1987, S. 483; FLUCK, VerwArch 1988, S. 406; RANK, BayVBl. 1988, S. 390.

bei sogenannten Gefahrerforschungseingriffen (1.) und die nach der Verantwortlichkeit der Abfallerzeuger (2.).

1. Ein Tätigwerden auf polizeirechtlicher Grundlage setzt nach den Gesetzen aller Bundesländer voraus, daß eine Gefahr für die öffentliche Sicherheit oder Ordnung abzuwenden oder eine Störung der öffentlichen Sicherheit oder Ordnung zu beseitigen ist. Eine Gefahr liegt unstreitig dann vor, wenn mit relevanter Wahrscheinlichkeit ein relevanter Schaden droht. Zu den relevanten Schäden gehört zweifellos eine Beeinträchtigung des Grundwassers.[24]

Da das Grundwasser ein außerordentlich wichtiges Rechtsgut darstellt, ist die relevante Eintrittswahrscheinlichkeit eines Schadens sehr niedrig anzusetzen.[25] Läßt sich über einen drohenden Schadenseintritt nichts hinreichend Sicheres sagen, so liegt nach h.M. ein Gefahrenverdacht vor, der keine Gefahrenabwehrmaßnahmen, sondern nur Gefahrenerforschungseingriffe rechtfertigt.[26] Für diese gerade im Zusammenhang mit altlastenverdächtigen Flächen nicht seltenen Fälle ist neuerdings vereinzelt vorgetragen worden, daß der Amtsermittlungsgrundsatz des § 24 VwVfG mit der Folge gelte, daß die Behörde selbst und auf „eigene" Kosten den Sachverhalt weiter aufzuklären, der Polizeipflichtige lediglich diese Sachverhaltsaufklärung zu dulden habe.[27] Die überlieferte Differenzierung zwischen Gefahr und Gefahrenverdacht ist ebenso wie die damit begründete Anwendung von § 24 VwVfG verfehlt.
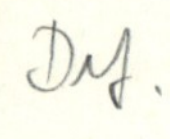
Eine Lage, die Gefahrenverdacht genannt wird, kann entweder eine Gefahr mit einer niedrigen, aber noch relevanten Eintrittswahrscheinlichkeit eines Schadens oder – mangels relevanter Eintrittswahrscheinlichkeit – keine Gefahr darstellen. Im ersten Fall findet selbstverständlich das Gefahrenabwehrrecht der Polizeigesetze Anwendung. Folglich können den Polizeipflichtigen diejenigen Maßnahmen aufgegeben werden, die zur Bekämpfung verhältnismäßig sind. Soweit die Behörde dabei mit Zwangsmitteln – insbesondere im Wege der Ersatzvornahme

24 BVerwG NJW 1974, S. 815, 817 l. Sp.

25 BVerwG DVBl. 1966, S. 496, 497; NJW 1970, S. 1890, 1892 r. Sp.

26 Vgl. nur DREWS/WACKE/VOGEL/MARTENS, Gefahrenabwehr, 9. Aufl. 1986, S. 277.

27 PAPIER, o. Fn. 8, S. 15 ff.; dagegen KOCH, i. Fn. 8, S. 68 f; vermittelnd: BREUER, NVwZ 1987, S. 751, 754 f; DERS. mit äußerster Differenziertheit in: von Münch/Selmer o. Fn. 23, S. 317; SCHRADER, i. Fn. 8, S. 118 ff. - Außerhalb der Altlastendiskussion offenbar wie PAPIER DREWS/WACKE/VOGEL/MARTENS, o. Fn. 26, S. 277 unklar, S. 678 eindeutig hinsichtlich der Kostentragung.

– vorgehen darf, kann sie – entsprechend den gesetzlichen Regelungen – Kostenerstattung vom Pflichtigen verlangen. – Stellt jedoch eine „Gefahrenverdacht" genannte Situation keine Gefahr dar, so ist die Behörde zu keinerlei Eingriffen gegenüber Bürgern berechtigt. Sie kann z.B. nicht einem Grundeigentümer die Duldung von Probebohrungen aufgeben. Der Gedanke, für solche „Gefahrerforschungseingriffe" eine ungeschriebene Ermächtigungsgrundlage annehmen zu können, verstieße gegen die grundrechtlichen Gesetzesvorbehalte.

Die von Schneider und Darnstädt[28] begründete, vom RSU ausdrücklich übernommene[29] Auffassung, daß es sich bei den Fällen des Gefahrenverdachts schlicht um Fälle geringer Eintrittswahrscheinlichkeit des Schadens handelt, hat inzwischen auch im polizeirechtlichen Standardlehrbuch vorsichtige Anerkennung gefunden.[30] Es ist allerdings inkonsequent, wenn trotz Einordnung von Gefahrenverdachtsfällen als Gefahren nicht die gesetzlich vorgesehenen Rechtsfolgen Anwendung finden sollen.[31] Noch fragwürdiger ist allerdings BREUERs Rückzug auf die überlieferten begrifflichen Unklarheiten. Ohne jede sachliche Auseinandersetzung mit der soeben dargestellten Sichtweise und der neueren monographischen Literatur postuliert Breuer einfach die „Wiederentdeckung des Gefahrenverdachts".[32] Er stützt sich dafür auf ein Zitat von Martens, das dieser gerade am angegebenen Ort durch teilweise zustimmende Bezugnahme auf DARNSTÄDT und SCHNEIDER relativiert. Das Zitat lautet: Ein Gefahrenverdacht liegt vor, „wenn der Behörde anders als bei der Anscheinsgefahr bestimmte Unsicherheiten bei der Diagnose des Sachverhalts ... oder bei der Prognose des Kausalverlaufs bewußt sind und ihr deshalb die Entscheidung über die Wahrscheinlichkeit eines Schadenseintritts erschwert wird".[33] Dieses Zitat vermag jedoch in keiner Weise die neuere Einsicht zu widerlegen, daß es sich beim sogenannten Gefahrenverdacht lediglich darum handelt zu bestimmen, ob die anzunehmende Eintrittswahrscheinlichkeit dafür

---

28 SCHNEIDER, DVBl. 1980, S. 406, 408; DARNSTÄDT, Gefahrenabwehr und Gefahrenvorsorge, 1983, S. 94 ff.; ähnlich wohl auch: NELL, Wahrscheinlichkeitsurteile in juristischen Entscheidungen, 1983, S. 91 ff.; HANSEN-DIX, Die Gefahr im Polizeirecht, im Ordnungsrecht und im technischen Sicherheitsrecht, 1982, S. 68 ff.

29 BT-Drs. 11/6191, S. 210.

30 DREWS/WACKE/VOGEL/MARTENS, o. Fn. 26, S. 226 f. einerseits, S. 225 Fn. 30 andererseits.

31 DREWS/WACKE/VOGEL/MARTENS, o. F. 26, S. 678.

32 BREUER, o. Fn. 27, S. 338.

33 DREWS/WACKE/VOGEL/MARTENS, o. Fn. 26, S. 226.

ausreicht, von einer Gefahr im (polizei-)rechtlichen Sinne zu sprechen. Die Antwort auf diese Frage führt zur Differenzierung zwischen den Fällen, in denen die zuständige Behörde gefahrenabwehrende Eingriffe in die Rechte von Bürgern vornehmen darf, und den Fällen, in denen die Eingriffe in Ermangelung einer Gefahr rechtlich unzulässig sind. Eine eigenständige Eingriffsgrundlage des Gefahrenverdachts besteht somit nach allgemeinem Sicherheits- und Ordnungsrecht nicht.

In der Rechtsprechung ist inzwischen mehrfach anerkannt worden, daß Polizeipflichtige zu Gefahrerforschungsmaßnahmen verpflichtet bzw. zur Kostenerstattung behördlicher Gefahrerforschungsmaßnahmen herangezogen werden dürfen. Dabei verwenden die Gerichte wenig Aufmerksamkeit auf die Abgrenzung zwischen Gefahr, sog. Gefahrenverdacht und sog. Anscheinsgefahr. Wenn ein Schadenseintritt nicht hinreichend sicher auszuschließen ist, werden Gefahrerforschungsmaßnahmen auf Kosten des Polizeipflichtigen mit der Begründung für zulässig erklärt, daß sie erster und notwendiger Schritt einer effektiven Gefahrenabwehr seien.[34] Die Entscheidungen sind z.T. auf die gewässeraufsichtliche Generalklausel der Landeswassergesetze gestützt. Das schließt jedoch eine Übertragung auf die polizeirechtliche Generalklausel keineswegs aus. Ohne hier auf Einzelheiten der Rechtsprechung eingehen zu können, erscheinen zwei kritische Hinweise angezeigt. Einmal sollte die Rechtsprechung den Mut finden, überkommene und als unzutreffend erwiesene rechtsdogmatische Differenzierungen aufzugeben. Es ist sachlich unergiebig und für die Rechtssicherheit schädlich, wenn Gefahr, Gefahrenverdacht und Anscheinsgefahr teilweise als identische, teilweise als alternative tatbestandliche Voraussetzungen polizeilichen Einschreitens genannt werden. Diese mangelnde begriffliche Schärfe dürfte – und dies ist der zweite Kritikpunkt – dafür verantwortlich sein, daß die (vermeintliche) Problematik des Gefahrenverdachts mit dem Problem eines Störerverdachts in Zusammenhang gebracht wird. Ein sog. Gefahrverdacht erfüllt deshalb die gesetzliche Voraussetzung polizeilichen Einschreitens, weil schon eine hinreichende Wahrscheinlichkeit des Schadenseintritts eine Gefahr im ge-

---

34 VGH Bad.-Württ.: DÖV 1985, S. 687, 688 l. Sp., und NVwZ 1986, S. 325; OVG NW: Beschluß vom 10.1.1985 - 4 B 1390/84 - und vom 27.9.1985 4 B 1621/85 -, beide abgedruckt in HENKEL o. Fn. 10, S. 218, 230; Hess VGH DÖV 1987, S. 260; Bay VGH NVwZ 1986, S. 942, 944 l. Sp., OVG Hamburg, Beschl. vom 20.6.1986 - Bs II 22/86 -, abgedruckt bei Henkel, o. Fn. 10, S 199; OVG Hamburg Bs II 22/86, Beschl. vom 20.6.1986, a.A. soweit ersichtlich nur OVG Rh.-Pf. NVwZ 1987, S. 240 sowie OVG Rh-Pf. HVwZ 1992, S. 499 (500f).

setzlichen Sinne darstellt. Eine gewisse Wahrscheinlichkeit dafür, daß ein Sachverhalt, der einen Schadenseintritt befürchten läßt, von einem bestimmten Bürger verursacht worden ist, macht diesen jedoch nicht zum Handlungsstörer. Denn alle Polizeigesetze erklären denjenigen zum polizeipflichtigen Handlungsstörer, der eine Gefahr wirklich verursacht hat (vgl. nur § 8 hmb SOG). Es genügt eben nicht der Verursachungsverdacht.[35] Klarstellend ist dabei allerdings hinzuzufügen, daß gerade in den Altlastenfällen auch der Verursachungsbeitrag eines möglicherweise Verantwortlichen regelmäßig erschlossen werden muß, wobei man in vielen Fällen nicht über Wahrscheinlichkeitsaussagen hinausgelangen wird.[36] Wie in vielen anderen rechtlichen Zusammenhängen auch muß man sich daher mit einer hinreichenden Sicherheit begnügen. Der gesetzlich vorgegebene Unterschied zwischen dem Erschließen eines Schadenseintritts (= Gefahr) und dem Erschließen eines Verursachungsbeitrages (= Handlungsstörer) liegt deshalb im unterschiedlich großen Maße der erforderlichen Wahrscheinlichkeit. Im übrigen wird überwiegend und mit Recht anerkannt, daß die Kosten von Gefahrenabwehrmaßnahmen aller Art – sogenannte Gefahrerforschungseingriffe eingeschlossen –, die wegen Ungewißheit über den Störer im Wege der unmittelbaren Ausführung von der Behörde durchgeführt worden sind, einem im nachhinein bekannt gewordenen Störer auferlegt werden dürfen.[37]

2. Polizeirechtlich verantwortlich sind nach den Sicherheits- und Ordnungsgesetzen der Länder die Handlungs- und die Zustandsstörer. Sie können zur Gefahrenabwehr oder – unter bestimmten Voraussetzungen – zur Kostenerstattung einer behördlich durchgeführten bzw. veranlaßten Gefahrenabwehr verpflichtet werden. Handlungsstörer ist derjenige, der eine Gefahr oder Störung verursacht hat, Zustandsstörer derjenige, in dessen Eigentum oder tatsächlicher Sachherrschaft sich die

---

35 So aber OVG Saarland DÖV 1984, S. 471, und VGH Bad.-Württ. o. Fn. 34; wie hier schon HOFFMANN-RIEM, in: FS Wacke 1972, S. 327, 335 ff. Ebenso wohl auch BREUER, o. Fn. 27, S. 340 ff., der - etwas verwirrend - als „Verdachtsstörer“ und damit (!) Störer denjenigen ansehen möchte, der den Verursachungsverdacht „objektiv provoziert“ habe; damit dürfte gemeint sein, daß ein Verursachungsbeitrag des in Anspruch zu Nehmenden hinreichend wahrscheinlich sein muß.

36 Zum Erschließen von Sachverhaltsannahmen grundsätzlich KOCH/RÜẞMANN, Juristische Begründungslehre, 1982, §§ 27-36.

37 VGH Bad.-Württ. NVwZ 1986, S. 325; KOCH, o. Fn. 8, S. 68; SCHINK, DVBl. 1986, 161, 166; BREUER, o. Fn. 27, S. 349; SCHRADER, o. Fn. 8, S. 120; a.A. PAPIER, o. Fn. 8, S. 15 ff.

gefahrschaffende Sache befindet. Für Altablagerungen sind als Verantwortliche insgesamt in Betracht zu ziehen:

- die früheren Deponiebetreiber,
- die (früheren) Eigentümer des Deponiegeländes,
- die Abfallanlieferer, sei es, daß sie im Rechtsverkehr als reine Transporteure, sei es, daß sie als Abfallbeseitiger aufgetreten sind, und
- die Abfallproduzenten.[38]

Die jetzigen Grundeigentümer können Zustandsstörer sein. Hat jemand guten Glaubens ein durch Altablagerungen verseuchtes Grundstück erworben, so mag eine Inanspruchnahme ungerecht erscheinen. Solche und andere Fälle gaben und geben Anlaß, über Grenzen der Zustandshaftung nachzudenken. Das muß hier auf sich beruhen.[39] Hinsichtlich der Handlungsstörer soll die wohl schwierigste Frage angesprochen werden, nämlich die Frage nach der möglichen Verantwortlichkeit der Abfallerzeuger. Diese Problematik ist allerdings nicht nur – wie man gern sagt – juristisch schwierig und reizvoll; sie hat auch eine gravierende finanzielle Bedeutung. Eine Reihe spektakulärer Fälle belegt nämlich, daß letztlich der Staat, d.h. die Allgemeinheit, die Kosten der Altlastensanierung wird tragen müssen, wenn nicht aus dem Kreise der Beteiligten die oftmals finanziell allein potenten Abfallerzeuger zur Gefahrenbeseitigung bzw. Kostentragung herangezogen werden.

Handlungsstörer ist – wie schon gesagt –, wer eine Gefahr verursacht. Dieses nach dem Wortsinn sehr weit reichende Kriterium für polizeirechtliche Verantwortlichkeit wird nach wohl herrschender Meinung einschränkend im Sinne der sog. unmittelbaren Verursachung interpretiert. Danach sollen entferntere, lediglich „mittelbare" Bedingungen einer Gefahr rechtlich irrelevant sein. Allerdings soll nicht nur der zeitlich letzten Ursache Rechtserheblichkeit zukommen. Vielmehr könne im Rahmen einer „wertenden Betrachtung" auch eine Mitverantwortlichkeit eines „Hintermannes" anzunehmen sein. Maßgeblich dafür sei, ob die Handlung des Hintermannes und der Erfolg eine „natürliche

38 KOCH, o. Fn. 8, S. 11.

39 Grundlegend FRIAUF, FS für Wacke, 1972, S. 23; ferner PAPIER, o. Fn. 8, S. 48 ff.; KLOEPFER, o. Fn. 8, S. 44; ZIEHM, o. Fn. 8, S. 50 ff., 64 ff.; gegen eine Restriktion der Zustandsverantwortlchkeit SCHRADER, o. Fn. 8, S. 121 ff.

Einheit“ bildeten.[40]

Eine Gesetzesauslegung, die auf eine wertende Betrachtung im Einzelfall verweist, verdient ihren Namen nicht. So verwundert nicht, daß die Theorie der unmittelbaren Verursachung stets reichlich Kritik erfahren hat.[41] Im Rahmen der Altlastendiskussion ist eine bereits vorgeschlagene Alternative zur Theorie der unmittelbaren Verursachung aufgegriffen und fortentwikelt worden, nämlich die Eingrenzung der rechtlich relevanten Verursachungsbeiträge nach Maßgabe von Verhaltenspflichten und Risikozuweisungen.[42]

Mit der Entwicklung polizeirechtlicher Verhaltenspflichten ist eine ähnliche Aufgabe gestellt wie bei der Bestimmung zivilrechtlicher Verkehrs-(sicherungs-)Pflichten. Es gilt, die polizeirechtlich erhebliche „verkehrserforderliche Sorgfalt“ zu bestimmen.[43] Sinnvolle Anknüpfungspunkte dafür können – unter dem Gesichtspunkt der Einheit der Rechtsordnung – Pflichtenbestimmungen in der gesamten übrigen Rechtsordnung sein. Dabei sind etwa zivilrechtliche Pflichtenbestimmungen jeweils dann polizeirechtlich erheblich, wenn die Pflichten zumindest auch der öffentlichen Sicherheit und Ordnung zu dienen bestimmt sind.[44] Das ist hinsichtlich der vom BGH anerkannten Abfallproduzentenhaftung[45] offenkundig der Fall.[46] Den Abfallproduzenten werden im Interesse jedermanns bestimmte Pflichten hinsichtlich der

---

40 So DREWS/WACKE/VOGEL/MARTENS, o. Fn. 26, S. 192 ff.; SELMER bezeichnet diese Auffassung - offenbar zustimmend - als „Theorie der unmittelbaren Verursachung in einer gewissermaßen wertungsoffenen Ausprägung“, o. Fn. 23, S. 483.

41 Vgl. nur aus jüngerer Zeit GANTNER, Verursachung und Zurechnung im Recht der Gefahrenabwehr, Diss. Tübingen 1983; PIETZCKER, DVBl. 1984, S. 457; HERRMANN, DÖV 1987, S. 466; DERS., o. Fn. 8, S. 71 ff.

42 Grundlegend, aber auch frühere Ansätze fortführend, GANTNER, o. Fn. 41, S. 459 ff.; mit Einschränkungen auch PIETZCKER, o. Fn. 41; Übertragung auf die Altlastenproblematik bei KOCH, o. Fn. 8, S. 15 ff., 51 ff.; ebenso KLOEPFER, o. Fn. 8, S. 27 ff.; HERRMANN, o. Fn. 8, S. 94 ff.; SCHRADER, o. Fn. 8, S. 126 f; ZIEHM, o. Fn. 8, S. 42 f.

43 GANTNER, o. Fn. 41, S. 165 f; PIETZCKER, o. Fn. 41, S. 460.

44 So KOCH, o. Fn. 8, S. 16; KLOEPFER, o. Fn. 8, S. 29; HERRMANN, o. Fn. 41, S. 671 r. Sp.; DERS., o. Fn. 8, S. 96 ff.; BRANDT/DIECKMANN/WAGNER, o. Fn. 8, S. 52; ZIEHM, o. Fn. 8, S. 39 f. A.A. PAPIER, o. Fn. 8, S. 32 ff.; BREUER, JuS 1986, S. 363 r. Sp.; SELMER, o. Fn. 23, S. 496 f.

45 BGH NJW 1976, S. 46.

46 So KOCH, o. Fn. 8, S. 17; KLOEPFER, o. Fn. 8, S. 39, 41; HERRMANN, o. Fn. 8, S. 95 f.

von ihnen geschaffenen Gefahrenquellen auferlegt, und zwar Pflichten, derer sie sich nicht durch rechtsgeschäftliche Weitergabe des Abfalls ohne weiteres entledigen können. Die Abfallproduzenten können sich nicht als bloße „Hintermänner" der Verantwortung durch Rechtsgeschäft entziehen. Diese auch im Interesse der Allgemeinheit liegende zivilrechtliche Bestimmung ist für die Eingrenzung der polizeirechtlichen Verantwortlichkeit der Abfallerzeuger als Handlungsstörer heranzuziehen.[47]

Die Verhaltensverantwortlichkeit wegen Risikozuweisung betrifft die wichtige Gruppe derjenigen Fälle, in denen ein bestimmtes Tun der Bürger rechtlich zulässig, jedoch das mit diesem Tun verbundene Risiko dem Bürger zugewiesen ist. Es geht – mit anderen Worten – um die Verantwortlichkeit für rechtmäßiges Handeln im Falle der Realisierung des Handlungsrisikos.[48] Auch polizeirechtlich relevante Risikozuweisungen lassen sich aus der übrigen Rechtsordnung entwickeln. Für eine polizeirechtliche Verantwortlichkeit von Abfallproduzenten ist die in § 22 Abs. 2 WHG statuierte wasserrechtliche Gefährdungshaftung relevant. Diese zivilrechtliche Haftungsnorm ist gerade auch wegen der Bedeutung der Reinhaltung des Wassers für die Allgemeinheit eingeführt worden. Sie ist deshalb geeigneter Anknüpfungspunkt für eine polizeirechtliche Verantwortlichkeit von Abfallerzeugern.[49]

---

47 Für Einzelheiten vgl. KOCH, o. Fn. 8, S. 17 ff.; HERRMANN, o. Fn. 8, S. 96 ff.

48 Sehr anschaulich beschrieben bei GANTNER, o. Fn. 41, S. 166 ff.

49 KOCH, o. Fn. 8, S. 20 ff.; KLOEPFER, o. Fn. 8, S. 28 f; HERRMANN, o. Fn. 8, S. 102 ff.; ZIEHM, o. Fn. 8, S. 43 ff., 119 ff.

Frank Claus

Perspektiven des Altlastenproblems: Ohne Vorsorge ein Dauerbrenner

I. Der Zeitfaktor bei Altlasten

Die Zahl der Altlasten wächst mit jedem Tag, an dem kontaminierte Flächen wirklich ernsthaft erfaßt werden. Nur geschickte Definitionen des Begriffs „Altlast" verkleinern ab und zu die Zahlen in den Statistiken. Dann können Altlasten „herrenlos" sein, „kommunal", „industriell", „gefährlich" oder nur „verdächtig". Nur selten aber findet man bis heute die Kategorie „saniert".

In der Altlastenproblematik spielt der Faktor Zeit eine erhebliche Rolle. Er hat drei besondere Facetten: Zum einen wird erstmals sinnlich erfahrbar, was die Stoffeigenschaft „Persistenz" real bedeutet. Die meisten Altlasten haben jahrzehntelange Geschichte. Noch nach zweihundert Jahren (wie bei der chemischen Fabrik Marktredwitz) sind Schwermetalle als *nicht* abbaubare Stoffe im Boden des Ortes vorhanden. Aber auch *schwer* abbaubare Substanzen (wie das Paradebeispiel Chlorkohlenwasserstoffe oder Nitroaromaten) bleiben über Jahrzehnte oder Jahrhunderte ohne nennenswerten biologischen Abbau im Boden bzw. Grundwasser.

Kein Wunder, daß daher auch noch nach langen Zeiträumen Verursacherermittlungen als Schuldzuweisungen erstaunlich präzise möglich sind. Die *Auseinandersetzungen* sind damit *direkter* als bei schlechter Luft-, Wasser- oder Nahrungsqualität, wo die Ursachen meist multifaktoriell sind. Zudem kann es bei Altlasten gelingen, die Wirkung der Kontamination durch epidemiologische Untersuchungen zu quantifizieren bzw. durch Analogieschlüsse qualitativ zu umreißen. Das persönliche Schicksal, und sei es das der bekannten Nachbarn, macht auch die *Wirkung von Schadstoffen sinnlich erfahrbar*. Um Abhilfe zu schaffen, können sich abgrenzbare Gruppen für den Streit mit konkreten Unternehmen oder Personen gut organisieren.

Zweitens kommt die Zeit bei der Prioritätensetzung ins Spiel: Mit welcher Geschwindigkeit werden Altlasten im Einzelfall und insgesamt saniert? Und weil nicht alle Fälle gleichzeitig lösbar sind: Nach welchen Kriterien werden die begrenzten technischen und finanziellen Ressourcen eigentlich eingesetzt? Um noch aus der Rubrik „Fragen, die niemand stellt" zu ergänzen: Wann wird das Altlastenproblem eigentlich gelöst sein?

Der dritte zeitverbundene Aspekt der Altlastenproblematik betrifft das Versagen der Verursacherhaftung. Immer wieder gibt es einen wirtschaftlichen Strukturwandel, der zu Betriebsschließungen führt. Und bei Umstrukturierungen von Konzernen verliert sich die rechtliche Haftung irgendwo im Nichts der Akten. Die rechtlichen Konstruktionen zur Umsetzung des Verursacherprinzips sind auf derartige Zeiträume nicht ausgerichtet. Immerhin besteht ein breiter gesellschaftlicher Konsens über die Notwendigkeit der Altlastensanierung! Gründe dafür sind nicht nur im Umweltbewußtsein der Bevölkerung zu suchen, sondern auch in veränderten Standortanforderungen der Wirtschaft. Das Image neuartiger Gewerbeparks mit Arbeitsplätzen „im Grünen", die gewünschte Verbindung von Arbeiten und Erleben verträgt sich nicht mit brisanten oder auch nur ungewissen Bodenverunreinigungen.[1] Allerdings ist umstritten wie, wo, wann, mit welchem Aufwand und mit welchem Ziel saniert werden muß.

II. Kapitulationen –

1. Grenzen der Technik: Was ist Sanierung?

Eine an langfristiger und nachhaltiger Sicherung der Lebensgrundlagen orientierte Umweltpolitik muß Belastungen so abbauen, daß Risiken dauerhaft und weitestgehend minimiert werden. Das Ziel von Altlastensanierungen sollte daher in erster Linie die Wiederherstellung des ursprünglichen Zustands sein. Für die Bestimmung von Sanierungszielen orientieren sich die Umweltverbände am Multifunktionali-

1 Vgl. dazu die Stellungnahmen anläßlich einer Landtagsanhörung in Düsseldorf: LANDTAG NW, UMWELTAUSSCHUSS: Anhörung „Mobilisierung von Industrie- und Gewerbeflächen" am 14.8.1989.

tätsprinzip, wonach Boden nach einer Sanierung für alle Nutzungsarten prinzipiell geeignet sein soll. Und neben dem langfristig anzustrebenden *Wiederherstellungsgebot* gilt als Ziel von zeitlich befristeten Lösungen (Sicherungs- statt Sanierungsmaßnahmen) ein *Ausbreitungsverbot*, um zumindest den Status Quo zu stabilisieren.

Was aber, wenn diese Ziele technisch (oder finanziell) nicht erreichbar sind? Bei den meisten komplex mit Schadstoffen durchsetzten Altlasten ist allenfalls die „große" Lösung des Auskofferns in der Lage, Schadstoffe zu verlagern. Weder Waschverfahren noch mikrobiologische oder thermische Sanierungstechniken haben Ergebnisse, die zu einer wirklich guten Bodenqualität führen. Weil Techniken zu mehr nicht in der Lage sind, nicht nur aus Kostengründen, heißt die Scheinlösung oft Sicherung statt Sanierung. Und für dauerhaft wirksame Maßnahmen zur Abdeckung oder Einschließung von kontaminierten Böden gibt keine Versicherung eine dauerhafte Garantie. In den Gemeinden und bei den betroffenen Bürgern breitet sich hier eine neue Ausweglosigkeit aus! Es entsteht eine resignative Zwangsakzeptanz des schlechten Umweltzustandes.

Das Eingeständnis versagender Technik drückt sich in vielen Aspekten aus:

- Technik versagt, wenn Chemikalien feinverteilt im Boden vorliegen. Bis heute sind Techniken zur Schadstoffkonzentration oder -zerstörung völlig unzureichend entwickelt.
- Die Sanierung des Grundwassers ist schon im „Normalfall" der landwirtschaftlich verursachten Verseuchung an die Grenzen technischer Möglichkeiten gestoßen.
- Auch die „Sanierungsvariante" Bodenaushub und Ablagern an anderer Stelle ist nichts weiter als Hilflosigkeit. Das gilt insbesondere für Abfallkippen, bei denen man versucht, nachträglich Dichtungselemente mit beschränkter Haltbarkeit zu installieren.
- Die verhältnismäßig billige und sicherlich auch deshalb dominante Notlösung, schlicht mit Kunststoffolie und unbelastetem Boden abzudichten oder abzudecken, sichert die nächste Legislaturperiode besser als die Schadstoffe.
- Häufig werden auch Nutzungen bis hin zur Aufgabe beschränkt: Kleingärtner sollen nur noch Zierpflanzen anbauen, Flächen werden versiegelt – sinkt dadurch die Lebensqualität?

In diesem Dilemma scheint das Ziel einer Wiederherstellung der Multifunktionalität des Bodens sehr hoch gesteckt zu sein. Doch die Einschränkungen kommen noch früh genug. Es ist eine Illusion, daß sich Altlasten „beseitigen" ließen. Leider muß man bei der Sanierung oder Sicherung von Altlasten weiter Umweltbelastungen in Kauf nehmen (die möglicherweise an anderen Orten und zu anderen Zeiten entstehen).[2]

Nicht nur die mangelhaften Techniken bedingen „kleinere Lösungen" bei der Altlastensanierung. Im Wechselspiel von technischen, städtebaulichen, sozialen, umweltbezogenen und ökonomischen Aspekten sind zahlreiche Faktoren für die jeweilige Sanierungskonzeption von Bedeutung[3]. Daher müssen im Einzelfall auch aus anderen als technischen Gründen Abstriche von dem Ziel der multifunktionalen Nutzbarkeit von Boden gemacht werden. Das muß jedoch jeweils begründet werden und in demokratisch breit angelegten Entscheidungsprozessen auf Konsens hin angelegt sein. Für diese Vorgehensweise empfiehlt sich als Instrument eine spezielle Sanierungsplanung[4], die den Vorgang sachlich und formal transparent machen kann.

Es ist daher erforderlich, im Rahmen einer Sanierungsplanung auch jeweils Umweltverträglichkeitsprüfungen für Sanierungskonzepte durchzuführen. Dabei kommt es ganz erheblich darauf an, Verfahren zur Altlastensanierung unter verschiedenen Aspekten zu beurteilen. Der BUND hat hierzu folgende Kriterien genannt[5]:

- mit hoher Priorität die Gewährleistung von Arbeits- und Immissionsschutz sowie die soziale Akzeptanz;
- mit zweiter Priorität Kontrollierbarkeit, Reststoff- und Endprodukteigenschaften, Emissionen und Chemikalieneinsatz;

---

2 CLAUS, F./S. KRAUS/W. WÜRSTLIN: Umweltverträgliche Altlastensanierung; Müll und Abfall 23 (8), 539 - 550 (1991).

3 CLAUS, F./S. KRAUS/W. WÜRSTLIN: Raumverträglichkeit von Altlastensanierungen - ein Forschungsansatz innerhalb des F + E-Projektes Dortmund -; in: ARENDT/HINSENVELD/VAN DEN BRINK (Hg.): Altlastensanierung '90, Dritter Internationaler KfK/TNO Kongreß über Altlastensanierung, 10.-14.12.1990 in Karlsruhe, Dordrecht-Boston-London 1990, S. 317 f.

4 CLAUS, F.: Sanierungsplanung - Grundsätze und Verfahren zur Ermittlung von Sanierungszielen unter Mitwirkung der Bürger, in: Rosenkranz/Eisele/Harreß: Bodenschutz, Ergänzbares Handbuch der Maßnahmen und Empfehlungen für schutz, Pflege und Sanierung von Böden, Landschaft und Grundwasser; 1. Lieferung XI/88, Nr. 6420, S. 1-21; Berlin 1988.

5 CLAUS, F.: Altlasten - neue Industriedenkmäler; in: BUND (Hg.): Umwelt-Bilanz, Die ökologische Lage der Republik; Hamburg 1988, S. 71 - 85.

- mit dritter Priorität Energie-, Platz- und Zeitbedarf, technischer Aufwand, Verfügbarkeit von Anlagen und Kosten.

Kapitulationen –
2. Politik in Rücksicht vor Wirtschaftsmacht

Schon bei der Erfassung von Altlasten zeigen unterschiedliche Definitionen den Umgang mit der lokalen Wirtschaftsmacht. In Dortmund wurden bei der ersten Runde der Verdachtsflächenerhebung auch solche Flächen mit einbezogen, die aufgrund der industriellen Produktion vermutlich kontaminiert, aber noch nicht brachgefallen sind. Diese Darstellungsweise ist jedoch immer noch die Ausnahme.

Kontaminierte Flächen, auf denen noch produziert wird, finden meist zu wenig Beachtung. Nicht etwa Unwissenheit auf Behördenseite, sondern oft genug fehlender politischer Wille (sprich: Filz) führt zu einer Koalition des Schweigens. Leverkusen ist ein Paradebeispiel für das Verhältnis von Großindustrie zu Kommunalpolitik. Fast selbstverständlich wird das Vorgehen in der Chemiestadt mit der Bayer AG abgestimmt. Das gilt auch für eine der gefährlichsten Altlasten der Republik, für die bewohnte ehemalige Sondermülldeponie des Chemieriesen in Leverkusen-Wiesdorf (Dhünnaue). Dazu gibt es einen Vertrag, in dem vorläufig, also ohne Schuldbekenntnis der einen oder anderen Seite, die Finanzierung der Untersuchungen und Konzepte geregelt wird. Danach zahlt Bayer 3/4 der Untersuchungskosten. Und natürlich bleibt es nicht allein beim Geld, schließlich ist auch Wissen Macht[6]. Deshalb gibt es einen weiteren Paragraphen (§ 7) in dem Vertragswerk:

> *„Im Interesse einer besseren Zusammenarbeit wird künftig wie folgt verfahren:*
> - *Jederzeitige Kontaktaufnahme von Bayer mit allen Beteiligten (z.B. eingeschalteten Unternehmen, deren Beauftragte und Mitarbeiter), grundsätzliche Probleme sollten jedoch gemeinsam erörtert werden.*
> - *Anhörung von Bayer zu allen Planungen, Teil-, Zwischen- und Endergebnissen, die aus mitfinanzierten Maßnahmen erwachsen. Die*

6 Vgl. z.B. F. CLAUS, 1988a: Wissen ist Macht, die chemiepolitische Bedeutung von Information; in: M. HELD (Hg.): Chemiepolitik, Gespräch über eine Kontroverse, Weinheim. F. CLAUS, 1988b: Die Arroganz der Etablierten, zur Informationspolitik der Chemieindustrie; in: FRIEGE, H./F. CLAUS: Chemie für wen? Chemiepolitik statt Chemieskandale, Reinbek 1988.

Stadt sorgt dafür, daß Bayer unverzüglich angehört werden kann. Die Anhörung, sofern Bayer von dem Recht zur Anhörung Gebrauch macht, hat vor jeder Weiterverwendung bzw. Weitergabe derartiger Ergebnisse zu erfolgen, unbeschadet der kommunalverfassungsrechtlich verankerten Informationspflicht des Oberstadtdirektors und sofern die vorherige Weitergabe nicht durch eine andere Behörde angeordnet wird. Insbesondere bei Gutachtenerstellung wird die Stadt dafür Sorge tragen, daß Bayer von den Gutachtern so rechtzeitig vor Erstellung des Gutachtens angehört wird, daß die von Bayer vorgetragenen Gesichtspunkte in die Begutachtung eingestellt und gewürdigt werden können.

- *Bayer wird angemessene Zeit zur Mitwirkung eingeräumt werden.*"[7]

Auch nachdem die Sanierung des Geländes unter Beibehaltung der Wohnbebauung, was in Leverkusen lange Zeit erklärtes Ziel gewesen war, sich beim besten Willen nicht mehr rechtfertigen ließ, wurde die Sanierung und Entschädigung zwischen Bayer und Stadt „einvernehmlich" in einem Vertrag geregelt, um eine gerichtliche Auseinandersetzung zu umgehen. Im Ergebnis teilen sich Bayer und Stadt die Kosten für die Absiedlung, Beschaffung von Ersatzwohnungen und für die Sicherung eines Teils der ehemaligen Sondermülldeponie.[8]

Der Fall ist typisch für einen überall beobachtbaren, jedoch nicht nachweisbaren Vorgang: Mit Rücksicht auf das politische Verhältnis von der Stadtspitze zu potenten Steuerzahlern wird der Ermessensspielraum zugunsten der Wirtschaft und zu Lasten des Steuerzahlers gedehnt. In Leverkusen beteiligt sich Bayer zumindest noch an den Kosten, in anderen Fällen werden die Sanierungskosten komplett auf das Konto der Gemeinschaft abgebucht.

Doch nicht nur die Stadt Leverkusen in ihrer wirtschaftlichen Abhängigkeit von dem Konzern ist nicht in der Lage, ökologisch begründete Forderungen gegen Bayer durchzusetzen. Erst ein Fernsehfilm des engagierten WDR- Journalisten Gert Monheim über die bloße Abdekkung der gefährlichen Sondermüll-Altlast am Rhein brachte Bewegung

---

7 Dritte öffentlich-rechtliche Vereinbarung zwischen der Fa. Bayer und der Stadt Leverkusen, Leverkusen 1988 (unveröffentlicht).

8 Vierte öffentlich-rechtliche Vereinbarung zwischen der Fa. Bayer und der Stadt Leverkusen, Leverkusen 1989.

in die Diskussion über weitergehende Sanierungserfordernisse. Als das Image des Unternehmens Schaden zu nehmen drohte, wurde ganz plötzlich in einer Pressekonferenz eine Kehrtwende angekündigt: Auch eine seitliche Dichtwand sollte nun um die mehrere Hektar große Fläche gezogen werden.

Mittlerweile antwortet Bayer bei Nachfragen nur noch ausweichend. Die Zusage zu einer Dichtwand sei „ein Mißverständnis" gewesen, und man habe erst mal ein Forschungsprogramm verabredet, um über die Notwendigkeit der Abdichtung Klarheit zu gewinnen. In der Nachbarschaft der Altdeponie liegt eine recht junge Schule und damit im Einflußbereich der schwankenden Grundwasserstände. Dort wurde in den vergangenen Jahren eine deutlich erhöhte Krebshäufigkeit beobachtet – die Schule wird jetzt geräumt.

Kapitulationen vor der Wirtschaftsmacht betreffen auch Schwierigkeiten beim Zugriff auf ungenutzte Industrieflächen, die noch im Besitz der Unternehmen stehen. Diese Brachen werden heute nicht vermarktet, weil wegen der Altlasten bei Veräußerung kein Profit zu machen wäre. In einigen Fällen dürfte eine Belastung des Grundwassers bzw. die Ausbreitung von Schadstoffen über Staub, Tiere, Pflanzen Grund genug für Sanierungsmaßnahmen sein. Doch allenfalls Maßnahmen zur Gefahrenabwehr können angeordnet werden. Der Unterschied zur Herstellung der aus planerischer Sicht erforderlichen gesunden Lebensverhältnisse wird an einem Vergleich deutlich: Soll der Arzt die Behandlung einstellen, wenn der Patient außer Lebensgefahr ist?!

Wenn die planerischen Aufgaben und Chancen für die Stadterneuerung wahrgenommen werden sollen, die sich aus großen Brachflächen ergeben, muß auch der Zugriff durch Kommunen ermöglicht werden! Städte haben jedoch keine rechtlichen Möglichkeiten, Eigentümer zur Sanierung zu verpflichten. Die Planungspflicht, die das Baugesetzbuch für Mißstände vorschreibt, greift gegen die Wirtschaftsmacht zu kurz. Es gibt noch nicht einmal eine Mitteilungspflicht für Private, die Ergebnisse von Bodenuntersuchungen an die Behörden zu melden. Folglich wissen die Kontrolleure des Staates nicht einmal, wo ständig weiter das Grundwasser verschmutzt wird.

Der Bundesgerichtshof hat die industrielle Haftung ohnehin durch sein Urteil zu Bielefeld-Brake zu einem Gutteil auf die Kommune übertragen. Die Gefahr entsteht nach BGH-Auffassung erst durch die Umnutzung, und dafür hat die planende Stelle geradezustehen.

Kapitulationen –
3. Grenzen der wissenschaftlichen Beurteilung

Aufgaben der Wissenschaft im Zusammenhang mit der Altlastenproblematik bestehen (neben der Technikentwicklung) vor allem in der Wirkungsforschung und der Übertragung dieser Ergebnisse bei der Gefahrenabschätzung im Einzelfall bzw. bei der Aufstellung von Richt- oder Orientierungswerten zur Sanierung. Obwohl die wissenschaftlichen Kenntnisse über stoffliche Wirkungen hauchdünn sind, werden Wissenschaftler mit Gutachten beauftragt, in denen sie zu klaren Empfehlungen kommen sollen.

Die Umweltmedizin ist eigentlich nicht in der Lage, wirklich verläßliche Aussagen zu treffen. Experten stochern im Nebel, aber tun manchmal so, als hätten sie ein Echolot. Für Experten mit gegenteiliger Werthaltung ist es deshalb auch nicht schwer, Gutachten zu zerpflücken und die Aussagen vor diesem Hintergrund in Zweifel zu ziehen. Experten werden von sachkundigen Bürgern als Menschen enttarnt, die auch nicht unfehlbar sind. In einigen Fällen hat man sich daher mit Gutachten und Gegengutachten gegen die Unzulänglichkeiten der Wissenschaft beholfen, um der „Wahrheit" näher zu kommen.

Die bislang in Einzelgutachten festgesetzten Richtwerte für Schadstoffe im Boden bewohnter Altlasten orientieren sich an toxikologisch begründeten Standards. Nordrhein-Westfalens profilierter und umstrittener Umwelttoxikologe Prof. Schlipköter formulierte im Falle Dortmund-Dorstfeld einen solchen Wert für Benzo(a)pyren (1 mg/kg Boden). Weil es sich um eine krebserregende Substanz ohne Wirkungsschwelle handelt, mußte der Gutachter notwendigerweise ein „akzeptables Risiko" für die Krebsentstehung bei Kindern setzen. Die Diskussion um Risiken war zuvor nur in Fachkreisen geführt worden (z.B. vom Länderarbeitskreis Immissionsschutz bei Vorschlägen für Grenzkonzentrationen krebserregender Stoffe in Außenluft). Nach einer ähnlichen Philosophie wurden von Prof. Schlipköter auch Werte für PCB und Dioxine empfohlen: Dieses Gutachten entstand anläßlich der flächigen Verseuchung in Remscheid, die möglicherweise mit dem Absturz eines US-Militärflugzeuges in Verbindung steht.

Solange noch keine Grenzwerte für Bodenbelastungen von der industriell durchsetzten Expertokratie bundeseinheitlich verordnet sind, werden entweder Grenzwerte aus anderen gesetzlichen Regelungen sinnwidrig entliehen[9] (z.B. Werte der Klärschlammverordnung oder Maximale Arbeitsplatzkonzentrationen, MAK-Werte,) oder bei Einzelfallbetrachtungen steht die Wirkung der Stoffe auf Gesundheit und Umwelt im Vordergrund. Doch wirkungsortientierte Bodengrenz- oder -richtwerte (mit zusätzlichem Unsicherheitsfaktor für die eingestandene heutige Unwissenheit) liegen für einige Substanzen bereits in der Größenordnung der ubiquitären Belatung[10].

Eine von der Industrie initiierte Arbeitsgruppe beim Umweltbundesamt (GEFA = *Ge*fahrenabschätzung bei *A*ltlasten) erarbeitet deshalb im Stillen seit einigen Jahren an bundeseinheitlichen Richtwerten. In diesem Zusammenhang werden neuerdings

- ein EDV-gestütztes Modell zur relativen und absoluten Gefahrenabschätzung[11]

und

- eine nutzungsorientierte Liste von Richtwerten[12]

alternativ diskutiert. Der Disput wird vor dem Hintergrund geführt, daß einerseits die Vereinheitlichung der Beurteilungskriterien mit Hilfe einer geplanten Technischen Anleitung Altlasten (TA Altlasten) durchgesetzt werden soll. Gleichzeitig wird angestrebt, über die Gefahrenbeurteilung einen Schlüssel zur Vergabe von Bundesmitteln an die Länder zu finden. Dazu eignet sich das EDV-gestützte Verfahren besser, weil hierbei anstelle von Konzentrationsrichtwerten dimensionslose Zahlen gleichzeitig zur relativen Gefahreneinschätzung und zur Prioritätensetzung beitragen können.

---

9 BORGMANN, A./F. CLAUS/B. KREIN/S. LEIST, (für den Bund für Umwelt und Naturschutz NW): Kommunale Sanierungsplanung für Altlasten, Veröffentlichung bei den „Grünen/Alternativen in den Räten NRW“, Düsseldorf 1989.

10 Vgl. z.B. die A-Werte der Hollandliste (Leitfaden Bodensanierung, Lieferung 1, Juli 1983, bzw. aktualisierte Ausgabe 1990) oder die nutzungsorientierten Werte, die der Verband der Chemischen Industrie erarbeitet hat: Verband der Chemischen Industrie e.V. in Zusammenarbeit mit dem Gesamtverband des Deutschen Steinkohlenbergbaus und dem Bundesverband der deutschen Industrie e.V.: Ableitung von Bodenrichtwerten; Frankfurt 1989.

11 Das Modell wurde im Rahmen des Dortmunder Verbundforschungsprojektes „Weiterentwicklung und Erprobung von Sanierungstechnologien“ erarbeitet und bislang nicht veröffentlicht.

12 EICKMANN, T./A. KLOKE (1991): Nutzungs- und schutzgutbezogene Orientierungswerte für (Schad-)Stoffe in Böden, in: Rosenkranz, Eisele, Harreß (Hg.): Bodenschutz, ergänzbares Handbuch der Maßnahmen und Empfehlungen für Schutz, Pflege und Sanierung von Böden, Landschaft und Grundwasser (Loseblattsammlung), Berlin, Ziffer 3590.

In beiden Fällen bleiben die zahlreichen und streitwürdigen Annahmen, die zum Modell bzw. zu den Richtwerten geführt haben, teilweise unklar und werden vor allem im alltäglichen Gebrauch nach Einführung dieser Vorgehensweise keine Rolle mehr spielen. Statt dessen wären Algorithmen, in denen diese Randbedingungen ausdrücklich enthalten sind, als Handreichung für die Gefährdungsabschätzung im Interesse einer transparenten Beurteilung von Altlasten die bessere Alternative (dieser Weg wird in den USA beschritten). Denn nun wären die Fragen in jedem Einzelfall neu zu stellen, und es könnte nicht so leicht passieren, daß die speziellen Bedingungen einer kontaminierten Fläche unberücksichtigt bleiben. Aus der alten Frage nach Auslösekonzentrationen für Sanierungsmaßnahmen „How clean is clean?" wird auch die Frage „How dirty is dirty?". Altlasten werfen die Frage auf, wie belastet die Böden „normalerweise" schon sind. Die ubiquitäre Bodenbelastung, die flächige Kontamination z.B. in altindustrialisierten Ballungsräumen oder auf agrarindustriellen Flächen vor allem in den neuen Bundesländern, läßt Automatismen, die zu flächigen Sanierungen führen, unrealistisch erscheinen. Gerade dort würde beim Anlegen strenger Maßstäbe ein hoher Prozentsatz der Stadtfläche zum Bodensanierungsgebiet. Hier werden toxikologisch begründete Vorsorgewerte als Handlungsmaxime absurd. Folglich müssen politische Elemente in die Wertsetzung integriert werden.

Ein neues und besonderes Problem für die Stoffbeurteilung ist die Schadstoffkonzentration in Hausstaub. Nach den für den Häuserabriß entscheidenden Untersuchungen in Leverkusen-Wiesdorf[13], bei denen erhebliche Mengen an Chrom und chlorierten Aromaten im Hausstaub gefunden wurden, dürften ähnliche Messungen sicher bald auch an anderen Orten durchgeführt werden. Die Belastung von Kellern oder von Böden vor der Haustür setzt sich offensichtlich auch über den Staubpfad in den Innenraum fort, wo die Empfindlichkeiten aufgrund der Aufenthaltsdauer erheblich höher sind. Offen ist, wie hoch die akzeptablen Schadstoffkonzentrationen in Hausstaub sind, welche Aufnahmepfade dabei berücksichtigt werden und wie hoch der Beitrag von Bodenkontaminationen vor der Haustür ist.

Die hohen Erwartungen an die Wissenschaft bei der Einschätzung der

---

13 BJÖRNSEN BERATENDE INGENIEURE: Altlast Dhünnaue/Rheinalle/In den Kämpen; Abschlußbericht zur Gefährdungsabschätzung – Erläuterungsbericht – Koblenz 1989.

Gefahren von Altlasten können insgesamt gesehen nicht oder nur unbefriedigend erfüllt werden. Die Perspektive der Wissenschaft ist entweder der Verlust des letzten Restes an Glaubwürdigkeit oder eine neue Risiko- bzw. Sicherheitskultur (Jargon je nach politischer Absicht), bei der *Nichtwissen* eingestanden wird. Aufgabe der Wissenschaft ist in diesem Zusammenhang auch die Überwindung des veralteten Gefahrenbegriffs durch den Risikobegriff. Damit beginnt aber nur dann eine neue Ära der quantifizierten Beurteilung stofflicher Risiken, wenn gleichzeitig eine gesellschaftliche Diskussion über die Konventionen der Risikoabschätzung und -beurteilung in Gang gesetzt wird.

Kapitulationen –
4. Keine Verständigung mit Bewohnern

Wenn Menschen erzählen, die auf Altlasten leben müssen, kommen häufig Gruselgeschichten heraus. In aller Regel wird von Behörden, Industrie und Politik zunächst verharmlost, was das Zeug hält[14]. Motto: „Sie als alte (Gladbecker oder andere) hätten ja wissen müssen, daß das 'ne alte Kokerei war, wo Sie gebaut haben." Da wird den Menschen, deren Lebenstraum mit dem Hausbau materiale Formen angenommen hat, auch noch die Schuld an ihrem Desaster gegeben.

Im Umgang mit bewohnten Altlasten gibt es keinen Normalfall. Zu den besonderen Anforderungen gehören

- die Abwehr von Gefahren und Risiken als *technische Seite* des Problems;
- die Berücksichtigung von Bürgerinteressen und Emotionen von Bewohnern als *menschliche Seite* des Problems;
- die Beteiligung der Öffentlichkeit an der Entscheidungsfindung als *politische Seite* des Problems.

Gerade die menschlich, die psychosoziale Seite wird nach wie vor unterschätzt[15]. Die Menschen auf Altlasten geraten oft in eine unverschuldete Einsamkeit: Die Beziehungen zu Freunden und Bekannten

---

14 BAUMHEIER, R.: Altlasten als aktuelle Herausforderung der Kommunalpolitik; Beiträge zur Kommunalwissenschaft 26, München 1988.

15 KERNER, I./D. RADEK: Wohnen auf Gift: Lebenskrise in Raten; Psychologie Heute, Dezember 1987, S. 37-43.

leiden, weil an ihnen der Makel der Giftsiedlung klebt oder weil sie es nicht ertragen können, daß Gift permanent das Thema Nr. 1 ist. Kinder sind noch schlechter dran! Man raubt ihnen ihre sorgenfreie Spielmöglichkeiten, Eltern von Freunden verbieten Besuche in der Giftsiedlung oder brechen den Kontakt ganz ab. Während der Sanierungsarbeiten in Dorstfeld sollten die Kinder nach Gutachterempfehlung nicht ins Freie. Doch die Arbeiten währten etliche Monate! Die Siedler behalfen sich mit einer ungewohnten Demonstrationsform, sie schickten die lärmenden Kinder ins Rathaus. Völlig ungeklärt ist, wie die psychischen Belastungen sich auf Kinder auswirken. Kann es zu ungestörter kindlicher Entwicklung kommen, wenn kleine Kinder ständig im Gift, mit Gift spielen?

Zu der gesundheitlichen Zwangslage kommt in manchen Fällen auch noch die Drohung, daß die Eigentümer kontaminierter Flächen für die Sanierungskosten aufkommen sollen, weil der ursprüngliche Verursacher nicht mehr haftbar gemacht werden kann[16]. Dann geraten die Flächennutzer in eine sog. doppelte Opferposition. Menschen auf Altlasten sind in Not, aus der sie sich kaum befreien können. Eine Altlasten-Bewohnerin[17] schilderte ihre jahrelangen Erfahrungen und faßte sie in einem Krisenkreislaufmodell mit verschiedenen Phasen zusammen:

1. Nicht wahrhaben wollen oder „Die Kunst, unter den Teppich zu kehren" (Verdrängung als eine Form des Umgangs mit Angst.)
2. Irritation oder „Habe ich eine Wut im Bauch" (Angst drückt sich in Aktivität aus. Die Bereischaft zum Zusammenschluß ‘gegen’ andere wächst.)
3. Ringen um Erkenntnis oder „Studiengang Altlasten" (Bewohner machen sich selbst zu Experten, weil sie fremdernannten Experten nicht mehr glauben.)
4. Resignation (erneut stellt sich die Erkenntnis eigener Ohnmacht ein. Die Neigung wächst, sich dem Schicksal zu fügen.)
5. Nicht wahrhaben wollen oder „Die Kunst, unter den Teppich zu kehren" (Die Verdrängung auf neuem Wissensstand führt in einen neuen Umlauf im Krisenkreislauf.)

---

16 Bislang schließt lediglich das hessische Abfall- und Altlasten-Gesetz eine Haftung der Zustandsstörer für den Fall aus, daß sie nachweislich nicht von der Kontamination wissen konnten.

17 GABI REBBE, Interessengemeinschaft Martin-Lang-Straße, Bochum: Krisenverlaufsmodell: Leben auf Altlasten; Tagungsunterlagen des 2. Iserlohner Forums für Betroffene von Altlasten vom 28.9. bis 1.10.1989.

Übrigens hat die Initiative der entsprechenden Altlast in Bochum-Günnigfeld mittlerweile in ihrer Not den Petitionsausschuß des Landtags von Nordrhein-Westfalen angerufen, um sich gegen die anhaltende Ignoranz in der Stadtverwaltung von Bochum zur Wehr zu setzen.

Viele Altlastenbewohner sehen nur eine Möglichkeit für den *Ausstieg* aus dem Kreislauf:

Zustimmung oder „Auf Gift gebaut - Leben versaut“ (Die Trauer ermöglicht die Abkehr vom Wunsch der Sanierung aller Schäden. Das Eingeständnis des „Flops des Lebens“, der Verlust der gewünschten Heilen Welt im eigenen Umfeld, der Zukunft an diesem Ort wird zur Gewißheit.)

Entscheidend für Bewohner, entscheidend für den Umgang mit der Situation ist die Möglichkeit, daß sie eine *eigene* Entscheidung fällen können. Dabei ist es gleichgültig, ob sie für Umzug, für unbesorgtes Dableiben oder für Sanierung eintreten. Auf Entscheidungen, die ihnen von außen vorgegeben werden, können die Menschen nur mit Mißtrauen reagieren.

Der Spielraum für diese Entscheidungen muß den Bürgern aber erst eingeräumt werden, denn häufig genug verbietet ökonomische Abhängigkeit (Verschuldung durch den Hausbau) einen Alleingang. Um über Ziele, Risiken und Lösungen zu sprechen, sind für diese Entscheidungen neue Beteiligungsmodelle erforderlich. Der Umgang mit Risiken birgt immer eine Grauzone, wo Entscheidungsalternativen ausgehandelt werden sollten.

In Essen (Altlast Zinkstraße) ließen sich die Bewohner mit juristischer Beratung auf Verhandlungen mit der Stadt ein. Sie empfinden ihre Sanierungslösung als Erfolg. In Bielefeld-Brake wurde eine Sanierungskommission eingerichtet, bei der Bewohner Sitz und Stimme hatten. In Dortmund bestand eine Ratssonderkommission, wo Bürger allerdings aufgrund der Zusammensetzung nur gegen Gummiwände reden konnten. In etlichen anderen Fällen überlegen sich Kommunalpolitiker neuartige Instrumente zur Gewinnung von Akzeptanz[18].

---

18 DISCHER, H./S. KRAUS: Konfliktlösung bei der Sanierung bewohnter Altlasten; Diplomarbeit am FB Raumplanung an der Universität Dortmund, Dortmund 1989.

In Wuppertal werden die Bewohner und Eigentümer altlastverdächtiger Grundstücke seit Mitte 1991 in die Entscheidungen einbezogen. Das reicht von der kooperativen Gutachterwahl bis zur Beratung in einer ständigen Arbeitsgruppe, dem „Varresbecker Forum", über Art und Umfang der Information der dortigen Bevölkerung. Die sachliche und konzentrierte Atmosphäre ist dort zunächst den Beteiligten zu danken. Darüber hinaus macht es die Unterstützung durch neutrale Vermittler leichter, Schuldzuweisungen nicht in den Vordergrund zu rükken und gegenseitiges Vertrauen zu erhalten bzw. aufzubauen.

Doch es gibt immer noch genug Fälle, in denen solche bürgerfreundlichen Grundsätze nicht berücksichtigt werden. Da ist es kein Wunder, daß im Oktober 1989 der Zusammenschluß der örtlichen Initiativen zu einem Dachverband beschlossen wurde. Der BVAB (Bundesverband Altlastenbetroffener) eröffnet die phantastische Chance auf Durchsetzung vitaler Bürgerinteressen quer durch die Republik. Allein über den Austausch von Informationen können sich die betroffenen Bürger selbst helfen. Die Notwendigkeit einer Bundesorganisation ergibt sich nach den eigenen Worten der GründerInnen „insbesondere aber aus den nach immer gleichen Strickmustern ablaufenden bundesweiten Negativerfahrungen der Betroffenen mit Verwaltung und Politik. Wesentliche Aufgabe des Bundesverbandes wird es sein, die Position der Betroffenen gegenüber der Willkür und dem machtpolitischen Vorgehen der Verantwortlichen zu stärken."[19] In der Tat. Kommunalpolitiker haben beispielsweise vor der politischen Auseinandersetzung mit den Bewohnern in Dorstfeld, Barsbüttel, der Hamburger Bille-Siedlung oder Leverkusen kapituliert. Im Umgang mit dem Problem drückt sich die Unfähigkeit aus, politische Lösungen zu finden. Da wurde mit dem Durchbrechen der siebzigtägigen Blockade der Bewohner in Dorstfeld die erste gewaltsame Sanierung mit Polizeimacht eingeleitet. Symbolhaft trennte man Baumaschinen und Bürger mit einem Bauzaun: Die Bürger blieben „außen vor". Eine fachlich nicht haltbare, einmal gezogene Abgrenzungslinie trennt in Dorstfeld Kern- und Rand-Gebiet der Altlast. Die gesundheitlichen und psychischen Belastungen der Bewohner halten sich jedoch nachweislich nicht an die Grenze.[20].

---

19 Presseerklärung des Bundesverbandes der Altlastenbetroffenen vom 1.10.1989, Kontaktanschrift: Detlef Stoller, Niederfeldstr. 8, 5090 Leverkusen.

20 SCHLIPKÖTER, H.-W., et al.: Gutachten zur Frage des Gesundheitsrisikos durch Bodenverunreinigungen in Dortmund-Dorstfeld; Medizinische Begleituntersuchung der Sanierungsmaßnahmen; Medizinisches Institut für Umwelthygiene an der Universität Düsseldorf, 28.9.1988.

Eine Tortenlösung brachte das Kieler Kabinett für Barsbüttel zustande. Die Landesregierung kaufte nur einen kleinen Teil der Häuser auf der Ex-Deponie zurück. Dazu Engholms Regierungssprecher Herbert Wessels: „Was glauben Sie, wie unser Landeshaushalt aussähe, wenn wir beliebig Grundstücke aufkaufen würden, auch wenn keine objektive Gefährdung nachgewiesen ist?“[21]

Viele Altlast-Bewohner glauben, daß bewohnte Altlasten nicht sanierbar sind. Den Menschen bliebe die Giftevakuierung, sie gerieten zu Umweltvertriebenen. Oder muß zumindest die Sanierung ausgeführt werden, während die Bewohner nicht in ihren Häusern leben? Fraglos ist der alltägliche Anblick der Sanierung eine zusätzliche psychische Belastung: „Da fahren dauernd die LKWs mit dem ‘A’ für Abfall dran den Gartenboden weg!“, schilderte eine Bewohnerin ihre Eindrücke. Auch gesundheitliche Gefährdungen während der Sanierung sind nicht von der Hand zu weisen: ‘Meterhoher’ Hausstaub führt zu Veränderungen biologischer Parameter. SCHLIPKÖTER[22] nannte sie im Falle von Dorstfeld-Süd zwar reversibel und nicht krankhaft, doch ist das nicht auch eine von Wertmaßstäben abhängige Frage?

Der Umgang mit Ungewißheit braucht eine neue Kultur: im Zweifel für den Menschen und seine Gesundheit.

Lösungsansätze?
Einige Perspektiven und Spekulationen

Der Startschuß für Debatten über Lösungen der Altlastenproblematik ist noch nicht verhallt, so frisch ist die Diskussion. Die Lobbyisten haben sich noch nicht endgültig formiert, Recht ist noch nicht interpretiert und ergänzt, Techniken sind kaum entwickelt, Rahmensetzungen des Bundes fehlen völlig. Gute Chancen also für politische Maßnahmen mit dem Charakter von Weichenstellungen.

---

21 „‘Schlimmer hätte es nicht kommen können’, Kieler Kabinett kaufte sechs Häuser auf der Mülldeponie Barsbüttel/Die anderen Bewohner müssen auf dem Gift hocken bleiben“; taz Hamburg vom 4.10.1989.

22 SCHLIPKÖTER, H.-W., et al.: Gutachten zur Frage des Gesundheitsrisikos durch Bodenverunreinigungen in Dortmund-Dorstfeld; Medizinische Begleituntersuchung der Sanierungsmaßnahmen; Medizinisches Institut für Umwelthygiene an der Universität Düsseldorf, 28.9.1988.

Die Beispiele für Kapitulationen werfen ein bezeichnendes Schlaglicht auf die Folgen der Altlasten für unterschiedliche gesellschaftliche Gruppen:

- Die Industrie ist im wesentlichen Gewinner im Kampf um die Lastenverteilung bei der Altlastensanierung. Auf der einen Seite versagt das Verursacherprinzip, auf der anderen Seite läßt sich mit der Sanierung auch eigener Grundstücke noch Geld verdienen.

- Verlierer bei der Übernahme von Belastungen finanzieller, gesundheitlicher und psychischer Art sind hauptsächlich die Bewohner kontaminierter Flächen. Sie haben auch nach Bekanntwerden ihrer Lage noch jahrelang unter den gesundheitlichen und psychischen Belastungen zu leiden und verlassen ihre Wohnungen und Häuser meist nicht ohne finanzielle Einbußen.

- Weitere Verlierer sind die Stadtplaner. Einerseits wird der Planung durch die Kontaminationen im doppelten Wortsinn der Boden entzogen. Andererseits sind die Planer und die Kommunalpolitiker nach dem BGH- Urteil zu Bielefeld-Brake verantwortlich für die möglichen Folgen der Nutzungsausweisungen. Außerdem sind Planer (laut Baugesetzbuch) verpflichtet, gesunde Wohn- und Arbeitsverhältnisse zu gewähren. Gleichzeitig aber verlangt das Gefahrenabwehrrecht lediglich die Beseitigung der Gefahr, keineswegs aber die wesentlich höheren Ansprüche der planerischen Vorsorge. Die Last für weitergehende Maßnahmen liegt also bei den Städten.

Eine neue Rolle der Planung?

Bisher sind sich keineswegs alle Städte ihrer neuen Aufgaben bewußt. Und arg gebeutelte Stadtsäckel eröffnen nicht gerade Spielräume für Eigenleistungen bei den Gemeinden. Zentrale Hemmnisse für die Altlastensanierung bestehen auf kommunaler Ebene:

- in mangelnder Erfahrung im verantwortlichen planerischen und bürgernahen Umgang mit Altlasten,
- in kommunalpolitisch verursachter Verzögerung von Sanierungen durch Geldmangel, Rücksichtnahme, eine Politik des Abwartens, Unkenntnis usw.,
- in knappen Finanzen zur Untersuchung und Sanierung von Altlasten,

- in der unbefriedigenden Rechtslage bei Altlasten, die häufig keinen Zugriff auf solche Flächen erlaubt, die mit hoher Wahrscheinlichkeit kontaminiert sind, aber sich als Brachen in Privateigentum befinden,
- in der fehlenden Mitteilungs- und Sanierungspflicht für private Grundstückseigentümer.

Die Einzelfallbetrachtung zur Beilegung politischer Konflikte, die nach dem Feuerwehrprinzip funktioniert, muß im Sinne einer geplanten Stadtentwicklung einer übergreifenden konzeptionellen Herangehensweise auf kommunaler Ebene weichen. Besonders in den altindustrialisierten Ballungsräumen sind regionale Konzepte erforderlich, sowie örtliche und regionale Übersichten über Brachflächen aus Industrie und Gewerbe.

Die Sanierung von Altlasten ist der Schlüssel zur Mobilisierung von Brachflächen. Aus vordergründig verständlichen planerischen Gründen wird heute häufig versucht, die beschränkten Mittel je nach Nutzung einer Altlast durch geringere Qualitätsansprüche an die Sanierung zu strecken. Eine derart verengte, pragmatische Sicht ist jedoch kurzsichtig. Die Geschichte der Stadtentwicklung zeigt, daß Flächen mehrfach umgenutzt werden. Verminderte Qualitätsansprüche an den Boden, abhängig von Nutzungsarbeiten, verlagern das Altlastenproblem für die Stadtplanung nur in die Zukunft. Ein Hemmnis der Stadtentwicklung von morgen ist damit programmiert. Altlasten dürfen aber nicht zum dominierenden Faktor der Stadtplanung werden.

Für heute nicht lösbare Sanierungsaufgaben, bei denen nur die Nutzung beschränkt oder die Altlast gesichert wird, sollten Automatismen installiert werden, die zur regelmäßigen Überprüfung der Entscheidung zwingen. Wenn trotz der damit verbundenen Nachteile Sicherungs- anstelle von Sanierungsmaßnahmen durchgeführt werden, muß zusätzlich die planungsrechtliche Bindung der Nutzungszuweisung entsprechend flexibel sein: Ein Sondernutzungsstatus von vorübergehender Dauer, also ohne Bestandsschutz und Verlaß ist erforderlich. Der mit einer Sicherung verbundene Wechsel auf die Zukunft muß eine bindende Frist besitzen!

Eine neue gestärkte Rolle der Planung braucht einen aktiven Ansatz. Die Initiative kann nur durch aktive Einbeziehung von Bodenschutz in Planung zurückgewonnen werden. Das führt zu neuen ökologisch ausgerichteten Kriterien für Wirtschaftsförderung (Standortwahl, Rahmenbedingungen beim Umgang mit bodengefährdenden Stoffen etc.)

und Bauleitplanung (Schutz und Wiederherstellung empfindlicher Böden, flächensparendes Bauen etc.). Der kommunalpolitische Vorrang belastungsabhängiger Flächennutzungsplanung muß einer umfassenden, nutzungsunabhängigen Sanierung weichen. Die gestiegene Verantwortung der Planung muß mit einer Erweiterung der Kompetenzen einhergehen.

In vielen Fällen bedeutet die Mobilisierung von Industrie- und Gewerbeflächen neue Chancen für die Stadtentwicklung. Die Nutzung dieser Chancen auch zur ökologischen Stadterneuerung, nicht nur zur Schonung von Freiflächen oder zur Schaffung von Arbeitsplätzen, wird in den meisten Fällen durch Altlasten behindert, manchmal sogar werden stadtökologisch sinnvolle Flächennutzungen verhindert. Um konzeptionell auf diese Probleme eingehen zu können, braucht es

- ökologische Stadtentwicklungskonzepte, die ein abgestimmtes Nutzungskonzept für die Brachen vorsehen,
- die Möglichkeit zur Ausweisung von Bodenbelastungsgebieten, um den planenden Stellen einen weitergehenden Handlungsspielraum einzuräumen,
- Prioritätensetzungen zur Altlastensanierung, die anhand von
  - Risiken für Umwelt und Gesundheit
  - Nutzungsabsichten

  aufgestellt werden.

Eine derartige, an ökologischen Zielen[23] ausgerichtete Konzeption für den zeitlich gestuften, räumlich differenzierten Umgang mit altlastenbehafteten Industrie- und Gewerbebrachen müßte Teil einer bodenschutzorientierten *Flächenpolitik* sein.

Warten auf technische Lösungen?

Da alle technischen Verfahren nur eine begrenzte Wirksamkeit der Zerstörung bzw. Entgiftung von Schadstoffen besitzen, können Kombinationen verschiedener Techniken in zentralen Altlastensanierungsanla-

---

23 VOIGT, M./D. SCHRÖDER/A. MUSINSKI/F. CLAUS: Der kommunale Umweltplan: Ziele und Normen der Umweltqualität als Grundlage konzeptioneller Umweltplanung; Zeitschrift für angewandte Umweltforschung (ZAU) 1 (4), 377-390 (1988).

gen sinnvoll sein. Das gilt insbesondere für hochbelastete Ballungsräume, in denen nicht on-site saniert werden kann und wo auch entsprechende Transportwege aufgrund hoher zu reinigender Mengen an Boden kurz gehalten werden können. Aber manche Standorte, wie im niedersächsischen Bückeburg, bei Lingen/Ems oder im hessischen Borken, sind politisch gewählte Standorte, wo die Anlagen (mit Arbeitsplätzen und Investitionen verbunden) den Charakter eines Danaer-Geschenkes besitzen.

Derartige Sanierungszentren dürfen aber nicht als Konkurrenzanlagen auf Einzeltechniken setzen, sondern müssen ihre besondere Qualität in der Integration von Reinigungsverfahren besitzen[24]. Es versteht sich von selbst, daß auch die Standortwahl nach ökologischen Kriterien erfolgen muß und nicht allein aufgrund rein ökonomischer Verwertungsinteressen.

Mit Sanierungszentren sind keineswegs hauptsächlich Entlastungen (bei Altlasten), sondern zusätzliche Belastungen am Standort verbunden. Die Schere zwischen Betroffenen und Begünstigten kann (analog zur Problematik zentraler Sonderabfallentsorgungsanlagen[25]) stark auseinanderklaffen.

Positive Umweltbilanz bei der Altlastensanierung

Greift eigentlich die bisherige Politik zur Lösung der Altlastenproblematik? So notwendig die Frage erscheint, sie ist mangels Bilanzen heute noch nicht zu beantworten, hier kann nur spekuliert werden. Tatsächliche erfolgte Sanierungen machen bis heute nur den geringsten Teil der Aktivitäten aus. Noch dominieren Erfassung und Untersuchung von Altlasten. Und wenn saniert wird, was ist eigentlich eine erfolgreiche Sanierung? Sie sollte

- mit tragbaren Kosten technisch machbar sein,
- von der Bevölkerung akzeptiert werden,
- mit einer positiven Umweltbilanz abschließen.

---

24 Vgl. den Beitrag von KILGER/GRIMSKI in diesem Buch.

25 MÜLLER, K./M. HOLST: Raumordnung und Abfallbeseitigung – Empirische Untersuchung zu Standortwahl und – Durchsetzung von Abfallbeseitigungsanlagen – Schriftenreihe 06 „Raumordnung“ des Bundesministers für Raumordnung, Bauwesen und Städtebau Nr. 06.065, Bonn 1987.

Um beurteilen zu können, ob eine Sanierungsmaßnahme mit einer positiven Umweltbilanz verbunden ist, müssen Umweltverträglichkeitsprüfung (UVP) und Technikfolgenabschätzung als zukunftsorientierte Instrumente eingesetzt werden. Doch dabei tauchen neue Fragen für die UVP auf, die vom im UVP-Gesetz nicht aufgeworfen, geschweige denn beantwortet werden: Gibt es bei der UVP für eine Sanierungsaufnahme auch die Nullvariante? Oder erfolgt eine UVP nicht sowieso erst dann, wenn die Sanierungsbedürftigkeit festgestellt wurde? Was wäre die Konsequenz eines deutlich negativen UVP-Ergebnisses?

Besser als eine UVP wäre eine Umweltfolgenabschätzung, wobei in einer Art Optimierungsprozeß die Umweltbelastungen zu minimieren wären. Für den Fall drastischer Auswirkungen gäbe es eine Notbremse für das beabsichtigte Projekt[26].

Altlasten und Chemiepolitik

Die verstärkte Sanierung von Altlasten ergibt umweltpolitisch nur dann einen Sinn, wenn einerseits Bodenbelastungen insgesamt vermindert werden (also auch bei *derzeit noch betriebenen* Industriestandorten und Deponien) und wenn andererseits vorsorgend Bodenbelastungen vermieden werden. Es kann beispielsweise nicht angehen, daß ein sanierter Industriestandort nachfolgend von einem Industriebetrieb so genutzt wird, daß er nach einigen Jahren erneut kontaminiert ist. Die vorliegenden Erfahrungen müssen daher auch Konsequenzen für

- den Einsatz gefährlicher Stoffe (dazu gehört auch das Eingeständnis der Unbeherrschbarkeit einiger Stoffe, z.B. von Chlorkohlenwasserstoffen[27]),
- umweltbelastende Produktionstechniken (das betrifft vor allem die Anforderungen an den Umgang mit und die Lagerung von wasser- und bodengefährdenen Stoffen. Genehmigungsvoraussetzung sollte die Gewährleistung des Status Quo – Anreicherungsverbot! – sein),
- die Standortwahl von Industriebetrieben (hier ist wieder die oben erwähnte gestärkte Rolle der Stadtplanung angesprochen)

---

26 Vgl. Fn. 2.

27 CLAUS, F.: Der Siegeszug der Chlorchemie – Ein Pyrrhussieg; Beitrag zur Tagung „Perspektiven der Chlorchemie“ am 9./10.10.1989 in Bad Boll, Publ. in Vorbereitung.

nach sich ziehen. Boden muß zum Regelungsmaßstab in der Umweltpolitik werden, wie es von der Bundesregierung in ihrer Bodenschutzkonzeption[28] folgenlos angekündigt worden war. Genehmigungen für Betriebe sind auch unter bodenschützenden Gesichtspunkten zu verweigern bzw. mit Auflagen zu versehen. Außerdem sind dringend chemiepolitische Maßnahmen zur Eindämmung der Chemikalienflut sowie zur Abfallvermeidung als Bestandteile vorsorgenden Bodenschutzes zu ergreifen.

Die Rolle der Chemischen Industrie ist in der Altlastendiskussion noch unterbewertet. Eigentlich sind alle Altlasten „Chemiealtlasten“. Doch die Hauptproduzenten sind kaum in den Schlagzeilen. Bislang drücken sich die Produzenten noch davor, sich eigene Standards zu setzen. Nur in Hamburg (bei Boehringer Ingelheim), in Leverkusen (bei Bayer und Dynamit Nobel), bei Boehringer Mannheim und in Berlin (bei Schering) sind aufgrund der lokalen politischen Verhältnisse die Belastungen des Bodens der Chemiefabriken bekannt geworden. Das jeweils horrende Ergebnis kann kaum überraschen. Durch sich künftig sicher mehrende Beispiele wird auch die Chemieindustrie mit Sanierungen vorangehen müssen. Gerade mit deren Know-How sollte es möglich sein, die Techniken der Sanierung erheblich zu verbessern.

Umfassende Haftungspflicht bewirkt Vorsorge

Die Weitergabe von Produkten bzw. Stoffen darf nicht damit verbunden sein, daß die Verantwortung automatisch mit übergeben wird. Statt dessen muß eine Gefährdungshaftung für die Industrie eingeführt werden, die sich an der US-Idee der „strict liability“ orientiert, die eine verschuldensunabhängige Gefährdungshaftung enthält[29]. Bei der Neugestaltung einschlägiger umweltrechtlicher Veränderungen müssen zudem dynamische Elemente integriert werden.[30]

Auch anlagenbezogen müssen Mechanismen eingeführt werden, die in zeitlichen Abständen zur Kontrolle der Bodenqualität auf Betriebsge-

---

28 Deutscher Bundestag: Bodenschutzkonzeption der Bundesregierung, Bundestagsdrucksache 10/2977 vom 7.3.1985.

29 FRIEGE, H./F. CLAUS (Hg.): Chemie für wen? Chemiepolitik statt Chemieskandale; Reinbek 1988, S. 202 ff.

30 RAINER WOLF: „Herrschaft kraft Wissen“ in der Risikogesellschaft; Soziale Welt 39 (2) 164 - 187 (1988).

länden führen. Ziel wäre etwa ein periodisch vorzulegender Bodenzustandsbericht, wobei im Schadensfall automatisch eine Sanierungspflicht bestehen würde. Die letzte Novelle des Bundesimmissionsschutzgesetzes enthält eine Regelung, die genehmigungsbedürftige Betriebe zur Sanierung ihres Betriebsgeländes bei Stillegung verpflichtet. Diese Regelung ist allerdings deshalb in ihrer jetzigen Form unbefriedigend, weil die zunächst vorgesehene Lösung in Verbindung mit einer Haftpflicht für eventuelle Sanierungsmaßnahmen von der Bundesregierung auf Druck der Industrie und etlicher Länder wieder gestrichen wurde. Außerdem ist die Focussierung auf den Zeitpunkt der Betriebsschließung ungünstig, denn schließlich müssen frühzeitig beginnende irreversible Schäden begrenzt werden können.

Industrielle Vorsorge ist besonders gut über Marktmechanismen zu gewährleisten. Versicherungslösungen, finanzielle Drohungen und Abgaben sind daher geeignete Instrumente zur Umsetzung des Vorsorgeprinzips.

5. Risikokommunikation mit neuen gesellschaftlichen Konventionen?

Wenn der überalterte Gefahrenbegriff durch Riskobetrachtungen abgelöst wird, dann müssen Pflöcke für

- die inhaltliche Ausgestaltung von Risikoabschätzungen

und

- die verfahrensrechtliche Gestaltung von Risiko-/Nutzen-Abwägungen

eingerammt werden. Das Ergebnis einer glaubwürdigen Auseinandersetzung um wissenschaftliche Fakten und Unklarheiten mit verschiedenen Interessengruppen in der Risikogesellschaft führt zu neuen Konventionen für den Umgang miteinander und für Information, Kommunikation und Beurteilung von Risiken für Gesundheit und Umwelt[31]. Gefühle ergänzen (scheinbar) rationale Entscheidungen. Bürgerinteressen kann in Zukunft nicht allein mit wissenschaftlich-technischen Argumenten begegnet werden. Darauf müssen sich die Akteure einrichten.

---

31 Vgl. JUNGERMANN/ROHRMANN/WIEDEMANN: Risiko-Konzept, Risiko-Konflikte, Risiko-Kommunikation; Forschungszentrum Jülich GmbH; Monographien Band 3/1990.

Dabei sollte nicht verkannt werden, daß Risikokommunikation nur ein Hilfsmittel ist. Der quantifizierende Ansatz löst keineswegs das Problem. Es wird nur anstelle einer scharfen Trennungslinie von Verträglichkeit zu Unverträglichkeit eine breitere Grauzone von Konzentrationen geschaffen, in der über die Akzeptanz gegenüber Stoffwirkungen verhandelt werden kann. Über die akzeptable Risikohöhe läßt sich trefflich streiten, über Grenzwerte nicht. Sicherlich müssen dafür diverse Rahmenbedingungen gelten. Doch an dem wissenschaftlichen Methoden-Background dürfte der Ansatz nicht prinzipiell scheitern, denn im Ergebnis führen Risikoabschätzungen zu Werten in vergleichbaren Größenordnungen.[32] Darüber hinaus gibt es in den USA eine Reihe an Erfahrungen mit diesem methodischen Ansatz.[33]

Neben der Frage nach dem „Wie" der Richtwertfindung steht aber auch die nach dem „Wer". Nicht etwa allein die altbekannten Technokraten aus dem Umfeld der ökonomisch unmittelbar betroffenen Wirtschaft dürfen im Geheimen Zahlen ausbrüten, die der Öffentlichkeit als akzeptable Risiken vorgesetzt werden. Erforderlich ist ein gesellschaftlicher Diskussionsprozess über die akzeptablen, tragbaren Risiken aus Bodenverunreinigungen. Das führt zur Partizipation von Interessengruppen auf Bundesebene. Zur Verbreitung der gesellschaftlichen Entscheidungsfindung, zur Demokratisierung der Risikodiskussion werden neue Diskussions- und Beratungskreise installiert werden müssen. In einem ähnlichen Problembereich hat der BUND einen Gesetzentwurf als Vorschlag für einen Chemiebeitrag[34] vorgelegt.

Wenn aus Risikobetrachtungen Risikokommunikation werden sollte, dann brauchen wir Grundlagen: Eine der Voraussetzungen für Kommunikation ist Information. Weitgehende Öffentlichkeitsarbeit zu belasteten Flächen muß eine Selbstverständlichkeit sein. Wenn schon Kuh-

32 UMWELTBUNDESAMT: Jahresbericht 1988, Berlin 1989, S. 50.

33 Vgl. BACHMANN, G.: Bodensanierung in den USA, in: ROSENKRANZ/EISELE/HARREß Bodenschutz, Ergänzbares Handbuch der Maßnahmen und Empfehlungen für Schutz, Pflege und Sanierung von Böden, Landschaft und Grundwasser; Nr. 0490, 1989; und CLAUS, F.: Sanierungsplanung – Grundsätze und Verfahren zur Ermittlung von Sanierungszielen unter Mitwirkung der Bürger, in: Rosenkranz/Einsele/Harreß: Bodenschutz, Ergänzbares Handbuch der Maßnahmen und Empfehlungen für Schutz, Pflege und Sanierung von Böden, Landschaft und Grundwasser; 1. Lieferung XI/88, Nr. 6420, S. 1-21, Berlin 1988.

34 FRIEGE, H./F. CLAUS (Hg.): Chemie für wen? Chemiepolitik statt Chemieskandale, Reinbek 1988, S. 193 ff.

handel, dann öffentlich! Neue gesellschaftliche Konventionen führen weg von der Ergebnisorientierung hin zur Prozeßorientierung.[35]

Die Änderung der „Definitionsverhältnisse“[36] wird angesichts der Akzeptanzkrise staatlicher Politik als eine Perspektive gesellschaftlicher Utopie immer wahrscheinlicher. Dabei muß „die Öffnung der Definition (...) durch eine soziale Öffnung der Normierungs- und Beratungsgremien konkretisiert werden, durch einen offenen Bruch des sozialen Monopols: durch die Hereinnahme von Experten und Gegenexperten, durch gezielte interdisziplinäre Aufmischung, so daß die disziplinären Fehlersysteme sich wechselseitig hervorkehren. (...) Es bedarf einer Gewaltenteilung zwischen Forschung und Anwendung, Gefahrendiagnose und Sicherheitstherapie.“[37]

Aufgaben des Bundes

Ziele umweltpolitischer Maßnahmen werden hierzulande meist nur sehr diffus angegeben. Gerade aber zur Altlastensanierung ist eine Zielsetzung sinnvoll, weil sie den Erfolg meßbar macht. In den Niederlanden und in den USA gibt es regelrechte Altlastenprogramme, in denen Zielvorgaben für Sanierungen gemacht werden. Hierzulande fehlt eine derartige Steuerung auf Bundes- wie auf Landesebene. Der Grund für das Defizit ist zum einen in politischer Vorsicht zu sehen (je konkreter die Aussagen, desto überprüfbarer das Ergebnis), zum anderen aber in mangelnder finanzieller Ausstattung der Länderetats und im Fehlen eines Bundesetats zur Sanierung.

Die „bundeseigenen“ Altlasten (z.B. bei Bahn, Post, Bundeswehr und bei Rüstungsaltlasten) werden die Haltung der Bundesregierung zur Altlastensanierung beschleunigt ändern. Wenn der Bund selbst sanieren muß, setzt er automatisch Maßstäbe. Und Industrie und Städtetag drängen im Verein mit Umweltverbänden sowieso schon auf Rahmensetzungen des Bundes. Das betrifft

---

35 BACHMANN, G.: Bodensanierung in den USA, in: Rosenkranz/Einsele/Harreß: Bodenschutz, Ergänzbares Handbuch der Maßnahmen und Empfehlungen für Schutz, Pflege und Sanierung von Böden, Landschaft und Grundwasser, Nr. 0490, 1989.

36 BECK, U.; Gegengifte, Die organisierte Unverantwortlichkeit, Frankfurt 1988, S. 221 f.

37 BECK, U.: a.a.O., S. 284 f.

- Wertsetzungen für Auslöseschwellen zur Sanierung,
- Wertsetzungen für Sanierungsziele,
- Anforderungen an Gutachter zur Risikoabschätzung,
- die Integration von Bürgerinteressen durch zuständige Behörden,
- Mindeststandards der Sanierung,
- analog zu USA-Regelungen ein Verbot der bloßen Umlagerung einer Altlast.

All das zusammen klingt schon fast nach einer „TA Altlastensanierung“. Wenn eine Bundesregierung sich dazu entschließen würde, und die Zeichen dafür stehen nicht schlecht, dann ist sie aber auch gezwungen, Mittel bereitzustellen. Denn es ist politisch keinesfalls durchsetzbar, auf der einen Seite Forderungen an die Länder oder Kommunen zu stellen und sich auf der anderen Seite für finanziell nicht zuständig zu erklären.

Derzeit hofft man im Umweltministerium, daß die Auseinandersetzungen um den Entwurf eines Abfallabgabengesetzes noch in einen rechtskräftigen Kompromiß münden. Falls das nicht gelingt, muß die inzwischen alte Diskussion um einen Fonds wieder aufleben, der Mittel derartig aufbringen müßte, daß damit auch ein altlastenvermeidender Lenkungseffekt verbunden wäre. Dafür gibt es schon einige Vorschläge.[38]

Die Aufgaben des Bundes beschränken sich jedoch nicht allein auf die Rahmensetzung für die Bearbeitung der heute schon offensichtlichen Problematik. Im Gegenteil wäre von Bonn auch zu erwarten, daß man dort solche Altlasten erfaßt, die heute noch hinter dem Schleier militärischer Sicherheitsinteressen verborgen werden. Aufgrund des Chemikalieneinsatzes bei der Bundeswehr muß davon ausgegangen werden, daß in diesem Sektor etliche Bodenverunreinigungen anzutreffen sind. Wenn hier keine offensive Strategie gewählt werden sollte, dann wird beispielsweise die unterirdische Stoffausbreitung früher oder später zu Untersuchungen führen müssen. Denn Grundwasser schert sich nicht um NATO-Draht! Auch aufgrund der europäischen Perspektiven stände es der Bundesregierung gut an, Maßstäbe zu setzen, die dann

---

38 Vgl. z.B. F. CLAUS: Superfonds-Regelung erheblich ausgedehnt; Müll und Abfall 9, S. 374-377 (1987); und F. CLAUS: Altlasten, in: Friege, H., Claus, F. (Hg.): Chemie für wen? Chemiepolitik statt Chemieskandale, Reinbek 1988, S. 61 - 68.

auch international diskussionswürdig sein können. Denn sicherlich wird das Altlastenproblem auch irgendwann zu weiteren EG-Richtlinien führen. Für den Teil der Deponien ist eine Erfassung samt Berichterstattung an die EG-Kommission bereits EG-Recht, das allerdings bislang ignoriert wurde. Und belastete Flächen gibt es selbstverständlich auch in anderen Ländern! Die Wahrnehmung der Problematik in anderen EG-Mitgliedstaaten[39] ist jedoch mit Ausnahme der Niederlande und Dänemarks noch meist gering.

Die wirtschaftliche Entwicklung in der Bundesrepublik hat Schäden hinterlassen. Im Auftrag des Wirtschaftsministers hat das Ingenieurbüro Fichtner bereits vor einiger Zeit ein Gutachten über die Kopplung von Wirtschaftswachstum und Umweltzustand, Umweltqualität geschrieben. Das – verkürzte – Ergebnis zeigt, daß die Kopplung von Wachstum und Belastung für die Durchflußmedien Boden und Sediment nach wie vor gilt. Oft gerät der Unterschied zwischen aktueller bzw. vergangener Umweltbelastung und derzeitigem Umweltzustand bzw. der Entwicklung von Umweltqualität in Vergessenheit bzw. ist gar nicht präsent. Doch hier liegt der eigentliche Schlüssel für Umweltpolitik: Nur mit Vermeidungsstrategien ist wirklich etwas zu ändern.

39 Conference Paper, „Soil Contamination Through Industrial Toxic Dumps", Brüssel 8./9.4.1988.

Bestandsaufnahme und Bewertung

Michael J. Henkel

Altlasten in der Bundesrepublik Deutschland – eine Zwischenbilanz

Die Altlastenproblematik hat sich in den vergangenen Jahren zu einem wichtigen Handlungsfeld des öffentlichen Gesundheits- und Umweltschutzes entwickelt. Spektakuläre Fälle wie Bielefeld-Brake, Dortmund-Dorstfeld, Hamburg-Georgswerder sowie zahlreiche andere haben die von verunreinigten Böden ausgehenden Gefahren für Mensch und Umwelt in das Blickfeld des öffentlichen Interesses gerückt. Anfragen in den Gemeinderäten, den Landesparlamenten und auf Bundesebene zur Altlastenproblematik sind ein Beleg dafür, daß die „Sünden der Vergangenheit“[1] mittlerweile in allen Bundesländern angepackt und bearbeitet werden. Mit dem folgenden Beitrag soll ein Überblick über den gegenwärtigen Stand der Altlastenbearbeitung in der Bundesrepublik Deutschland gegeben und auf bestehende Handlungsdefizite hingewiesen werden. Erstmals kann dabei an dieser Stelle eine gesamtdeutsche Bilanz der Altlastenproblematik erstellt werden.

I. Zum Begriff „Altlasten“

Der Terminus „Altlasten“ war lange Zeit kein gesetzlich definierter, sondern ein in der umweltpolitischen Diskussion unterschiedlich verwendeter Begriff.[2] Inzwischen haben zahlreiche Bundesländer (Nordrhein-Westfalen, Hessen, Baden-Württemberg, Bayern, Niedersachsen, Thüringen und Sachsen) in ihren Landesabfall(wirtschafts)- und Altlastengesetzen eine gesetzliche Definition eingeführt. So umschreibt das Landesabfallgesetz von Nordrhein-Westfalen den Begriff in § 28 Abs. 1 wie folgt:

---

1 So KOCH, Bodensanierung nach dem Verursacherprinzip, 1985, 1.

2 Vgl. dazu KOCH, Altlasten - eine umweltpolitische Herausforderung (in diesem Band).

„Altlasten sind Altablagerungen und Altstandorte, sofern von diesen nach den Erkenntnisse einer im einzelnen Fall vorausgegangenen Untersuchung und einer darauf beruhenden Beurteilung durch die zuständige Behörde eine Gefahr für die öffentliche Sicherheit oder Ordnung ausgeht.“[3]

Unter Altablagerungen werden dabei stillgelegte Anlagen zum Ablagern von Abfällen, Grundstücke, auf denen vor dem Inkrafttreten des Abfallbeseitigungsgesetzes des Bundes (11. Juni 1972) Abfälle abgelagert worden sind, sowie sonstige stillgelegten Aufhaldungen und Verfüllungen verstanden. Bei Altstandorten handelt es sich im wesentlichen um Grundstücke stillgelegter Betriebsanlagen, in denen mit umweltgefährdenden Stoffen umgegangen wurde (vgl. § 28 Abs. 2 LAbfG NW). Konnte eine Bodenverunreinigung lokalisiert werden, ist aber noch ungeklärt, ob von ihr eine Gefahr für die öffentliche Sicherheit oder Ordnung ausgeht, so spricht man allgemein von einer Verdachtsfläche.

II. Stand der Verdachtsflächenerfassung

Die inzwischen festzustellende Vereinheitlichung in der Begriffsbildung läßt jedoch nicht den Schluß zu, daß alle kontaminierten Flächen bundesweit auch nach einheitlichen Kriterien erfaßt werden. Erst recht ergeben sich keine Anhaltspunkte dafür, wie in den alten und neuen Bundesländern die Erfassung durchgeführt wird und welchen Stand sie inzwischen erreicht hat. In Beantwortung der Großen Frage „Altlasten“ vom 1. August 1988 hat die Bundesregierung die Zahl der in den alten Bundesländern ermittelten Verdachtsflächen auf insgesamt 48.377 beziffert. In den fünf neuen Bundesländern fand im Rahmen der Erarbeitung des „Ökologischen Sanierungs- und Entwicklungsplanes für das Gebiet der ehemaligen DDR“ im Herbst 1990 eine Schnellermittlung der Verdachtsflächen statt, die eine Zahl von insgesamt 27.877 Verdachtsflächen zu Tage förderte.[4] Insgesamt waren somit Ende 1990 mehr als 76.254 Verdachtsflächen in der Bundesrepublik Deutschland erfaßt.

Wie sich die Erfassungszahl auf die einzelnen Bundesländer verteilen

---

3 Landesabfallgesetz Nordrhein-Westfalen vom 21. Juni 1988 (GVBl. 250).

4 Vgl. dazu RUPP, Altlasten in den fünf neuen Bundesländern. Stand der Erfassung und Bewertung, in: Wasserwirtschaft - Wassertechnik 1991, S. 85 ff. (87).

und welche Typen von Verdachtsflächen dominieren, zeigt die folgende Übersicht:

Land	Gesamtzahl der Verdachtsflächen (Altablagerungen u. Altstandorte)	Altablagerungen	Altstandorte	Erfassung weitgehend abgeschlossen	Kriegsfolgelasten (in Gesamtzahl enthalten)	Stand der Erhebung
Baden-Württemberg	6 500	6 500	keine Angaben	Nein[2]	keine Angaben	21. 9. 88
Bayern	555	482	73	Nein[3]	keine Angaben	30. 9. 88
Berlin	1 925	332	1 593	Nein	ca. 25%	7. 10. 88
Bremen	243	74	169	Nein	5 – 10%	31. 12. 88
Hamburg	1 840	1 550	290	Nein[1]	ca. 70	31. 12. 88
Hessen	5 184	5 123	61	Nein[4]	2[5]	6. 9. 88
Niedersachsen	6 200	6 200	keine Angaben	Nein[1]	67	31. 12. 88
Nordrhein-Westfalen	12 448	8 639	3 809	Nein[1]	117 Kriegsschäden[7]	31. 12. 88
Rheinland-Pfalz	7 528	7 528	keine Angaben	Nein[1]	30	1. 1. 89
Saarland	3 596	1 728	1 868	Nein	1	31. 12. 88
Schleswig-Holstein	2 358	2 358	keine Angaben	Nein[1]	[6]	14. 9. 88
Gesamt	48 377	40 514	7 863			

[1]) Altstandorte müssen noch erfaßt werden bzw. werden z. Z. erfaßt
[2]) wird im Rahmen eines Pilotprojekts vorbereitet, insbesondere für Altstandorte
[3]) landesweite Erhebung 1985 begonnen und bei knapp 50% der Gebietskörperschaften durchgeführt
[4]) bisher nur Gaswerkstandorte erfaßt
[5]) 8 weitere Verdachtsflächen werden überprüft
[6]) in 8 regionalen Schwerpunktbereichen des Landes und 7 küstennahen Seegebieten werden Kriegsfolgelasten vermutet
[7]) nicht in Gesamtzahl enthalten

Übersicht 1: Zahl der bundesweit erfaßten Verdachtsflächen

Vergleicht man die Zahlen mit den früher veröffentlichten Ergebnissen, so ist im Zuge der Wiedervereinigung nochmals ein deutlicher Anstieg der altlastenverdächtigen Flächen festzustellen. Bei der Interpretation der Zahlen muß jedoch beachtet werden, daß nicht nur der Erfassungsstand von Bundesland zu Bundesland unterschiedlich ist, sondern daß sich vielfach auch Erfassungssystematik und Erfassungsstand deutlich voneinander unterscheiden.

1. Inhalt und Ergebnisse der Erstbewertung

Aufgabe der Erstbewertung ist es, aus der Vielzahl der erfaßten Flächen diejenigen herauszufiltern, die aufgrund der vorhandenen Daten ein hohes Gefährdungspotential aufweisen. Da eine bundeseinheitliche Vorgehensweise bislang nicht existiert, wenden die Länder verschiedene, meist selbst entwickelte Erstbewertungsverfahren an, die sich hinsichtlich der Komplexität ihres Aufbaus und der zu berücksichtigenden Schutzgüter deutlich voneinander unterscheiden. Rechnet man den Erstbewertungsmodellen der Länder die zahlreichen von der Wissenschaft entwickelten Bewertungsmodelle hinzu, so kommt man bundesweit auf über 30 Erstbewertungsverfahren und -modelle, von denen jedoch nur etwa 10 bereits erprobt oder (versuchsweise) angewendet werden.[5] Den meisten Bewertungsmodellen gemeinsam ist, daß sie die Verdachtsflächen im Hinblick auf ihre Gefährlichkeit für das Grundwasser oder die Oberflächengewässer beurteilen. Die gleichwohl großen Unterschiede machen es schwierig, ihre Ergebnisse bundesweit miteinander zu vergleichen. So basieren die von einigen alten Ländern veröffentlichten Zahlen teilweise auf einfachsten Punktwertsystemen. Andere Länder hingegen wenden umfangreiche, im Hinblick auf die verschiedenen Belastungspfade ausgestaltete Beurteilungsverfahren an.[6] In den neuen Bundesländern wurden die ehemaligen Bezirke aufgefordert, jeweils etwa 20 prioritär zu untersuchende Altlastenverdachtsflächen zu benennen. Aufgrund dieser heterogenen Datenlage erscheint eine rein zahlenmäßige Darstellung der Ergebnisse der Erstbewertung wenig hilfreich.[7]

---

5 Vgl. dazu die Übersicht bei LÜHR, Grundzüge der Bewertung von Verdachtsflächen, in: Altlasten, Teil 1: Anforderungen an die Bearbeitung von Verdachtsflächen, IWS Schriftenreihe Band 7, Berlin 1989, S. 21 ff.

6 Zu den unterschiedlichen Erstbewertungsverfahren eingehend HENKEL, u.a., Altlasten - ein kommunales Problem, Berlin 1991, S. 77 ff., sowie E. KOCH (in diesem Band).

7 Ausführlicher dazu HENKEL, a.a.O., S. 74 ff.

2. Untersuchungsbedürftige Verdachtsflächen

Der Anteil der potentiell gefährlichen und folglich vorrangig zu untersuchenden Verdachtsflächen hängt einerseits von der Genauigkeit der erhobenen Daten und der Komplexität der durchgeführten Erstbewertung ab. Je umfassender und exakter die Basisdaten ermittelt wurden, desto aussagekräftiger sind die Ergebnisse der Erstbewertung und umso genauer kann die Quote die überprüfungsbedürftigen Flächen vorausgesagt werden. Andererseits weisen die verschiedenen Altlastentypen auch unterschiedlich hohe Untersuchungserfordernisse auf. So ist allgemein bekannt, daß Altstandorte in der Regel ein deutlich höheres Gefährdungspotential als ehemalige Deponien aufweisen und folglich weitaus häufiger als Altablagerungen untersucht werden müssen.[8]

Geht man in einer groben Abschätzung von den Zahlen der bisher bewerteten Verdachtsflächen aus, die ein hohes Gefährdungspotential aufweisen und daher in jedem Fall untersucht werden müssen, so ergibt sich, daß in den alten Bundesländern mindestens 5.000 Verdachtsflächen – d.h. knapp 10 Prozent aller bislang erfaßten Verdachtsflächen – in den nächsten Jahren überprüft werden müssen. Ähnlich stellt sich auch die Situation in den neuen Bundesländern dar. Hier geht man davon aus, daß rund 9 Prozent der erfaßten Verdachtsflächen untersucht und möglicherweise auch saniert werden müssen.[9]

3. Sanierungs- und überwachungsbedürftige Altlasten

Angaben über die Zahl der gegenwärtig in Sanierung befindlichen bzw. bereits sanierten Altlasten liegen nur aus einigen Bundesländern vor. So wurden in Hamburg in der Vergangenheit bereits 128 Flächen vollständig oder teilweise saniert. In Bayern schätzt man ihre Zahl auf etwa 100. Andere Bundesländer vermuten, daß sich der Anteil der bereits sanierten Flächen im Promillebereich der erfaßten Verdachtsflächen bewegt. Die Schwierigkeiten, genauere Zahlen zu erhalten, liegen vor al-

---

8 Schätzungen des Umweltbundesamtes zufolge müssen rund 70 Prozent der erfaßten Altstandorte näher überprüft werden, vgl. FRANZIUS, Dimension der Altlastenproblematik in der Bundesrepublik Deutschland, Vortrag, gehalten auf dem Fachseminar „Bodensanierung und Grundwasserschutz - Wiedernutzung von Altstandorten am 24./25.9.1986 in Braunschweig, Tagungsband, 15.

9 RUPP, Altlasten in den fünf neuen Bundesländern. Stand der Erfassung und Bewertung, in: Wasserwirtschaft - Wassertechnik 1991, S. 85 ff. (87).

lem darin begründet, daß in den meisten Bundesländern weder eine Gesamtstatistik aller sanierten Flächen geführt wird noch eine exakte Trennung zwischen den aufgrund der systematischen Erfassung eingeleiteten und den im Einzelfall durchgeführten Sanierungen erfolgt. Da in der Vergangenheit aber in allen Bundesländern in akuten Schadensfällen (z.B. bei Ölunfällen oder während des laufenden Anlagenbetriebs) Untersuchungen und Sanierungen durchgeführt wurden, lassen sich zuverlässige Angaben über die Zahl der aufgrund der systematischen Bearbeitung der Altlastenfälle durchgeführten Sanierungen nicht machen. Rechnet man gleichwohl die von Hamburg und von Nordrhein-Westfalen veröffentlichten Zahlen der bislang sanierten Altlastenflächen auf das gesamte Bundesgebiet hoch, so dürften sich allein im Jahre 1988 etwa 800 bis 1.000 Standorte in der vertieften Untersuchungs- bzw. in der Sanierungsphase befunden haben.

Nur unzureichend beantworten läßt sich schließlich die Frage, wieviele Flächen saniert werden müssen. Das läßt sich schon deshalb nicht präzise abschätzen, weil weder bekannt ist, wie viele Verdachtsflächen insgesamt in den alten und neuen Bundesländern existieren, noch, wie viele Flächen gegenwärtig Menschen oder schutzwürdige Umweltgüter konkret gefährden. Hinzu kommt, daß die Frage, ob und wie eine Fläche saniert werden muß, nicht zuletzt auch davon abhängt, wie die Flächen später einmal genutzt werden sollen.

III. Stand und Entwicklung der Verdachtsflächenerfassung

Wie im Titel des Beitrags schon angedeutet, geben die bisherigen Ausführungen nur eine Zwischenbilanz der mittlerweile gesamtdeutschen Altlastensituation wieder. Noch offen ist, an welcher Stelle der Altlastenbewältigung wir uns gegenwärtig befinden und wie sich die Altlastenzahlen in den nächsten Jahren vermutlich entwickeln werden.

Im Bereich der Altablagerungen ist die systematische Erfassung in der Vergangenheit zügig vorangekommen, so daß sie Ende 1990 in den meisten alten Bundesländern weitgehend (über 90 Prozent) abgeschlossen werden konnte. In den neuen Bundesländern war hingegen zu diesem Zeitpunkt erst die Hälfte der vermuteten Altablagerungen erfaßt. Legt man diesen Erfassungsstand zugrunde und rechnet die Zahlen hoch, so dürfte bundesweit mit etwa 65.000 Altablagerungen zu rechnen sein, wovon gegenwärtig bereits 52.000 Verdachtsflächen ermittelt sind. Anders sieht die Situation hinsichtlich der systematischen Erfassung der ehemaligen Betriebsstandorte (Altstandorte) aus. Die in den alten Bundesländern angegebene Zahl von rund 8.000 ermittelten Altstandorten spiegelt lediglich die unzureichende Erfassung, nicht aber das Ausmaß der Problematik wider. Aufgrund der uneinheitlichen Erfassungssystematik in den Bundesländern lassen sich gegenwärtiger Erfassungsstand und künftige Entwicklung der Verdachtsflächenanzahl auch nur näherungsweise bestimmen. Die rund 8.000 in den alten Bundesländern ermittelten Altstandorte stellen nach vorsichtigen Schätzungen lediglich 30 Prozent der tatsächlich existierenden kontaminierten Betriebsflächen dar. Mit einer Zahl von mindestens 27.000 Altstandorten muß daher gerechnet werden. Die Anzahl der in den neuen Bundesländern lokalisierten kontaminierten Standorte, in denen zum Großteil auch die (noch) produzierenden umweltgefährdenden Betriebe enthalten sind, betrug Ende 1990 rund 16.000 bei einem Erfassungsgrad von etwa 50 Prozent. Insgesamt läßt dies auf eine Zahl von 32.000 kontaminierten Betriebsstandorten in den neuen Bundesländern schließen.

Addiert man die unterschiedlichen Zahlen, so wurden in der Vergangenheit in alten und neuen Bundesländern bislang rund 76.000 erfaßt, die Zahl der in der Bundesrepublik Deutschland vorhandenen schadstoffbelasteten Flächen dürfte demgegenüber bei mehr als 120.000 Verdachtsflächen liegen (vgl. Übersicht 2).

IV. Aktivitäten auf Bundes- und Länderebene

Sowohl auf Bundes- als auch auf Landesebene sind seit Jahren vielfältige Aktivitäten zur Bewältigung der Altlastenprobleme festzustellen. In ihrer Antwort auf die bereits erwähnte Große Anfrage „Altlasten" hat die Bundesregierung zur Situation der Altlastenbewältigung auf Bundes- und Länderebene ausführlich Stellung genommen.[10] Der Rat von Sachverständigen für Umweltfragen hat sich inzwischen in einem über 300 Seiten starken Sondergutachten „Altlasten" eingehend mit der Problematik befaßt und Vorschläge zur Verbesserung des rechtlichen, technischen und organisatorischen Instrumentariums erarbeitet.[11] Bereits im Jahre 1985 setzte die 25. Umweltministerkonferenz eine Arbeitsgruppe der Länderarbeitsgemeinschaft Abfall (LAGA) „Altabla-

10 Vgl. BT-Drs. 11/4104 vom 1. März 1989.

11 Sondergutachten „Altlasten", Rat der Sachverständigen für Umweltfragen, BT-Drs. 11/6191 vom 3. Januar 1990.

	Verdachtsflächen		Erstbewertet	Gefährdungspotential		
	AA	AS	Anzahl	hoch	gering	kein
	(1)	(2)	(3)	(4)	(5)	(6)
Baden-Württemberg	6.500	k. A.	überwiegend (+ Pilotphase)	1.200	in Trinkwasser-einzugsgebieten	
Bayern	482	73	überweigend	237	200	
Berlin	332	1.593	teilweise	30 322	in Trinkwasser-einzugsgebieten in Wohngebieten	
Bremen	74	169	nur AA	26	27	8
Hamburg	1.550	290	teilweise	450		61
Hessen	5.123	61	überwiegend	964	1.573	2.798
Niedersachsen	6.200	k. A.	kaum	200[a]	800[a]	4.000[a]
Nordrhein-Westfalen	8.639	3.809	teilweise	1.100		
Rheinland-Pfalz	7.528	k. A.	2.200	350		
Saarland	1.728	1.868	alle AA		k. A.	
Schleswig-Holstein	2.358	k. A.	alle	210	1.681	467
Summe:	40.514	7.863		5.089	4.081	

Stand: Mitte / Ende 1988

Quellen: BT-Drs. 11/4104 vom 11. März 1989; "Forschungsprojekt Altlasten in der kommunalen Praxis", Berlin 1989

Hinweis: [a] = Angaben geschätzt

Übersicht 2: Stand und Ergebnisse der Erstbewertung

gerungen und Altlasten" ein, um einheitliche Kriterien zur Erfassung, Bewertung, Überwachung und Beprobung von Altlasten aufzustellen. Der Abschlußbericht der Arbeitsgruppe ist im April 1991 erschienen.[12] Im Sommer 1991 hat schließlich die Fachkommission „Städtebau" der ARGEBAU einen Mustererlaß zur Berücksichtigung von Flächen mit Altlasten bei der Bauleitplanung und im Baugenehmigungsverfahren erarbeitet und veröffentlicht.

Als erstes Bundesland hat im Jahre 1988 das Land Nordrhein-Westfalen anläßlich der Novellierung des Landesabfallgesetzes verbindliche

12 LAGA - Informationsschrift Altablagerungen und Altlasten, Berlin 1991.

Regelungen zur Behandlung von Altlasten und altlastenverdächtigen Flächen erlassen.[13] Zahlreiche andere Bundesländer (Baden-Württemberg, Bayern, Hessen, Niedersachsen, Thüringen und Sachsen) sind inzwischen diesem Beispiel gefolgt. Ergänzend dazu wurden von mehreren Landesanstalten und Landesämtern Hinweise zur Ermittlung von Altlasten sowie Arbeitshilfen zur Untersuchung altlastenverdächtiger Flächen vorgelegt.[14]

Nachdem Versuche, ein Finanzierungsmodell zur Bewältigung der Altlastenfrage auf Bundesebene zu installieren, endgültig gescheitert sind, haben mehrere Bundesländer eigene Finanzierungsprogramme aufgelegt. Bereits 1986 hatte das Land Rheinland-Pfalz zusammen mit der Industrie ein Kooperationsmodell zur Finanzierung der Altlastensanierung aus der Taufe gehoben. Inzwischen verfügen Nordrhein-Westfalen,[15] Baden- Württemberg[16] und Hessen[17] über entsprechende Finanzierungsmodelle und -programme. Andere Bundesländer sind gegenwärtig dabei, eigene Finanzierungsstrukturen zu entwickeln.

V. Defizite und Ausblick

Wurde noch in den Vorauflagen dieses Bandes vom Verfasser dieses Beitrags kritisiert, daß es an geeigneten Finanzierungsmodellen mangele, so zeichnen sich in den meisten Bundesländern inzwischen Lösungen ab. Das gleiche gilt für die an dieser Stelle geforderten gesetzlichen Regelungen zur Behandlung von altlastenverdächtigen Flächen und Altlasten. Nach wie vor mangelt es jedoch an konkretisierenden (untergesetzlichen) Vorschriften, insbesondere an Grenz-, Richt- oder Schwellenwerten, zur Bestimmung der von Bodenverunreinigungen

---

13 Landesabfallgesetz Nordrhein-Westfalen - LAbfG vom 21. Juni 1988 (GVBl. 250).

14 Vgl. dazu die Auflistung der Länderveröffentlichungen bei HENKEL, u.a., Altlasten - ein kommunales Problem, Berlin 1991, S. 250 ff.

15 Gesetz über die Gründung eines Abfallentsorgungs- und Altlastensanierungsverbandes Nordrhein-Westfalen vom 21. Juni 1988 (GVBl. 1988, 268).

16 Richtlinien des Ministeriums für Umwelt für die Förderung von Maßnahmen zur Erkundung kommunaler gefahrenverdächtiger Flächen und zur Behandlung kommunaler Altlasten (Förderungsrichtlinien Altlasten (FrAl9 vom 7.12.1987 (GMBl. 1988, 115).

17 Vgl. §§ 22, 22a Hessisches Abfallwirtschafts- und Altlastengesetz - HAbfG vom 6. Juni 1989 (GVBl. 137).

ausgehenden Gefahren.[18] Die Landesanstalt für Umweltschutz von Baden-Württemberg sowie die Altlasten-Kommission von Nordrhein-Westfalen haben in den vergangenen Jahren die derzeit verfügbaren nationalen und internationalen Grenz- und Richtwerte zu den Bereichen Luft-, Boden- und Wasser zusammengestellt und veröffentlicht.[19] Für die Praxis ist dies eine große Orientierungshilfe.

Nicht zuletzt ist durch die Entscheidungen der Gerichte zur Haftung von Gemeinderäten bei der Aufstellung von Bebauungsplänen auf kontaminierten Flächen[20] ein Handlungsdruck entstanden, der den Gesetzgeber gezwungen hat, hierauf zu reagieren. Eine erste Reaktion stellt die im Baugesetzbuch nunmehr enthaltene Bodenschutzklausel und die Pflicht dar, schadstoffbelastete Flächen im Rahmen der Bauleitplanung zu kennzeichen.[21] Zugleich ist damit die Frage nach dem sachgerechten Umgang der Stadtplanung mit kontaminierten Flächen gestellt, ein neues Aufgabenfeld, das in vielen Kommunen inzwischen als eine ebenso umfangreiche Aufgabe wie die Behandlung von Altlasten unter gefahrenbezogenen Gesichtspunkten gesehen wird.

Insgesamt ist die Altlastenproblematik Ausdruck eines nach wie vor defizitären Bodenschutzes. Der Boden als umweltpolitisches Handlungsfeld, erst gut zehn Jahre nach dem Umweltmedien Luft und Wasser ins Blickfeld des Umweltschutzes geraten, bedarf künftig eines besseren Schutzes. Dazu gehört nicht nur, daß Altlasten untersucht und saniert werden, sondern daß auch die strukturellen Schwachstellen behördlichen und privaten Handelns, die in der Vergangenheit zu Bodenbelastungen geführt haben, aufgezeigt und zwecks Vermeidung künftiger Altlasten ausgewertet werden. Darüber hinaus sollte das Augenmerk verstärkt auf solche Bodenbelastungen gelenkt werden, die

---

18 Zur Problematik eingehend SCHRADER, Altlasten und Grenzwerte, in: Natur und Recht 1989, S. 288.

19 Grenzwerte und Richtwerte für die Umweltmedien Luft, Wasser, Boden, Landesanstalt für Umweltschutz (Hrsg.), Karlsruhe 1989. Anwendbarkeit von Richt- und Grenzwerten aus Regelwerken anderer Anwendungsbereiche bei der Untersuchung und sachkundigen Beurteilung von Altablagerungen und Altstandorten, Düsseldorf 1989.

20 Vgl. dazu auch den Beitrag von HENKEL, Bebauung von Altlasten und Amtshaftung (in diesem Band).

21 Vgl. § 1 Abs. 5 Satz 3 BauGB (Bodenschutzklausel) und § 5 Abs. 3 Nr. 3 und § 9 Abs. 5 Nr. 3 BauGB (Kennzeichnungspflicht). Zum Inhalt der Neuregelungen vgl. HENKEL, Altlasten in der Bauleitplanung, in: Umwelt- und Planungsrecht (UPR) 1988, S. 367 ff. mit weiteren Nachweisen.

gegenwärtig noch toleriert werden, weil sie keine akute, sondern lediglich eine schleichende Gefährdung darstellen. So sind etwa die Randstreifen von stark befahrenen Verkehrsstraßen, die Ablagerungsflächen für Klärschlamm und Flußsedimente sowie intensiv genutzte landwirtschaftliche Flächen vielerorts schon so stark mit Schadstoffen belastet, daß Nutzungseinschränkungen vorgenommen werden müssen.

Die in den letzten Jahren in Baden-Württemberg, Berlin, im Saarland und in Schleswig-Holstein verabschiedeten Bodenschutzprogramme zeigen weitere Gefährdungen des Bodens auf und weisen auf bestehende Normierungs- und Vollzugsdefizite in diesem Bereich hin. Im Sommer 1991 hat Baden-Württemberg als erstes Bundesland ein eigenständiges Gesetz zum Schutz des Bodens erlassen.[22] Ähnliche Überlegungen gibt es auch in anderen Ländern. Die Bundesregierung hat sich in den Koalitionsvereinbarungen von 1991 verpflichtet, noch in dieser Legislaturperiode ein Bodenschutzgesetz vorzulegen. Der inzwischen erarbeitete Entwurf behandelt schwerpunktmäßig Altlastenfragen. Damit wird künftig die Altlastenproblematik in ein umfassendes Bodenschutzrecht eingebunden. Zugleich wird dadurch die letzte große Lücke des Umweltrechts – der Schutz des Bodens – durch eine bundeseinheitliche Regelung hoffentlich geschlossen werden.

---

22 Bodenschutzgesetz - BodSchG vom 24. Juni 1991 (GBl. 434).

Eva Koch

Gefährdungsabschätzung und Bewertungsverfahren – eine vergleichende Analyse

I. Problemstellung

Die Zahl der Altlasten scheint keine Grenzen zu kennen. Auf jeder Tagung zum Thema werden die zuletzt genannten Daten nach oben korrigiert. Die Erfassung von Altstandorten befindet sich dabei größtenteils noch in der Anfangsphase.

In den neuen Bundesländern ist das Ausmaß des Altlastenproblems bisher kaum überschaubar.

Bei einigen, oft spektakulären Fällen ist der Handlungsbedarf aufgrund nachgewiesener Schadstofffreisetzungen und Umweltbeeinträchtigungen bereits deutlich geworden. Weitaus zahlreicher sind jedoch diejenigen Verdachtsflächen, die sich auf den ersten Blick unauffällig darstellen. Zu erkennen sind vielleicht nur ein Gehölz am Ortsrand, unter dem sich eine ehemalige Müllkippe verbirgt, oder einige leerstehende Gebäude, in denen früher umweltgefährdende Stoffe hergestellt oder verarbeitet wurden.

Die Erfassung dieser kontaminationsverdächtigen Flächen ist nur dann sinnvoll, wenn es zu einer weiteren Beurteilung und Bearbeitung kommt. Wegen der begrenzten finanziellen und personellen Kapazitäten können Untersuchungen aber nur nach und nach erfolgen. Deshalb muß entschieden werden, wo mit der Bearbeitung begonnen wird und in welcher Reihenfolge sie stattfindet. Diese Frage ist nach jeder Phase der Altlastenbearbeitung erneut zu beantworten, da neue Informationen – insbesondere Ergebnisse durchgeführter Untersuchungen – zu berücksichtigen sind.

Zur vergleichenden Bewertung kontaminationsverdächtiger Flächen sind verschiedene Verfahren entwickelt worden. Die Anforderungen an solche Bewertungsmodelle sind hoch – komplexe Vorgänge, die zu einer Umweltgefährdung führen können, müssen in einem handhabbaren Verfahren dargestellt werden, das sich zu Beginn nur auf einige, oft unsichere Informationen stützen kann.

Der vorliegende Beitrag formuliert Anforderungen an Bewertungsverfahren und vergleicht bestehende Modelle in einem Überblick.

II. Überblick über bestehende Bewertungsverfahren

Im Rahmen dieses Beitrages können keine Einzelheiten der bisher entwickelten Modelle zur Bewertung kontaminationsverdächtiger Flächen dargestellt werden. Statt dessen soll eine vergleichende Gegenüberstellung erfolgen.

Die bestehenden Verfahren lassen sich nach ihrem strukturellen Aufbau in drei Gruppen gliedern:

a) Anhand einzelner Bewertungskriterien erfolgt direkt eine Zuordnung zu drei bis fünf Belastungsklassen (Bewertungsmodell Bayern[1], Prioritätensetzung Hessen[2]). Beispielsweise führt die Wohnnutzung einer kontaminationsverdächtigen Fläche im Modell Bayern direkt zur Einstufung in die Klasse 1 (höchste Bearbeitungspriorität).

b) Einzelne Kriterien werden mit Punktzahlen bewertet, die zu einer Gesamtpunktzahl addiert werden (Prioritätensetzung Schleswig-Holstein[3], Bewertungsverfahren Niedersachsen[4], Modell der Baubehörde Hamburg[5], Bewertungsverfahren des Kommunalen Abfallbeseitigungsverbandes Saar[6].

---

1 STRUNZ, A.: Bodensanierer sind die Wachstumsbranche; Impulse 9/89.

2 UBA 1991 (Hrsg.): Projektträgerschaft Abfallwirtschaft und Altlastensanierungsvorhaben 1984-1990.

3 Ministerium für Ernährung, Landwirtschaft und Forsten Schleswig-Holstein (1987): Zwischenbericht über die Ergebnisse der bisherigen Ermittlungen und Planungen des Altablagerungsprogramms.

4 KEUFFEL, A.B. (1991): Bewertungsverfahren in Niedersachsen und Aufgaben regionaler Bewertungskommissionen. Seminar Altlastentage Hannover.

5 HECHT, R./M. BODE (1985): Das Hamburger Bewertungsverfahren zur Abschätzung des Gefährdungspotentials für das Grundwasser, in: BMFT: Sanierung kontaminierter Standorte, Dokumentation einer Fachtagung. Bonn 1986.

6 SCHÜSSLER, H. (1985): Erfassung von Altlasten im Saarland und die Bewertung ihres Gefährdungspotentials, in: BMFT, Sanierung kontaminierter Standorte, Dokumentation einer Fachtagung. Bonn 1986.

c) Einzelne Kriterien werden mit Punktzahlen bewertet, die in Abhängigkeit von den möglichen Gefährdungspfaden und Schutzgütern durch Multiplikation und Addition zu einer Gesamtpunktzahl verknüpft werden (Bewertungsmodell Baden-Württemberg[7], AGAPE[8]).

Abbildung 1 zeigt als Beispiel für ein Verfahren aus der zweiten Gruppe den Erfassungsbogen Niedersachsen.
Punktzahlen für die Stoffbewertung (M 1), die Grundwasserbeeinflussung (M 2), die vorhandene Nutzung (A) sowie weitere Einzelaspekte (C) werden zu einer Gesamtpunktzahl von maximal 100 Punkten verknüpft. Bei fehlenden Informationen wird der minimal und maximal mögliche Zahlenwert angegeben.

Abbildung 2 veranschaulicht die Verknüpfungsstruktur eines komplexeren Verfahrens am Beispiel von AGAPE.
In diesem Verfahren werden fünf Gefährdungspfade getrennt bewertet. Stoffkriterien, Freisetzungskriterien und Umgebungskriterien werden mit null bis drei Punkten bewertet und multiplikativ verknüpft. Das Gesamtergebnis resultiert aus dem Mittelwert der Gefährdungspfade, normiert auf einer 100-Punkte-Skala.

Alle Modelle nehmen lediglich eine vergleichende Bewertung der beurteilten Flächen vor. Das Ergebnisse der Beurteilung ist eine Prioritätenliste, d.h. eine Rangfolge der altlastverdächtigen Flächen im Hinblick auf die Dringlichkeit weiterer Untersuchungen. Das Ergebnis sollte nicht als „Ermittlung des Gefährdungspotentials“ bezeichnet werden. Auch wenn in ein Verfahren wie AGAPE viele Detailinformationen eingespeist werden, stellt doch die erhaltene Bewertungszahl, z.B. 65,5 von 100 möglichen Punkten, keinen absoluten Wert der von der Fläche ausgehenden Gefahr dar.

Die Verfahren unterscheiden sich hinsichtlich ihrer Eignung für unterschiedliche Phasen der Verdachtsflächenbearbeitung. Mehrere Modelle sind nur für die Erfassungsbewertung geeignet. Das Modell der Baubehörde Hamburg setzt Untersuchungsergebnisse voraus und ist damit für die Anwendung nach einer Untersuchungsphase vorgesehen.

---

7 Ministerium für Umwelt Baden-Württemberg (Hrsg.) (1988): Altlasten-Handbuch – Teil I: Altlasten-Bewertung.

8 Freie und Hansestadt Hamburg – Umweltbehörde – Amt für Gewässer- und Bodenschutz (Hrsg.) (1988): AGAPE – Abschätzung des Gefährdungspotentials von altlastverdächtigen Flächen zur Prioritätenermittlung. Entwurf.

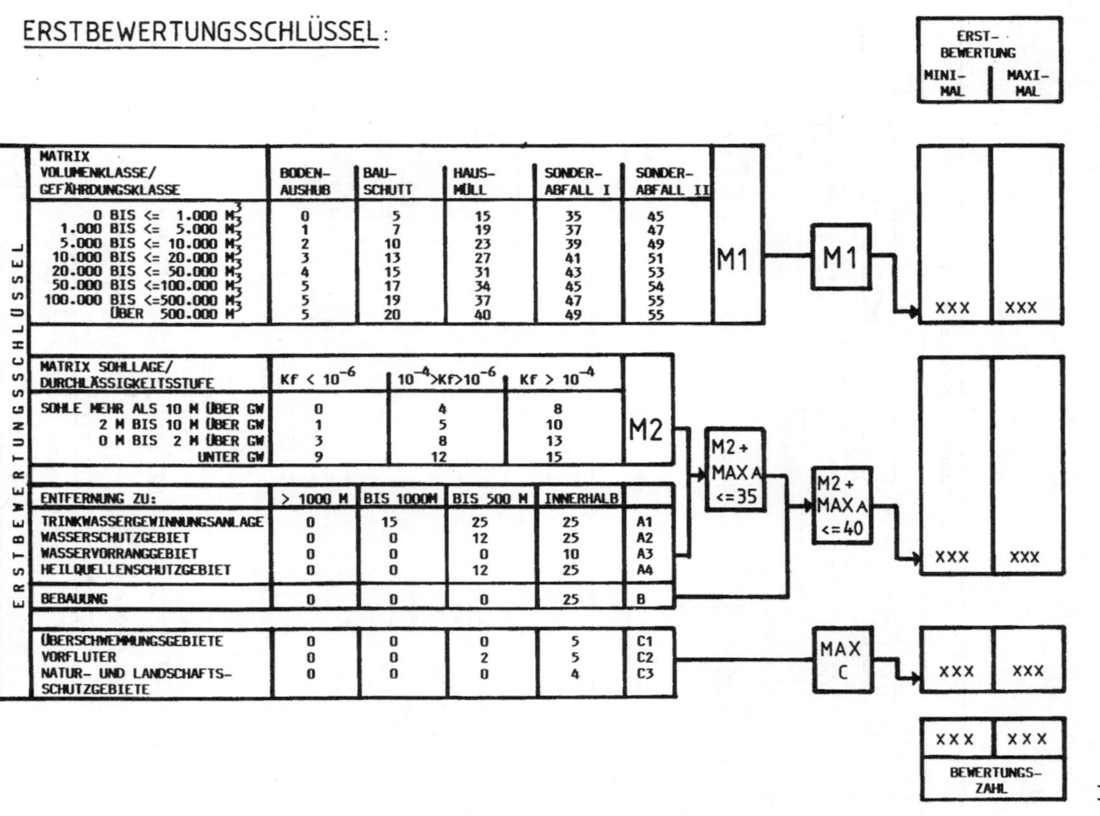

Bild 1: Erstbewertungsschlüssel Niedersachsen

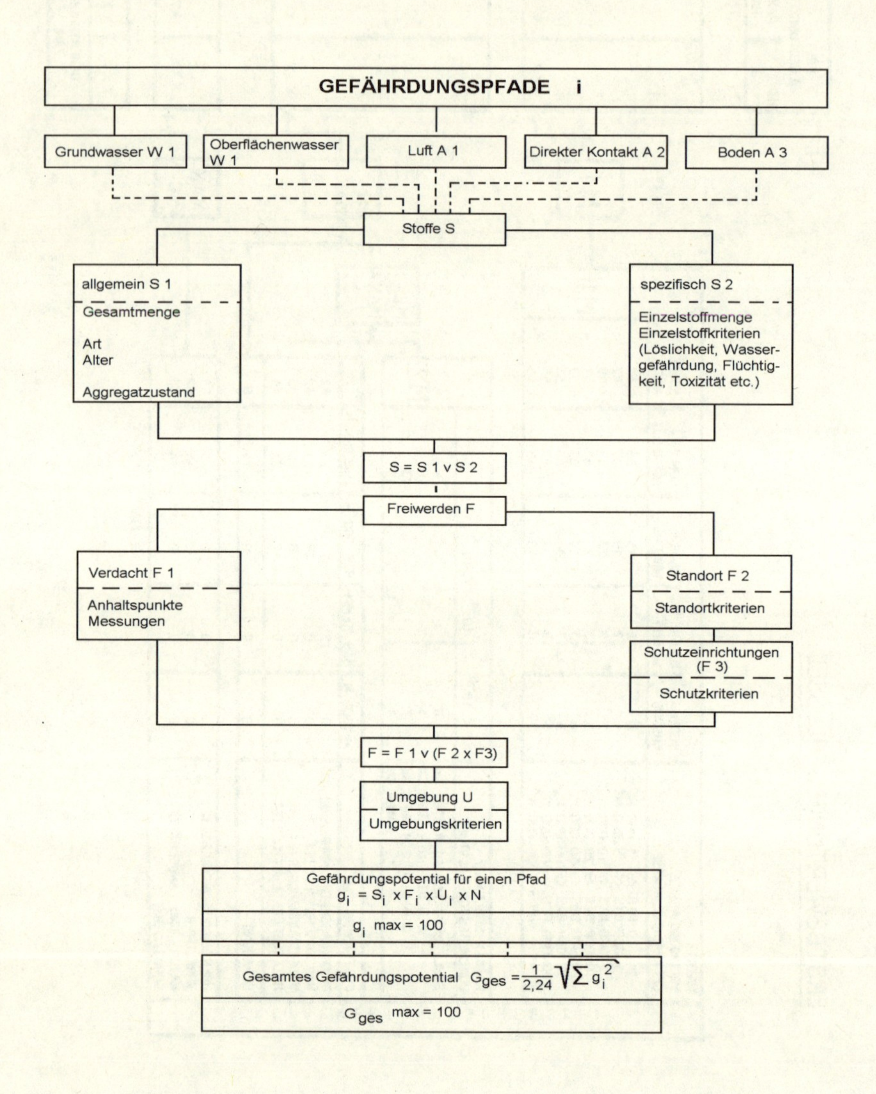

Bild 2: Struktur von AGAPE

Bei AGAPE, im Modell Baden-Württemberg und im bayerischen Modell können Untersuchungsergebnisse integriert werden. Damit erfolgt eine Anpassung der vergleichenden Beurteilung an den Kenntnisstand bei der Verdachtsflächenbearbeitung. AGAPE differenziert zwischen einem „allgemeinen" und einem „spezifischen" Zweig für die Stoffbeurteilung. Nach der Erfassung werden allgemeine Kriterien wie Stoffmenge, -art (z.B. Hausmüll) und -alter zur Beurteilung herangezogen. Die spezifische Beurteilung dagegen enthält Einzelstoffkriterien wie Flüchtigkeit, Wasserlöslichkeit, Kanzerogenität, Toxizität u.a.

In Baden-Württemberg erfolgt die Bewertung anhand der sogenannten „Stoffgefährlichkeit in Vergleichslage" (r_0-Wert). Ein Expertengremium arbeitet an der Entwicklung von stoffspezifischen r_0-Werten.

In Bayern dagegen wird die Stoffbeurteilung auch nach dem Vorliegen von Untersuchungsergebnissen nur qualitativ vorgenommen (hohe bis geringe Stoffmenge, -konzentration, -gefährlichkeit).

Die Phasen der Verdachtsflächenbearbeitung werden im Verfahren Baden-Württemberg durch sogenannte „Beweisniveaus" charakterisiert (vgl. Abbildung 3). Je nach Bearbeitungsstand sind die Anforderungen an ein Ausscheiden oder weiteres Untersuchen von Flächen unterschiedlich.
In Niedersachsen und Hessen ist nach der formalisierten Erstbewertung die Überprüfung der Ergebnisse durch eine Bewertungskommission vorgesehen. Die Kommission legt die endgültigen Bearbeitungsprioritäten fest. Die Einstufung aus dem Bewertungsverfahren kann aufgrund der Einbeziehung zusätzlicher Aspekte korrigiert werden.

Der größte Teil der bestehenden Verfahren ist für die Beurteilung von Altablagerungen konzipiert worden. In Baden-Württemberg[9] und Hessen[10] bestehen Ansätze, auch Altstandorte in die Beurteilung zu integrieren. Der im Auftrag der Landesanstalt für Umweltschutz Baden-Württemberg entwickelte Branchenkatalog ermittelt die Altlastenrelevanz unterschiedlicher Branchen. Die Grundlage hierfür bilden die branchenspezifischen Stoffe unter Berücksichtigung ihrer Menge und Umweltrelevanz.

---

9 Landesanstalt für Umweltschutz Baden-Württemberg (Hrsg.) (1990): Branchenkatalog zur historischen Erhebung von Altstandorten. Karlsruhe.

10 Hessische Landesanstalt für Umwelt (Hrsg.) (1989): Handbuch Altablagerungen, Teil 5, Die Verdachtsflächendatei in Hessen. Wiesbaden.

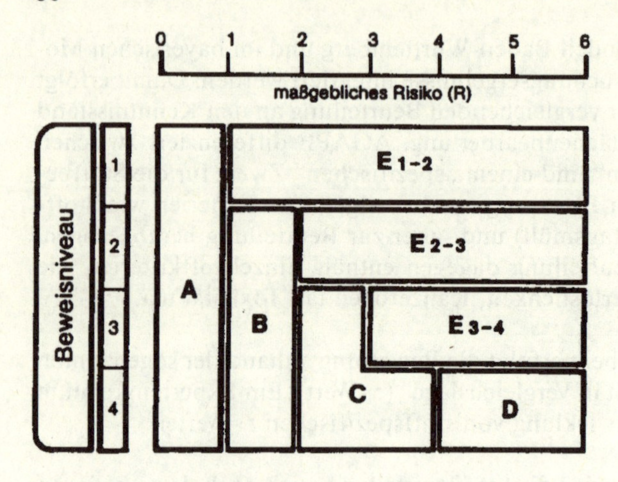

BN = Beweisniveau
R = Maßgebliches Risiko
A: Ausscheiden aus der Altlastendatei
B: Belassen in der Altlastendatei
C: Fachtechnische Kontrolle
D: Durchprüfen von Möglichkeiten zur Gefahrenminderung
E: Erkundung bis zum nächsthöheren Beweisniveau

Bild 3: Handlungsmatrix Baden-Württemberg

Die Entwicklung der Bewertungsverfahren ist noch nicht abgeschlossen. In mehreren Bundesländern gibt es Bestrebungen, nach Erfahrungen in der Anwendung Verbesserungen vorzunehmen und die Modelle weiterzuentwickeln. Davon betroffen ist insbesondere die Einschätzung von Stoffkriterien für die zweite Bewertungsphase.

III. Anforderungen an Bewertungsverfahren

Nach der kurzen Vorstellung bestehender Verfahren sollen nun allgemeine Anforderungen an Modelle zur vergleichenden Bewertung kontaminationsverdächtiger Flächen formuliert werden.

Anpassung an die Bearbeitungsphasen

Soll ein vergleichendes Bewertungsverfahren in verschiedenen Phasen der Bearbeitung von Verdachtsflächen angewendet werden (z.B. nach der Erfassung und nach der ersten Untersuchungsphase), muß es möglich sein, Kriterien, die nach der Erfassung nur überschlägig abgeschätzt wurden, bei der weiteren Bearbeitung durch „harte Daten" zu ergänzen. Dabei kann es sich um Angaben zu Art und Menge der vorhandenen Schadstoffe handeln, aber auch um Standort- und Nutzungsfaktoren, für die nach der Erfassung oft nur ungenaue Kenntnisse vorliegen.

Die vergleichende Bewertung nach der Erfassung muß deutlich auf Wissenslücken hinweisen. Im nächsten Untersuchungsschritt sind diese Angaben vorrangig zu ermitteln. Die Einordnung kontaminationsverdächtiger Flächen wird mit zunehmendem Kenntnisstand immer zuverlässiger.

Um Fehleinschätzungen in der ersten Bewertungsphase zu vermeiden, sollte für unbekannte Kriterien prinzipiell der ungünstigste Wert angenommen werden. Als Folge dieses Vorgehens befinden sich Flächen mit schlechtem Informationsstand im vorderen Bereich der erstellten Prioritätenlisten, was eine zügige Bearbeitung gewährleistet. Auch die Anforderungen an ein mögliches Ausscheiden aus dem weiteren Untersuchungsprogramm sind im ersten Bewertungsschritt am höchsten. Nur Flächen, für die ein ausreichender Informationsstand gesichert ist, dürfen von der weiteren Bearbeitung ausgeklammert werden. Diese Anforderung wird ebenfalls durch ungünstige Annahmen bei fehlenden Daten erfüllt.

Darüber hinaus sollte es möglich sein, den Einfluß von geplanten Sicherungs- oder Sanierungsmaßnahmen auf die Einordnung einer Fläche abzuschätzen (beispielsweise das Abschalten einer Trinkwasserversorgung oder die Einzäunung eines ungesicherten Standortes).

Schutzgüter und Gefährdungspfade

Die von Altlasten ausgehenden Beeinträchtigungen können verschiedene Schutzgüter betreffen. Die Beeinflussung der schützenswerten

Güter ist über mehrere, voneinander unabhängige Gefährdungspfade möglich[11].

Bei der Beurteilung altlastverdächtiger Flächen ist eine möglichst umfassende Berücksichtigung aller Schutzgüter anzustreben. Nicht nur die mögliche Beeinträchtigung der menschlichen Gesundheit ist nachteilig zu bewerten, sondern auch die Auswirkungen auf
- Boden,
- Grundwasser,
- Pflanzen, Tiere und
- Atmosphäre

müssen beachtet werden. Insbesondere die Bedeutung des Bodens ist lange auf seine Inanspruchnahme als Siedlungs-, Anbau- und Entsorgungsfläche reduziert worden. Gerade im Boden kann ein Schadstoffeintrag nachhaltige und oft irreversible Schäden hervorrufen. „Wir sehen, daß die lebenden Komponenten nur einen kleinen Prozentsatz vom Gesamtgewicht des Bodens ausmachen; wegen ihrer hohen Aktivitätsraten sind diese scheinbar kleinen Komponenten aber beherrschende Faktoren im terrestrischen Ökosystem.“[12]

Diese Forderung schließt nicht aus, die Erhaltung der menschlichen Gesundheit - besonders bei der Entscheidung über die Dringlichkeit von Maßnahmen - stärker zu gewichten. Eine Vernachlässigung der anderen Schutzgüter führt aber zu einer Verharmlosung kontaminationsverdächtiger Flächen, die keine menschlichen Nutzungen tangieren.

Weiterhin sollten die für die Bedeutung der Gefährdungspfade maßgeblichen Einflußfaktoren möglichst umfassend berücksichtigt werden. Beispielsweise wird der Stellenwert des Teilpfades

- Kontamination → direkter Kontakt → Mensch

beeinflußt von den Faktoren

- Oberflächenabdeckung/Versiegelung der kontaminierten Fläche,

---

11 Vgl. dazu Länderarbeitsgemeinschaft Abfall (Hrsg.) (1991): LAGA-Informationsschrift Altablagerungen und Altlasten. Berlin, 23 ff.

12 ODUM, E.P. (1983): Grundlagen der Ökologie, Band I: Grundlagen, 2. Auflage. Stuttgart/New York, 6.

- Zugänglichkeit der Fläche,
- Flächennutzung.

Solche Zusammenstellungen der Einflußfaktoren sollten für alle Teilpfade erstellt werden und in die Bewertung einfließen.

Der Genauigkeitsgrad der zu berücksichtigenden Faktoren muß an den Kenntnisstand der jeweiligen Bearbeitungsphase angepaßt sein und für die jeweiligen Faktoren übereinstimmen. Es ist wenig sinnvoll, beispielsweise die Stoffkriterien durch Kategorien wie Bauschutt, Hausmüll, Sondermüll abzuschätzen, die Entfernung zu Naturschutzgebieten dagegen in 50 m-Schritten zu differenzieren.

Struktur des Verfahrens

Der strukturelle Aufbau der Bewertungsverfahren muß sich an der Struktur der Gefährdungspfade und ihrem Zusammenwirken orientieren.

Deshalb sollten Einflußfaktoren aufeinander folgender Teil-Gefährdungspfade multiplikativ verknüpft werden, da jeder Teilpfad die nachfolgenden Pfade beeinflußt. Ein Beispiel hierfür wäre der Pfad

Kontamination → Grundwasser → Trinkwasser → Mensch.

Im Gegensatz dazu ist eine Addition von Einflußgrößen sinnvoll, wenn unabhängige Teilpfade auf dasselbe Schutzgut einwirken, beispielsweise

Trinkwasser →
Mensch
Nutzpflanze →

Wenn Einflußgrößen mit einzelnen Punktzahlen bewertet werden, dürfen die Endergebnisse keine Genauigkeit vortäuschen, die aufgrund der Eingangsdaten nicht gerechtfertigt ist. Eine gute Lösungsmöglichkeit bietet die Normierung der Ergebnisse auf einer übersichtlichen Skala (z.B. 100 Punkte).

Handhabbarkeit, Transparenz, Nachvollziehbarkeit

Ein Bewertungsverfahren sollte ohne längere Einarbeitungszeit von den Bearbeiterinnen und Bearbeitern korrekt anzuwenden sein und keine detaillierten, fachspezifischen Kenntnisse voraussetzen. Dieser Aspekt ist besonders dann wichtig, wenn ein Verfahren landesweit einheitlich angewendet werden soll, die Bearbeitung aber auf Gemeinde- oder Kreisebene erfolgt.

Die einfache Handhabung eines Verfahrens bildet auch die Grundlage für die schnelle Einordnung einer großen Anzahl kontaminationsverdächtiger Flächen.

Voraussetzung hierfür sind klar strukturierte Bewertungsbögen, die deutlich formulierte Kriterien enthalten und alle Antwortmöglichkeiten vorgeben.

Insbesondere muß klar zu erkennen sein, wie die Bewertung vorgenommen werden soll, wenn zu einzelnen Punkten keine oder unsichere Angaben vorliegen. Eine Möglichkeit ist die Annahme des ungünstigsten Wertes, der dann besonders gekennzeichnet werden sollte.

Um die Anforderungen „Transparenz" und „Nachvollziehbarkeit" erfüllen zu können, muß ein Verfahren
- aus sich heraus verständlich sein sowie
- begründen, warum die Bewertung in der vorgegebenen Weise erfolgt.

Es muß klar zu erkennen sein, welche Gefährdungspfade und Schutzgüter berücksichtigt wurden. Insbesondere die vorgenommene Wichtung der Kriterien muß offengelegt werden. „Objektive Sachverhalte und subjektiv bzw. normativ bestimmte Bewertungsschritte sind deutlich als solche zu kennzeichnen und ihre Randbedingungen offenzulegen (Vermeidung von 'Scheinobjektivität')."[13]

Transparenz und Nachvollziehbarkeit erleichtern den Anwenderinnen und Anwendern die Arbeit; Fehler werden vermieden. Ein transparentes Verfahren bildet auch die Voraussetzung dafür, betroffenen oder interessierten Bürgerinnen und Bürgern die Einstufung der bewerteten

---

13 SCHEMEL, H.-J./G. RUHL (1979): Probleme bei der Ermittlung von Belastungen, in: Raumforschung und Raumordnung 37, Heft 1/1979, 64.

Flächen zugänglich zu machen. So fordern BARKOWSKI et al.: „Da die Anwesenheit von Altlasten grundsätzlich Unsicherheit unter Betroffenen auslösen wird, ist es unabläßlich, alle vorhandenen Informationen auch weiterzugeben. Zusammenarbeit mit Bürgern und Umweltverbänden ist u.E. in jedem Fall notwendig."[14]

Wenn die vorgenommene Wichtung offengelegt wird, ist es möglich, in der Diskussion mit Betroffenen die Auswirkung anderer Wichtungen auf die Einstufung von Flächen zu prüfen.

Berücksichtigung von Altstandorten

Ein Bewertungsverfahren sollte sowohl für Altstandorte als auch für Altablagerungen anwendbar sein. Nur dann ist es möglich, Flächen beider Kategorien vergleichend zu bewerten.

Bei der vergleichenden Bewertung nach der Erfassung kontaminationsverdächtiger Flächen liegen hinsichtlich der Stoffmenge und des Stoffinventars meist nur lückenhafte Kenntnisse vor. Für Altlablagerungen werden in dieser Phase oft Bewertungsfaktoren wie Größe/Volumen der Ablagerungsfläche und Art des abgelagerten Abfalls (Hausmüll, Sondermüll etc.) eingesetzt.

Eine Abschätzung des Schadstoffpotentials von kontaminationsverdächtigen Betriebsgeländen kann dagegen über die Branchenzugehörigkeit der ehemaligen Betriebe vorgenommen werden, da sich diese Information schon in der Erfassungsphase recherchieren läßt.

In weiteren Bearbeitungsschritten können die Stoffkriterien dann – wie bei Altablagerungen – konkretisiert werden.

IV. Kritischer Vergleich der vorgestellten Verfahren

Die vorgestellten Verfahren können die in Abschnitt 3 genannten Anforderungen nicht vollständig erfüllen.

---

14 BARKOWSKI, D. et al. (1990): Altlasten – Handbuch zur Ermittlung und Abwehr von Gefahren durch kontaminierte Standorte, 2. Auflage. Karlsruhe.

Die *Anpassung an einen verbesserten Informationsstand*, d.h. die Einarbeitung von Untersuchungsergebnissen ist nur bei einigen Verfahren vorgesehen. Einen schlüssigen Ansatz stellt die Definition verschiedener „Beweisniveaus" im Modell Baden-Württemberg dar. Die Anforderungen an ein Ausscheiden aus der weiteren Bearbeitung sind in der ersten Bewertungsphase am höchsten und berücksichtigen damit die unsichere Datenlage nach der Erfassung.

Eine gute Möglichkeit bietet auch der niedersächsische Entwurf, indem er bei fehlenden oder unsicheren Daten die kleinste und größte mögliche Bewertungszahl angibt. AGAPE hingegen läßt für einzelne Kriterien die Bewertung mit null Punkten zu. Aufgrund der multiplikativen Verknüpfungsstruktur wird dann die Punktzahl für den vollständigen Gefährdungspfad Null, ganz gleich, wie die anderen pfadspezifischen Faktoren bewertet sind. Ein solches Vorgehen sollte bei der vergleichenden Bewertung vermieden werden, da sich bei fehlerhaften Angaben gravierende Fehleinschätzungen ergeben können.

Wesentlich für die Anpassung der Verfahren an verschiedene Bearbeitungsphasen ist die angemessene Einarbeitung stoffspezifischer Daten. AGAPE und das Modell Baden-Württemberg differenzieren die Stoffbewertung in Abhängigkeit von den Gefährdungspfaden. Beispielsweise ist die Flüchtigkeit eine maßgebliche Eigenschaft für die Bedeutung des Luftpfades.

Diese Differenzierung erfordert jedoch bereits sehr detaillierte Angaben zu den Stoffeigenschaften. Im Modell AGAPE fließen beispielsweise umfangreiche Angaben zur Toxizität ein. Damit wird die Bewertung sehr aufwendig. Im Modell Baden-Württemberg sollen ebenfalls umfangreiche Einzelkriterien, beispielsweise das Langzeitverhalten von Schadstoffen, von den Bearbeitern beurteilt werden.

Die Suche nach einem praktikablen Mittelweg für die Stoffbewertung in formalisierten Verfahren wird erschwert durch die zahlreichen Wissenslücken, die hinsichtlich der Einzelstoffbewertung bestehen. Fraglich bleibt auch, welche Stoffe für die Bewertung einer Verdachtsfläche maßgeblich sein sollen, wenn Stoffgemische vorliegen, und wie Wechselwirkungen berücksichtigt werden können.

Wenn die Handhabbarkeit des Bewertungsverfahrens gewährleistet sein soll, sind Vereinfachungen notwendig. Detaillierte Stoffbewertungen sprengen den Rahmen formalisierter Verfahren und sollten der Einzelfallbearbeitung der Verdachtsflächen vorbehalten bleiben.

Die meisten Verfahren beschränken sich bei der Betrachtung von betroffenen *Schutzgütern* ausschließlich auf die menschliche Gesundheit. Auf den ersten Blick scheinen zwar auch potentielle Beeinträchtigungen von Boden und Grundwasser durch entsprechende Kriterien erfaßt zu werden. Das Endergebnis der Bewertung hängt jedoch davon ab, ob eine menschliche Nutzung dieser Schutzgüter (Trinkwasser, Wohnen) hinzukommt. Das Modell Baden-Württemberg führt hierzu beispielsweise an: „Die Bedeutung eines Grundwasservorkommens hängt neben allgemeinen ökologischen Anforderungen in erster Linie davon ab, ob und in welcher Weise eine derzeitige oder künftige Nutzung besteht bzw. vorgesehen ist, welche Wasserqualität dafür erforderlich ist und welche Beeinträchtigungen dieser Nutzungen durch den Gefahrenherd zu erwarten sind."[15]

Eine nutzungsunabhängige Bewertung findet nur teilweise durch stark vereinfachte Kriterien statt, wie „Lage im Naturschutzgebiet" (Abfallbeseitigungsverband Saarbrücken, Baubehörde Hamburg).

Hinsichtlich der umfassenden Berücksichtigung von *Gefährdungspfaden* sind die komplexeren Verfahren deutlich überlegen. AGAPE unterscheidet die Pfade „Grundwasser", „Oberflächenwasser", „direkter Kontakt" und „Boden". Das Modell Baden-Württemberg betrachtet vier Pfade (Grundwasser, Oberflächenwasser, Luft, Boden). Beide Verfahren berücksichtigen eine große Zahl möglicher Einflußfaktoren, die den unterschiedlichen Teilpfaden zugeordnet werden. Bei den einfacheren Verfahren werden die Gefährdungspfade nicht explizit betrachtet, sondern lassen sich nur aus den berücksichtigten Kriterien ablesen.

Der Grundwasserpfad nimmt in vielen Bewertungsmodellen eine zentrale Position ein und wird durch einen besonders umfangreichen Kriterienkatalog dargestellt (z.B. Baubehörde Hamburg, Erfassungsbogen Schleswig- Holstein, Saarland, Modell Baden-Württemberg). So wird im Modell Baden-Württemberg erläutert: „Die Bewertung ist zwar grundsätzlich für jedes von dem betrachteten Standort beeinträchtigten Schutzgut ... durchzuführen. In der Praxis wird jedoch in vielen Fällen

15 A.a.O. (FN 7), 64.

die Betrachtung des Grundwassers als das am häufigsten und nachhaltigsten betroffene Schutzgut ausreichen."[16]

Insbesondere die mögliche Gefährdung durch direkten Kontakt, z.B. spielender Kinder, wird demgegenüber unterbewertet.

Art und Zahl der in den Bewertungsverfahren berücksichtigten Einzelkriterien sind sehr unterschiedlich. Noch größer werden die Unterschiede, wenn es um die eigentliche *Bewertung*, d.h. um die Vergabe von Punktzahlen geht. Die Punktezuordnung für einzelne Kriterien erweckt zum Teil den Anschein, als sei sie mit Hilfe eines Zufallszahlengenerators zustandegekommen.

Beispielsweise wird der Einflußfaktor „Landwirtschaftliche Nutzung einer Fläche", der für den Pfad „Kontamination → Nutzpflanze → Mensch" von Bedeutung ist, folgendermaßen bewertet:

- In den Verfahren Niedersachsen und Saarland ist dieses Kriterium nicht genannt,
- im Erfassungsbogen Schleswig-Holstein erfolgt eine Bewertung mit null Punkten,
- in Hessen verursacht die landwirtschaftliche Nutzung die Einordnung in die mittlere von zwei möglichen Klassen,
- das Verfahren der Baubehörde Hamburg vergibt 4 von 100 möglichen Punkten,
- in Bayern wird das Kriterium mit einem von maximal fünf Punkten (= Klassen) bewertet,
- in Baden-Württemberg erfolgt bei landwirtschaftlicher Nutzung einer Fläche die Erhöhung des sogenannten mIV-Faktors von 1,0 auf 1,4,
- AGAPE bewertet das Kriterium „Nutzungspflanzenanbau" im Luft- und Bodenpfad mit drei Punkten, wenn sich Acker-/Weideland, Kleingärten oder größere Hausgärten auf der Verdachtsfläche befinden. Die Beinflussung des Gesamtergebnisses ist von der Verknüpfung mit weiteren Faktoren abhängig.

Auch andere Bewertungskriterien werden je nach Verfahren sehr unterschiedlich gewichtet.

---

16 A.a.O. (FN 7), 52.

Hinsichtlich der *Transparenz* schneiden die komplexeren Verfahren am schlechtesten ab. Zwar werden einzelne Bewertungskriterien und die Zuordnung von Punkten im allgemeinen kurz begründet. Außenstehende ohne Detailkenntnis der zugehörigen Handbücher oder Erläuterungstexte sind aber nicht in der Lage, diese Einzelheiten zu überblicken. Insbesondere die Offenlegung der vorgenommenen Wichtung fehlt.

Einen interessanten Ansatz verfolgt Nordrhein-Westfalen mit einem bisher nur im Entwurf vorliegenden Modell. Die Verdachtsflächen werden nicht mit einer Gesamtpunktzahl beurteilt, sondern es wird ein sogenanntes „Bewertungsprofil" erstellt, das Einzelbewertungen für unterschiedliche Schutzgüter nebeneinanderstellt (z.B. Trinkwasser, landwirtschaftliche Nutzung).

Bei den einfacheren Verfahren kann meist anhand der Bewertungsbögen direkt nachvollzogen werden, wie die Punktvergabe erfolgt ist. Aber auch ein einfach strukturiertes Verfahren muß keine Sicherheit für gute *Handhabbarkeit* bieten. Dies ist oft auf unklare Formulierungen zurückzuführen. Beispielsweise soll im Modell Bayern für die vergleichende Bewertung nach der Erfassung die Frage „Gefahrenpotential vorhanden?" beantwortet werden. Damit sind Bearbeiterinnen und Bearbeiter zu diesem frühen Zeitpunkt sicher überfordert.

Ein gutes Beispiel für ein handhabbares Modell bietet das Verfahren der Baubehörde Hamburg.

Zwingend notwendig ist meines Erachtens die Überprüfung der Bewertungsergebnisse durch eine Kommission. Besonders nach der zweiten Bewertungsphase bietet ein solches Vorgehen die Möglichkeit, Aspekte zu ergänzen, die beim formalisierten Verfahren nicht berücksichtigt wurden.

Die Möglichkeit, *Altstandorte* in die vergleichende Verdachtsflächenbewertung einzubeziehen, ist bisher noch unbefriedigend. Der im Auftrag der Landesanstalt für Umweltschutz Baden-Württemberg erarbeitete Ansatz ist positiv zu bewerten, es fehlt aber noch eine ausreichende Differenzierung. Bisher ist nur eine Abgrenzung von „altlastenrelevanten" und „altlastenirrelevanten" Branchen möglich. Für ein handhabbares Modell wäre eine Zuordnung der Branchen zu drei bis fünf Klassen wünschenswert. Da sich viele Altstandorte innerhalb bebauter Ortslagen befinden und ähnliche Nutzungen aufweisen, ist nur so eine ausreichende Differenzierung möglich.

V. Fazit

Obwohl die eingangs genannte Problemstellung in allen Bundesländern weitgehend übereinstimmt, hat jede der zuständigen Behörden „bei Null angefangen“ und ein eigenes, mehr oder weniger brauchbares Bewertungsverfahren entwickelt. Darüber hinaus sind von Landkreisen oder Kommunen eigene, handgestrickte Verfahren entworfen worden, wenn der Entwurf auf Länderebene zu lange auf sich warten ließ.

Diese Arbeiten haben sicher einen erheblichen finanziellen Aufwand und personellen Einsatz erfordert. Auch für den eigentlichen Bewertungsvorgang und die Weiterentwicklung der Verfahren ist Arbeitszeit erforderlich.

Im Verhältnis zu diesem Einsatz ist die Qualität der Bewertungsergebnisse enttäuschend.

Die einfacheren Verfahren berücksichtigen so wenige Kriterien, daß eine Ermittlung der Dringlichkeit, die der Realität entspricht, nicht zu erwarten ist. Wenn die Prioritätensetzung unzulänglich ist, bleibt sie in der praktischen Arbeit letztendlich ohne Einfluß.

Die komplexeren Verfahren scheitern in ihrer jetzigen Form an dem Anspruch, alle Fragen mit einem einzigen Modell beantworten zu wollen. Es wird ein Weg gesucht, das Gefährdungspotential einer Altlast auf formalem Wege zu ermitteln, ohne daß eine Auseinandersetzung mit jedem Einzelfall erforderlich ist. Dahinter steht die Vorstellung, daß die Bewertung um so genauer wird, je mehr Daten in ein Modell eingespeist werden.

Die Zahl der Einflußfaktoren und ihre Abhängigkeiten untereinander werden jedoch mit steigendem Informationsstand so komplex, daß es nicht mehr möglich ist, alle Einzelheiten in einem formalisierten Bewertungsverfahren zu erfassen. Der Versuch, alle möglichen Stoffeigenschaften und ihre Veränderung in Abhängigkeit von anderen Randbedingungen zu erfassen, führt zu einer Aufblähung der Modelle, so daß sie nicht mehr handhabbar sind.

Zur endgültigen Beurteilung des Gefährdungspotentials einer Altlast halte ich deshalb die Einzelfallbewertung für unerläßlich. Dann ist eine Ermittlung der maßgeblichen Gefährdungspfade und eine detaillierte

Auseinandersetzung mit den standortspezifischen Schadstoffen und ihren Wirkungen möglich.

Die in Abschnitt 3 formulierten Anforderungen, insbesondere die Offenlegung der vorgenommenen Gewichtung, müssen auch bei Einzelfallbeurteilungen beachtet werden. Zur Vereinheitlichung des Vorgehens und zur Gewährleistung der Vergleichbarkeit der erstellten Gutachten sollte das empfohlene Vorgehen beispielsweise in Form eines Leitfadens dargestellt werden.

Vergleichende Verfahren zur Prioritätensetzung sollten nur nach der Erfassung und ggf. nach der ersten Untersuchungsphase eingesetzt werden. Eine bundesweite Vereinheitlichung, wie sie der Sachverständigenrat für Umweltfragen 1990 gefordert hat[17], ist anzustreben.

Dafür ist eine Kooperation auf Länderebene erforderlich, mit dem Ziel, aus den vorteilhaften Aspekten aller Verfahren ein einheitliches, optimiertes Vorgehen zu entwickeln.

---

17 Sondergutachten „Altlasten" des Rates von Sachverständigen für Umweltfragen (1990), Bundestagsdrucksache 11/6191 vom 03.01.1990.

Sanierung

Hans-Georg Meiners

Sanierungstechniken in der Bewährung – eine kritische Bestandsaufnahme

Der erwartete Sanierungsboom hat Verspätung ...

Sie stehen in jedem Regal eines mit Altlasten beschäftigten Menschen. Die Ordner mit den Hochglanzbroschüren der zahlreichen Anbieter von Sanierungsverfahren für Altlasten, die den potentiellen Kunden optimale Problemlösungen versprechen.

Wirtschaftszeitungen prophezeien einen „Milliardenmarkt für mittlere Unternehmen" nach dem Motto „wer den Boden saniert, kann einen Schatz heben". Diese Hoffnungen verwundern nicht angesichts von Experten- Schätzungen, die den Gesamtsanierungsbedarf mit 50 bis 60 Mrd. DM veranschlagen.[1]

Die meisten Sicherungs- und Sanierungsvorhaben sind durch Bund und Länder gefördert. Schwerpunkte lagen bisher bei der Förderung thermischer und biologischer Verfahren (26,5 Mio. DM für on/off-site, 11,8 Mio. DM für in-situ) sowie bei der Sicherung von Altlasten durch Einkapseln (35,0 Mio. DM). Bekannte Beispiele für die Sicherung von Altablagerungen sind Georgswerder, Malsch und Gerolstein. Obwohl offizielle Zahlen nicht vorliegen, dürfte die Zahl abgeschlossener Altlastensanierungen (nicht Altlastensicherungen!) bisher eher bescheiden sein. Der erwartete Sanierungsboom scheint sich somit zumindest zu verzögern und die Hoffnung von Anlagenbauern und Entsorgungsunternehmen auf gute Geschäfte ein wenig verfrüht zu sein.

---

1 Mangel an Sanierungserfahrung: Die auf dem Markt befindlichen Sanierungsfirmen sind nur teilweise auf die komplexe Aufgabe der Altlastensanierung vorbereitet.

Wir haben uns die Frage nach den Gründen der gebremsten Realisierung von Sanierungen gestellt und dazu vier Thesen entwickelt:

1. Mangel an Sanierungserfahrung: Die auf dem Markt befindlichen Sanierungsfirmen sind nur teilweise auf die komplexe Aufgabe der Altlastensanierung vorbereitet.
2. Unklare Randbedingungen: Fehlende Sanierungszielwerte zum Beispiel verunsichern Auftraggeber und Auftragnehmer von Altlastensanierungen.
3. Einsatzgrenzen bzw. Schwachstellen von Sanierungstechniken: Sie werden zum Teil aus marktpolitischen Erwägungen nicht so klar dargestellt wie es notwendig wäre.
4. Finanzielle Engpässe und juristische Probleme: Leere Kassen der Kommunen und Genehmigungsfragen bei Sanierungsmaßnahmen.

Im folgenden werden die Thesen (mit Ausnahme der These 4) erläutert.

I. Mangel an Sanierungserfahrung

Altlasten werden in Altablagerungen und Altstandorte gegliedert, die weiter nach den verschiedenen abgelagerten Materialien bzw. branchentypischen Schadstoffen sortiert werden. Den verschiedenen Schadstoffen bestimmte Sanierungstechniken zuzuordnen ist eine Sache, die Anwendung auf den konkreten Fall ist eine andere. Denn, wie so oft, sieht auch hier die Wirklichkeit komplizierter aus:

Typische Schwierigkeiten, die Altablagerungen und Altstandorte für die Sanierung darstellen, sind in der Abbildung 1 zusammengefaßt.

Die vorstehende Auswahl der unterschiedlichen Aufgaben bei Sanierungen soll auf drei wichtige Punkte hinweisen:

1. Bei der Erarbeitung von Sanierungsstrategien ist mehr zu leisten als die relativ einfache Verknüpfung von Schadstoff und Sanierungstechnik. Zu berücksichtigen ist eine Vielzahl unterschiedlicher Kriterien, darunter die speziellen Standortbedingungen einer Altlast, die Eignung und Umweltverträglichkeit der Sanierungstechnik, die Kontrollierbarkeit des Verfahrens, die Kosten, die vorgesehene Nutzung etc.

2. Altlastensanierung ist mehr als Bodensanierung. Eine Sanierung,

- Die Mischung von Materialien mit Schadstoffen unterschiedlicher Art und Konzentration und die daraus resultierende Schwierigkeit der räumlichen Abgrenzung verschiedener Arten von abgelagerten Materialien und von Kontaminationsschwerpunkten.
- Unterschiede in Art und Korngröße des Deponiematerials (Boden, Aschen und Schlacken) und die daraus resultierenden Schwierigkeiten, Sanierungsziele zu definieren und geeignete Sanierungsverfahren für den speziellen Standort zu finden.
- Die schwer einschätzbare toxikologische Wirkung der Stoffgemische und die Gefahren bei den Sanierungsmaßnahmen, die mit einer Offenlegung der Schadstoffquelle einhergehen.
- Die in der Regel großen Mengen an kontaminiertem Material und die damit verbundenen hohen Kosten für die Sanierung.
- Die Lage vieler Altablagerungen in der Nähe empfindlicher Nutzungen wie z.B. Wohnen und damit verbundene Schwierigkeiten zum Schutz dieser Nutzungen.
- Altstandorte bestehen in der Regel aus zwei Komponenten, die zu sanieren sind: dem kontaminierten Gebäude und dem kontaminierten Baugrund.
- Die Tatsache, daß in vielen Fällen kein kontaminierter Boden, sondern Gebäude schadstoffhaltig sind, bereitet bei der Definition der Sanierungsziele Schwierigkeiten, z.B. bei der Festlegung von Zielwerten für Schlacken, Mauerwerk etc.
- Es liegen häufig kleinteilige Kontaminationen unterschiedlicher Schadstoffe und unterschiedlicher Gebäudeteile vor, die ein äußerst differenziertes Vorgehen bei der Sanierung erfordern.
- Die Entfernung, Dekontamination, Weiterverwendung bzw. Recycling oder Lagerung von Produktionsmaschinen, Leitungen, Rohstoffen für die Produktion, Sonderabfällen aus der Produktion, Abfällen aus sonstigen Tätigkeiten sind häufig Voraussetzung dafür, daß mit den Sanierungsarbeiten im engen Sinne überhaupt begonnen werden kann.
- Entwicklung und Anwendung von Arbeitsschutzmaßnahmen.

Bild 1: Typische Schwierigkeiten bei der Sanierung von Altablagerungen und Altstandorten

bei der eine große Menge von relativ einheitlich kontaminiertem Boden mit einem Verfahren gereinigt werden kann, wird selten sein. Nicht Einzelverfahren, sondern Verfahrenskombinationen werden bei der Altlastensanierung zur Regel werden. Speziell bei der Sanierung von Altstandorten sind kleinräumige, den unterschiedlichen Standortbedingungen angepaßte Sanierungsarbeiten notwendig, die weit über eine Bodensanierung hinausgehen können (siehe Abb. 2). Die Arbeiten wie z.B. die Asbestsanierung von Gebäuden, die Dekontamination von zum Abriß bestimmten Schornsteinen oder die Entfernung von kontaminiertem Mauerputz machen darüber hinaus teilweise einen umfangreichen Arbeits- und Immissionsschutz notwendig.

3. Die Anforderungen an Auftraggeber und Auftragnehmer von Altlastensanierungen sind differenziert und hoch. Eine „rationelle" Altlastensanierung in dem Sinne, daß auf der einen Seite „ein Stück Altlast" zur Sanierung ausgeschrieben wird und auf der anderen Seite mit wenig erprobten Techniken oder mit nicht speziell ausgebildetem Personal Altlasten saniert werden können, wird diesen Anforderungen nicht gerecht.

II. Unklare Randbedingungen

Bei der Betrachtung der Randbedingungen für den Einsatz von Sanierungstechniken ist abgesehen von den finanziellen und juristischen eine Anzahl von Punkten zu nennen, die sich bei der Umsetzung von Sanierungstechniken in die Praxis als Bremse bemerkbar machen und zu verbessern sind.

Altlastenkataster und Bewertungsmodelle müssen einfach und schnell zu erstellen sein:

Vor dem Hintergrund der großen Zahl sowie der knappen Finanz- und Personalmittel ist eine sinnvolle Prioritätensetzung der Bearbeitungsreihenfolge notwendig. Viele Altlastenkataster und Bewertungsmodelle sind jedoch zu umfangreich oder zu wenig durchschaubar. Folge: Die Erstellung des Katasters dauert zu lange oder es wird erst einmal abgewartet, ob sich ein einfacheres Verfahren durchsetzt. Das Ziel, mittels

Betriebsgebäude

- Entferneung von flüssigen, festen, gas- oder staubförmigen Abfällen
- Demontage von Betriebs- und Produktionseinrichtungen
- Abbruch der oberirdischen und unterirdischen Bausubstanz nach Dekontamination
- Sanierung der zu erhaltenden Bausubstanz

Umweltmedien

- Absaugung von kontaminierter Bodenluft
- Grundwassersanierung
- Boden- und Baugrundsanierung
- Abfalltrennung und Reststoffverwertung

Zur Vermeidung neuer Kontaminationen ist die zeitliche Abfolge der Arbeitsschritte abhängig von der örtlichen Situation zu planen.

Bild 2: Arbeitsschritte beim Abbruch von Betriebsgebäuden und bei der Sanierung des Altstandortes

der Prioritätenfestsetzung das Verfahren zu beschleunigen, wird jedenfalls auf diese Weise nicht erreicht.

Es sollten orientierende Sanierungszielwerte eingeführt werden:

Erforderlich ist eine Orientierungshilfe, die in Abhängigkeit von neuen Erkenntnissen fortschreibbar ist und Spielräume für die Bewertung des Einzelfalles läßt. Die Orientierungswerte sollen die verschiedenen Pfade berücksichtigen, über die ein Schadstoff auf den Menschen wirken kann, wie z.B. die Pflanzenverfügbarkeit für verschiedene Böden und Pflanzen, die Möglichkeit der direkten Aufnahme etc. Es ist somit kein starres Regelwerk, sondern eine dynamische fortschreibbare Sanierungshilfe gefragt. Den Werten der sogenannten Niederländischen Liste sollten somit nicht andere Werte einer Deutschen Liste gegenübergestellt werden, sondern ein Werk mit einer anderen Philosophie.

Die Sanierungsverfahren sollten standardisiert werden:

Angesichts der vielfältigen Aufgaben bei der Altlastensanierung kommt es darauf an, die einzelnen Arbeitsschritte und Teilziele zu definieren, sowie die Aufgaben und Verantwortlichkeiten der Beteiligten einschließlich der Betroffenen zu regeln. Das gesamte Sanierungsverfahren und das Sanierungsmanagement könnten mehr oder weniger standardisiert werden; wichtig wäre vor allem eine von allen Beteiligten akzeptierte und unterschriebene Entscheidungsabfolge, z.B. bezüglich Nachfolgenutzungen, Sanierungszielen, Sanierungsmaßnahmen und Sanierungserfolgen. In Abbildung 3 sind die Aufgaben zusammengestellt, die im Rahmen der sogenannten Sanierungsbegleitung zu erfüllen sind.

III. Einsatzgrenzen und Schwachstellen von Sanierungstechniken

Zu den Sanierungstechniken, auf die hier eingegangen werden soll, zählen:
- Thermische Behandlung
- Bodenwäsche/Extraktion
- Mikrobiologie
- Hydraulische Verfahren/Reinigung von Wasser
- Bodenluftabsaugung/Reinigung von Gasen

Für die Beurteilung von Sanierungstechniken bestehen verschiedene Kriterien, die in Abbildung 4 zusammengestellt sind. Aufgabe sogenannter Sanierungsuntersuchungen ist es, Sanierungstechniken anhand dieser Kriterien vergleichend zu untersuchen und das am besten geeignete Verfahren herauszufinden. Im Vordergrund stehen dabei vor allem Fragen zur Schadstoffbilanz, an deren vollständige und klare Beantwortung auf Dauer kein Anbieter von Sanierungsverfahren herumkommt: Was passiert mit den Schadstoffen? Wie sieht das Sanierungsprodukt, d.h. zum Beispiel der sanierte Boden aus, und wie kann es verwendet werden? Welche Emissionen sind mit dem Einsatz der Sanierungstechnik verbunden? Welche Sanierungsabfälle entstehen, und wie werden sie behandelt bzw. entsorgt?

Kontrolllieren/Überwachen

- Maßnahmen zur Arbeitssicherheit und zum Emissionsschutz
- Separierung kontaminierter Massen
- Analytik für die Sanierungskontrolle
- Festlegung von Austauscharbeiten und -tiefen
- Begleitcheine und Aufmaße
- Einhaltung der genehmigungsrechtlichen Bestimmungen
- Terminkontrolle, Rechnungsprüfung

Koordinieren/Planen/Steuern

- Abbruch-/Ablaufplanung
- Information und Abstimmung mit Behörden
- Veranlassung von Sofortmaßnahmen
- Koordinierung der Tätigkeiten von Firmen und Fachleuten
- Steuerung von Entsorgungsmaßnahmen
- Kapazitäten für Analytik sicherstellen

Dokumentieren/Berichten

- regelmäßige Berichterstattung über laufende Ereignisse
- fotografische Dokumentation
- Abschlußbericht (inclusive komprimierte Fassung für Investoren)

Bild 3: Aufgaben bei der Sanierungsbegleitung: Die Festlegung von Aufgaben ist für alle Arbeitsschritte bei der Altlastensanierung notwendig

Mensch *persönliche Umwelt*
Einfluß der Sanierungsanlage auf die menschliche Gesundheit in Form von akuter und chronischer organischer Belastung durch Schadstoffe und Lärm: Psychische Belastung durch Unsicherheit, Angst, Mißtrauen, Frustration

Menschliche Nutzung
sozio-ökonomische Umwelt
Schäden an Haus und Garten, Einschränkung der Bewegungsfreiheit, Gartennutzung, Nahrungsmittelanbau

Natur *natürliche Umwelt/Umweltverträglichkeit des Sanierungsproduktes*
Emissionen durch die Sanierungsanlage
Sekundäremissionen
Verlagerung in andere Medien
Umweltrisiken
Zerstörung von Biotopen

Technik *Erprobte und geeignete Technik*
Kapazität der Anlage
Kontrollierbarkeit des Sanierungserfolges
Wirkungsgrad der Sanierungsanlage
Störfallrisiko

Finanzen *Sanierungskosten*
Folgekosten
Vermarktbarkeit

Städtebau/Raumplanung
Auswirken auf bestehende Nutzungen
Folgenutzungen
Dauer der Sanierung

Sanierungserfolg
Vergleich zwischen Altlast und saniertem Standort

Bild 4: Kriterien für die Beurteilung von Sanierungstechniken und -konzepten

Ausführliche Beschreibungen von Sanierungstechniken verschiedener Anbieter gibt es bereits, einige sind in Vorbereitung[2 3 4]. Über Einsatzgrenzen der verschiedenen Verfahren und vor allem über deren Schwachstellen etwas zu erfahren, ist trotzdem nicht ganz einfach. Einige zu beachtende Aspekte dazu sollen im Rahmen dieses Beitrags erläutert werden.

Thermische Behandlung

Für die einen sind es schlicht „Giftöfen", neben denen es keinem Menschen zugemutet werden kann zu wohnen; für die anderen sind es „hochentwickelte Anlagen", die 100 % umweltverträglich sind. Keine andere Sanierungstechnik wird seit Jahren in der Bundesrepublik so kontrovers diskutiert wie die thermische Behandlung von Böden und Sanierungsreststoffen. Bei Genehmigungsverfahren wie z.B. für das thermische Sanierungszentrum der Bodensanierung und Recycling GmbH (BSR) in Bochum lagen mehr als 4000 Einwendungen besorgter Anwohner vor. Entsorgungsunternehmer beklagen den Widerstand „obligatorischer Bürgerinitiativen", den „Populismus" bundesdeutscher Richter, „die sich weniger an den Gesetzen der Physik, Chemie und Toxikologie als an den landläufigen Meinungen orientieren, die sich in der Tagespresse und in politischen Diskussionen wiederfinden."[5] Neidvoll schauen sie zu den „pragmatischen Holländern", die bereits mehr als eine Million Tonnen gereinigter Böden vorweisen können. „Hierzulande kokeln Versuchs- und Pilotanlagen mit geringen Durchsatzleistungen."[6] Eine Anzahl weiterer Anlagen ist jedoch in der Planung (siehe Abbildung 5). Darunter befinden sich auch mobile schwimmende Anlagen, die nach dem Motto „Reinigen und Ver-

---

2 FRANZIUS, V./R. STEGMANN/K. WOLF, (Hrsg.) (1989): Handbuch der Altlastensanierung. – Heidelberg, Bonn.

3 BMFT (Hrsg.) (1988): Statusbericht zur Altlastensanierung – Technologien und F + E-Aktivitäten. Sonderdruck anläßlich des 2. Internationalen TNO/BMFT-Kongresses 1988 in Hamburg.

4 BMFT (Hrsg.) (1990): Technologieregister zur Sanierung von Altlasten (TERESA).

5 RAITH, M. (1989): Urteile und Vorurteile. – In: Heft 10, Okt. 1989, 8. Jhrg.; Frankfurt (Deutscher Fachverlag).

6 ENTSORGA (1989): Die Reinigungsfabrik geht zum Standort: Mit der Thermik aufs Wasser. – Heft 10, Okt. 1989, S. 30 - 33; Frankfurt (Deutscher Fachverlag).

schwinden“ arbeiten sollen, wodurch die Akzeptanz bei der Bevölkerung erheblich größer sein soll.[7]

Bei den thermischen Bodenbehandlungsanlagen wird üblicherweise auf die bei der Verbrennung von Hausmüll und Sonderabfällen gesammelten Erfahrungen verwiesen. Zwischen den zu behandelnden Stoffen bestehen allerdings erhebliche Unterschiede: Hausmüll hat eine mittlere bis hohe Schadstoffkonzentration; bei Sonderabfällen handelt es sich meist um hochkonzentrierte Schadstoffe. Demgegenüber sind mit den kontaminierten Böden aus Altlasten relativ geringe Schadstoffkonzentrationen in einer großen Menge Boden zu behandeln; für diesen speziellen Anwendungsbereich sind erst wenige Erfahrungen vorhanden. Möglicherweise ist die thermische Behandlung von Böden mit Kontaminationen von Vergaserkraftstoffen und ggf. auch Diesel eine sinnvolle Methode.

Dagegen ist die thermische Behandlung von Böden mit Kontaminationen von halogenierten Kohlenwasserstoffen problematisch. Dabei spielen die Dioxine als die angstmachenden Umweltschadstoffe die Hauptrolle. Bei der Verbrennung solcher Stoffe besteht die Gefahr, daß diese mit anderen Kohlenwasserstoffen gefährliche Reaktionsprodukte, darunter auch Dioxine, bilden. Sie sollen zwar bei Temperaturen von 1200 °C wieder zerstört werden; der Verdacht besteht jedoch, daß sich Dioxine in den Rauchgas-Kanälen sowie auf den Elektrofiltern erneut bilden.

Problematisch ist auch das Sanierungsprodukt der thermischen Behandlung: ein ausgeglühtes Material, das mit dem neuen Wort „Thermosol“ bezeichnet wird, um damit den Unterschied zu einem organisch belebten Boden deutlich zu machen.

Umstritten ist schließlich auch der Effekt, den die thermische Bodenbehandlung u.a. auf die derzeitige Abfallbeseitigung neuer Lasten haben könnte. Denn die Bodenverbrennung steht in einer Reihe mit der Sonderabfall- und Hausmüllverbrennung. Es besteht die Gefahr, daß durch die Schaffung großer Verbrennungskapazitäten geradezu ein Sog für die Produktion unerwünschter Stoffe entsteht und der fällige Umbau vor allem der chemischen Industrie noch einmal um Jahrzehnte verzögert wird.

---

7 Ebenda, S. 32.

Betreiber	kurze Verfahrensbeschreibung	Leistung t/h	Mobilität	Verfügbarkeit
Bennenberg & Drescher Aldenhoven	direkt beheizter Drehrohrofen 900 °C mit Nachbrennkammer 900 bis 1000 °C und nasser Rauchgaswäsche, thermische Behandlung der Abluft in einer Strippanlage	3	off	Anlage in Betrieb
Gesellschaft für Umwelttechnik mbH Berlin	Wirbelschicht Bodenreinigungsanlage, Zwangszirkulation > 800 °C, Nachbrennkammer bis 1200 °C "BORAM"	10	on/off	Anlage geplant in 1991
Hochtief AG Essen	indirekt beheizter Drehrohrofen, 600 °C, danach Entgasung durch Inertgasstrom (Restschadstoffe), Abkühlung mit Wasser auf ≈ 150 °C Pyrolyse	6	on/off	Planung
KRC Umwelttechnik GmbH Würzburg	indirekt beheizter Drehrohrofen, Nachverbrennung bei 800 bis 1200 °C, danach Rauchgasentgiftung Pyrolyse	4–7	on/off	Planung
KWU Umwelttechnik GmbH Erlangen	indirekt beheizte Schweltrommel, Temperatur bis 600 °C	5	off	Planung, Einsatz 1993
Lurgi GmbH Frankfurt	indirekt beheizter Drehrohrofen, Temperatur: 800–1200 °C, Nachverbrennung bis 1200 °C	12,5	on/off	Versuchsanlage
O + K Anlagen und Systeme Ennigerloh	gekoppelte Behandlung kontaminierter Böden mit pneumatischer Förderung und Wirbelschichtofen bei 800 °C, Nachverbrennung bei 1200 °C, Abgasreinigung (Flugstromapparat)	10	on	Planung
Deutag/von Roll Oensingen	Drehrohrofen 650–1200 °C, TNV bis 1300 °C	4	on/off	Pilotanlage
Deutsche Babcock Anlagen AG Krefeld	Pyrolyseanlage, Drehrohrofen 600–650 °C, Schwefelgas –> Nachbrennkammer T = 900–1200 °C	7	on/iff	Serienanlage
Bergbau AG Westfalen Dortmund	Pyrolyseanlage, Drehrohrofen 600–650 °C, Schwefelgas –> Nachbrennkammer T = 900–1200 °C	7	on/off	Versuchsanlage bis 6/91
Rethmann NL	Ausglühen in den Niederlanden über NBM s'Gravenhage	ca. 4	off	vor 1990 in Betrieb
Trienekens NL	Ausglühen in den Niederlanden über ATM Moerdijk	ca. 5	off	vor 1990 in Betrieb
BSR NL	Ausglühen in den Niederlanden über Umwelttechnik/Ecotechnik Rotterdam/Utrecht	ca. 6	off	vor 1990 in Betrieb
Züblin AG Stuttgart	Drehrohrofen bis 1200 °C mit Nachverbrennung bis 1200 °C	2	on	Versuchsanlage seit 1986
Züblin AG Stuttgart	Drehrohrofen bis 1200 °C mit TNV bis 1200 °C	5	off	Pilotanlage 1991 geplant
Schwelm Anlagen und Apparatebau	Spülgasdestillation mit variablen Temperaturen bis 800 °C	5	on	Pilotanlage '89, Großanlagen geplant
Holzmann AG Deutsche Asphalt	Therm. Verfahren mit nachgeschalteter Staubabscheidung und Brüdenverbrennung	5	on/off	Pilotversuche, Konzept für Großanlage
Noell Würzburg	indirekt beheizter Drehrohrofen bis 850 °C, TNV bis 1250 °C	ca. 0,1	on/off	Versuchsanlage
Phytte Düsseldorf	Vakuumbehandlung dünne Schichten über vibrierende beheizte Flächen kontinuierlich gefördert, niedrige Temperatur	2	on	Pilotanlage in Vorbereitung
Thyssen/Still Otto Bochung	direkte zweistufige Behandlung 800–1200 °C	bis 19	on	schwimmende Anlage bis 1991 geplant
VAW Werk Lünen	Drehrohrofen mit integrierter Nachverbrennung über 1000 °C	ca. 13	off	umzurüstende Anlage geplant, Betrieb Ende 1991
Erläuterung: off = off-site; on = on-site; in = in-situ				

Bild 5: Anlagen und Verfahren zur thermischen Behandlung kontaminierter Böden. Quelle: BMFT (Hrsg.) (1990): Technologieregister zur Sanierung von Altlasten (TERESA). – FRANZIUS, V. (Hrsg.) (1990): Möglichkeiten zur Bodensanierung – Chem.-Ing.-Tech. (1991) Nr. 4, S. 350.

Mikrobiologie

Eine Kurzübersicht über Anbieter für Verfahren zur biologischen Sanierung ist in Abbildung 6 dargestellt. Vorrangig werden vergleichbare Verfahren (z.B. Mietenkompostierung) von einer Vielzahl von Firmen angeboten.

„Umweltschonend und preiswert" sollen die Stärken, Versagen bei „zu hohe(n) Schadstoffkonzentrationen" die Schwächen der biologischen Verfahren sein. „Aufgrund der niedrigen Kosten geben Experten der biologischen Sanierung glänzende Zukunftschancen". Und ein fester Abnehmerstamm für den „biologisch hochaktiven Qualitätsboden" ist auch schon da.[8] So oder ähnlich werden zur Zeit biologische Sanierungsverfahren angepriesen. Nicht alle Experten beurteilen jedoch die Mikrobiologie mit gleicher Euphorie. Potentielle Auftraggeber für mikrobiologische Verfahren sind deshalb zur Zeit eher verunsichert. Zu Recht meinen wir: Es sind im wesentlichen fünf Schwachstellen, die einer breiten Anwendung der Mikrobiologie zur Zeit im Wege stehen:

- die lange Sanierungsdauer,
- die eingeschränkte Wirksamkeit bei einer großen Schadstoffvielfalt,
- die Entstehung umweltgefährdender Umwandlungsprodukte (Metabolite und Konjugate),
- die Schwierigkeit, diese Umwandlungsprodukte zu analysieren,
- die mangelnde Kontrollierbarkeit des Verfahrens.

Die Entstehung umweltgefährdender Umwandlungsprodukte hängt damit zusammen, daß die abzubauenden Materialien wie z.B. Dieselöl oder Motoröl nicht nur oder sogar nur zu einem geringen Teil aus den gut abbaubaren gesättigten Kohlenwasserstoffen bestehen. Nur diese werden tatsächlich weitgehend zu Kohlendioxid und Wasser abgebaut. Die Giftigkeit etwa von Dieselkraftstoff machen aber vorwiegend aromatische Kohlenwasserstoffe aus, z.B. Alkylnaphthaline und Alkylphenanthrene, deren Abbau durch Mikroben bisher nicht belegt wurde. Im Gegenteil, man weiß, daß exakt diese Verbindungen gegen den mikrobiellen Abbau besonders widerstandsfähig sind. Damit stellt sich

---

8 STRUNZ, A. (o. Fn. 1) S. 199 f.

Anbieter	Ort
Alexander, T., Bohr- u. Sprengtechnik	Berlin
Anakat GmbH	Berlin
Biodec GmbH Ges. f. biologische Recyclingverfahren	Braunschweig
Biodetox GmbH	Ahnsen
Boden- u. Deponie-Sanierung GmbH	Feldkirchen/München
Bonnenberg und Drescher	Aldenhoven
Consulaqua-Beratungsgeselschaft mbH	Hamburg
ContraCon GmbH	Cuxhaven
Degussa AG	Hanau
G.R.T. Gesellschaft für Recyclingtechnik mbH	Lüneburg
Hochtief AG	Essen
IBL International Biotechnology	Heidelberg
IMA GmbH	Zeppelinheim
Ingenieurgemeinschaft Technischer Umweltschutz	Berlin
Kölsch GmbH	Siegen
KRC Umwelttechnik GmbH	Würzburg
Linde AG	Höllriegelskreuth
Werksgruppe technische Gase Philipp Holzmann AG	Düsseldorf
RTH	Hamburg
Ruhrkohle Umwelttechnik GmbH	Essen
Saarberg Ökotechnik GmbH	Saarbrücken
Santec Ingenieurbüro für Sanierungstechnologie GmbH	Berlin
Schreiber Städtereinigung GmbH	Soest
Strabag Umwelttechnik GmbH	Köln
Trapp GmbH und Co.	Wesel
Umweltschutz Nord GmbH u. Co.	Ganderkesee
Leonard Weiss GmbH u. Co.	Crailsheim
Xenex Gesellschaft zur biotechnischen Schadstoffsanierung mbH	Iserlohn Letmathe
Ed. Züblin AG	Stuttgart

Bild 6: Anbieter von biologischen Verfahren
Quelle: BMFT (Hrsg.) (1990): Technologieregister zur Sanierung von Altlasten (TERESA).

die Frage, ob bei den mikrobiellen Sanierungsverfahren überhaupt die kritischen Substanzen entfernt werden.[9], [10]

Ein Mangel bei der Kontrolle der mikrobiologischen Sanierungsverfahren ist darin begründet, daß zwar die Kohlenwasserstoffgehalte vor und nach der Sanierung gemessen werden, nicht jedoch die Umwandlungsprodukte. Damit besteht die Gefahr, daß bei einer Verwendung des vermeintlich gereinigten Bodens, z.B. als bodenverbessernder Zusatz in Landwirtschaft und Gartenbau, gefährliche Stoffe in den Natur- und damit auch Nahrungskreislauf gelangen. Funde solcher Metaboliten in Fischen zeigen, daß dieser Schadstoffpfad bereits real existiert.

Einige Anbieter versuchen, den oben genannten Aspekten dadurch Rechnung zu tragen, daß sie in geschlossenen Systemen arbeiten. Aber auch hier ist der Nachweis, daß sich weder im gereinigten Boden noch im gereinigten Prozeßwasser giftige Umwandlungsprodukte befinden, noch zu erbringen und zu veröffentlichen. Ein weiterer Schadstoffpfad geht in die Luft: Sanierungserfolge bei der mikrobiologischen Behandlung von Kontaminationen mit Vergaserkraftstoffen sind nämlich z.T. darauf zurückzuführen, daß die Kohlenwasserstoffe in die Luft ausgasen.

Bodenwäsche/Extraktion

Vorhandene und geplante Anlagen und Verfahren zur extraktiven Behandlung kontaminierter Böden sind in Abbildung 7 dargestellt.

Durch die Bodenwäsche werden die Schadstoffe nicht zerstört oder umgewandelt, sondern in die flüssige Phase überführt und anschließend aufkonzentriert. Bei jeder Bodenwäsche ist somit die Frage zu beantworten: Was tun mit dem Sanierungsabfall?

Die größten Probleme bei der Bodenwäsche entstehen durch die kleinsten Bestandteile des Bodens, die sogenannten Feinkörner. An die Bodenbestandteile mit Korngrößen unter 0.02 mm lagern sich die

---

9 PÜTTMANN, W. (1988): Analytik des mikrobiellen Abbaus von Mineralölen in kontaminierten Böden. – In: Altlastensanierung 88 (Zweiter intern. TNO/BMFT-Kongreß), Bd. 2, S. 189 - 199; Dordrecht.

10 AG „IN SACHEN NATUR“: Begleitmaterialien zur Sendung 6/89.

Betreiber	kurze Verfahrensbeschreibung	Leistung t/h	Mobilität	Verfügbarkeit
Dekon Dortmund	Sieb- und Brechanlage – Separiereinrichtung – Wasseraufbereitung, Waschmittel Wasser, ggf. Zusätze	5–10	on/off	Versuchsanlage
Dyckerhoff Hamburg	Separierung mit Wasser ohne Extraktionsmittel	10	on/off	Probebetrieb seit 89
Trapp Wesel	Rührwerke und Extraktoren	25	on	Versuchsanlage
GKN Offenbach	In-situ Hochgeschw.-Wasserstrahl-Bodenwäsche on-site Boden/Wasser-Behandlung	10	in	Versuchsanlage
Hafemeister Berlin	physikalische Trennung und chemische Aufbereitung, Pyrolyse der Schadstoffe, Rußgasreinigung	Versuch:5 Serie: 30	on/off	Versuchsanlage seit 2/89 geplant
Philipp Holzmann AG Düsseldorf	Lösen der Verunreinigungen aus dem Boden anhand Hochdruckinjektionslanze und Punpe	12	in	Serienanlage
Keller Grundbau Offenbach	Düsenstrahl-Erosion	10	in	Pilotanlage
Klöckner Duisburg	Oecotec Hochdruck-Bodenwaschanlage, Reinigung in drei hintereinandergeschalteten Venturi-Düsen, anschließend Prallkammer	33–55	on/off	Anlage seit 4/89
KRC Würzburg	Bodenwaschverfahren mittels HD-Sprühwäsche und HD-Bedüsung (Feinkornwäsche)	15	on/off	Planung
LGA Nürnberg	Gegenstromreaktor mit Extraktionsmittel, speziell für Schwermetalle	?	on	Laborversuche
SAN Bremen	mehrstufiges Waschverfahren, Extraktionsmittel San-o-clean, vorrangig für ölverunreinigte Böden	10–15	on	Versuchsanlage und Anlage seit 85
Schreiber Soest	Klassierung, Waschtrommel, danach Entwässerung; Abwasser kann teilweise nach Aufarbeitung in den Kreislauf zurückgeführt werden; Waschmittel Wasser und chem. und biol. Zusätze	5	on/off	Serienanlage
Langhabel Nachf. Hamburg	Chemisch-biologisches Bodenreinigungsverfahren, Druckluft-Wirbelbett	ca. 8	on	seit 1988 Neuanlage Kiel 1990
Duisburger Schlacken-aufbereitung Duisburg	Bodenwäsche durch intensive Attrition mit Extraktionsmitteln, Waschtrommel	30	off	Technikumsanlage
D&W AG München	Separierung mit Wasser ohne Extraktionsmittel, variable Containerbauweise	ca. 5	on	seit 1989
Rethmann, Selm, Weßling Altenberge	Gegenstrom-Extraktionsprinzip, Einsatz leicht verdampfbarer Extraktionsmittel	5	on	Pilotanlage Essen, großtechn. Anlage geplant
GHU Berlin AKW HIrschau	Naßwaschverfahren mittels Waschtrommel, Multihydrozyklon, Containerbauweise	30	on	geplant
Harbauer Berlin	Naßextraktionsverfahren, Energieeintrag mittels Vibrationswaschschnecke	20	on/off	Anlage seit 86 (Pintsch-Gelände)
A B Umwelttechnik Lägerdorf	Waschverfahren mit geschl. Wasserkreislauf, Reststoffentsorgung im Zementwerk	40	on	Standort in Schleswig-Holstein ab Mai 1989
Krupzik Umwelttechnik Hamburg	hydroaktives Trennverfahren zur Aufbereitung von Schlämmen, Baggergut und Sanden, Gesamtentsorgungskonzept	ca. 10	on	Anlage seit 9/87

Erläuterung: off = off-site; on = on-site; in = in-situ

Bild 7: Anlagen und Verfahren zur extraktiven Behandlung kontaminierter Böden (Waschverfahren). Quelle: BMFT (Hrsg.) (1990): Technologieregister zur Sanierung von Altlasten (TERESA). – FRANZIUS, V. (1990): Möglichkeiten zur Bodensanierung – Chem.-Ing.-Tech. (1991) Nr. 4, S. 350

Betreiber	kurze Verfahrensbeschreibung	Leistung t/h	Mobilität	Verfügbarkeit
Inst. Dr. Baur Fernwalt	Aufbereitung schwermetallbelasteter Böden mittels Mineralsäuren	1 m³/h	on	F + E-Vorhaben
Contra Con Cuxhaven	Waschverfahren mittels Freifallmischern, Wirksubstanzen: Wasser und Bakterieen	max. 18	on	Pilotanlage '87, 2. Anlage 1988
Züblin AG Stuttgart	zwei Wasserkreisläufe mit mech. Wirbelschicht (Wasser, Detergentien). Gegenstromnachspülung therm. Reststoffentsorgung	bis 20	on	Technikumsversuche, Anlagenkonzept 1989
Bremer Vulkan Bremen	Waschverfahren und Feinkornextraktion mit organischen Lösemitteln	18	on/off	Pilotanlage, Großanlage geplant
HDW Kiel	physikalisch-chemisches Verfahren (Attritionswäsche)	30	on/off	bereits in NL 2. Anlage 1991 geplant
afu Berlin	Hochdruckwasserstrahl-Verfahren, 250 bar, Wasser als Extraktionsmedium	15–40	on/off	Anlage seit 1986
Lurgi Frankfurt	naßmechanische Aufbereitung mittels Attritions-Waschtrommel	10–20	off	Versuchsanlage, Großanlage geplant
ROM Hamburg	Säureaufschluß aquat. Sedimente mit kombin. Hydroxid-Karbonatfällung zur Schwermetaltrennung	260 kg/h	on	Versuchsanlage
Berfort GmbH Essen	Vertrocknung mit Thermalöl, zwei in Reihe geschaltete Waschtrommeln	10–15	on	Pilotanlage
Chem. Labor Dr. Weßling Altenberge	Wäsche im Ozongenerator (Ozon als Reaktionsgas mit kontaminierenden Substanzen)	1	on/off	Versuchsanlage
Weiss Crailsheim	Extraktion mittels Hochdruckstrahlrohr	15	on/off	12/92
Schauenburg Mülheim	Anlage zur Aufbereitung ölverunreinigter Sande, Konzeption zu. Weiterentwicklung	?	on	Technikumsanlage
SEG Lübeck	Dekontamination von ölverunreinigtem Boden, Schotter und Bauschutt, Wäsche mit Tensiden	10	on	Pilotanlage
Preussag Noell Darmstadt	chem.-pys. Verfahren: Schwermetallextrakt-Attritionswäsche mit Tensiden	1	on	Pilotanlage seit 89
Siemens Berlin, München	Schwermetallextrakt mittels Gegenstromverfahren, mehrst. Säurebehandlung	?	?	Patentoffenlegungsschrift 1988
Sonnenschein Büdingen	Ausfällen von Schwermetallen aus der sauren Lösung durch Komplexbildner	?	?	Patentoffenlegungsschrift 1988
Arge W&F/ Tereg/ Eggers Hamburg	Trommelwäscher mit waschaktiven Substanzen, insbesondere für MKW-kontaminierte Böden	max. 30	ond/off	Großanlage
GKU Koblenz	Wäscher auf Fahrgestellen mit Waschwasseraufbereitung	10	on	Anlage im Einsatz

Erläuterung: off = off-site; on = on-site; in = in-situ

Bild 7 (Forts.)

Schadstoffe relativ fest an. Den derzeit vorhandenen Waschanlagen gelingt es nicht, die Adsorptionskräfte zwischen Feinkorn und Schadstoff zu knacken. Beide fallen deshalb als Sanierungsabfall an, der nach der

Entwässerung weiter behandelt oder deponiert werden muß. Liegt der Feinkornanteil des Bodens über 25 % des Gesamtvolumens, wird das Verfahren wegen der großen Abfallmenge unwirtschaftlich. Bodenwaschverfahren sind somit nur für die Reinigung von Böden mit einer bestimmten Korngröße geeignet.
Zur Trennung von Schadstoffen und Boden werden mechanische Energie (Hochdruck-Bodenwaschverfahren) oder chemische Extraktionsmittel oder eine Kombination von beiden eingesetzt. Bei den Extraktionsmitteln handelt es sich um Wasser, Säuren, Laugen und organische Lösemittel, teilweise mit Zugabe von Tensiden. Schwierig ist die Auswahl der Extraktionsmittel, der Einsatz und die nachträgliche Trennung des Bodens von diesen Mitteln. Extraktionsmittel können mit einigen in kontaminierten Böden befindlichen Substanzen gefährliche Reaktionsprodukte bilden, so reagieren z.B. Cyanide im Zusammenwirken mit Säuren zu Blausäure.[11]

Am Beispiel des Bodenwaschverfahrens ist deutlich die Schwierigkeit für das Aufstellen von Schadstoffbilanzen zu erkennen. Denn neben den Konzentrationsprozessen laufen auch Verdünnungsprozesse ab. Es besteht die Gefahr, daß Waschanlagen zu Verdünnungsanlagen werden. Ein Beispiel: In Bodenproben aus Rammkernsondierungen werden Schadstoffe in einer hohen Konzentration festgestellt. Bei der anschließenden Auskofferung wird unfreiwillig der kontaminierte mit wenig oder nicht kontaminiertem Boden vermischt. Bei der Auskofferung entweichen schon leichtflüchtige Schadstoffe in die Luft. Insgesamt ist das zur Bodenwäsche vorbereitete Material, verglichen mit den ursprünglichen Analysewerten, schon weniger belastet. Über die Umweltmedien Boden und Luft hinaus wird durch den Waschvorgang nun noch das Umweltmedium Wasser mit Schadstoffen belastet. Aus allen Medien – bis auf den Restschlamm – müssen die Schadstoffe jedoch wieder herausgeholt werden – keine einfache Arbeit, auch für die Sanierungsüberwachung, die nebenbei bemerkt mit hohen Analysekosten verbunden ist.

11 KERKHOFF, C./T. KUSBER (1989): UVP und Altlastenbehandlungsanlagen. Diplomarbeit, Universität Dortmund – Abteilung Raumplanung.

Hydraulische Verfahren/Reinigung von Wasser

Aktive hydraulische Verfahren in Verbindung mit einer Wasseraufbereitung könnten auch als In situ-Bodenwaschverfahren bezeichnet werden. Das Extraktionsmittel wird hier zum kontaminierten Boden gebracht; das Auskoffern und der Transport des kontaminierten Bodens entfallen dabei. Die mechanischen Kräfte für die Trennung der Schadstoffe ergeben sich durch den Gradienten des Sickerwassers im Bereich der Grundwasserdeckschichten bzw. durch den Fließgradienten des Grundwassers im Grundwasserleiter. Letzterer kann durch Reinfiltration u.a. des aufbereiteten Wassers einerseits sowie durch Grundwasserabsenkungen andererseits erhöht werden. Einsatzgrenzen für das Verfahren ergeben sich aufgrund der hydrogeologischen Randbedingungen (Durchlässigkeit, Fließgeschwindigkeit etc.) und der Art der Schadstoffvorkommen im Boden (Lösung im Bodenwasser, Phase im Porenraum, Adsorption an Bodenkörner).[12], [13] Schwachstellen sind die Dauer des Verfahrens und dessen mangelnde Kontrollierbarkeit. Zum Schutz nicht kontaminierter Grundwasserbereiche sind in der Regel Sicherungsmaßnahmen wie z.B. provisorische Dichtwände oder Schutzbrunnen (passive hydraulische Verfahren) erforderlich. In jüngster Zeit werden auch In situ- Hochdruckwaschanlagen angeboten, mit dem Vorteil einer Erhöhung der mechanischen Trennkräfte und damit eines verbesserten Wirkungsgrades.

Bodenluftabsaugung/Reinigung von Gasen

Verfahren zur Bodenluftabsaugung und/oder zur Reinigung von Gasen sind überall dort einsetzbar und notwendig, wo Schadstoffe als Gas vorliegen wie z.B. Methan bzw. leicht in die Gasphase übergehen wie z.B. die leichtflüchtigen aliphatischen Chlorkohlenwasserstoffe (CKW) oder die leichtflüchtigen aromatischen Kohlenwasserstoffe (BTX). Eine Kurzübersicht über Anbieter und Verfahren ist in Abbildung 8 dargestellt.

---

12 MURL-NW (Hrsg.) (1987): Hinweise zur Ermittlung und Sanierung von Altlasten. Darstellung und Bewertung von Sanierungsverfahren. – Düsseldorf (LAW).

13 STOLPE, H./H.G. MEINERS (1989): Schadstofftransport im Grundwasser als Kriterium für Sanierungsmaßnahmen von Altablagerungen/Altlasten. – Tagung Sanierung kontaminierter Standorte 1989, Fortbildungszentrum Gesundheits- und Umweltschutz Berlin e.V. (FGU), Berlin, September 1989.

Anbieter	Ort
Bauer Spezial Tiefbau GmbH	Schrobenhausen
Boden- und Deponie-Sanierungs GmbH	Feldkirchen bei München
BWU Büro für Umweltgeologie und Hydrogeologie	Kirchheim / Teck
Filter und Wassertechnik GmbH	Dunningen
GfS Gesellschaft für Sanierungstechnik	Kirchheim / Teck
GMF Gesellschaft für Meß- und Filtertechnik	Karlsruhe
Haase Energietechnik GmbH	Neunmünster
Harreß Geotechnik GmbH	Marburg
Herbst Umwelttechnik	Berlin
Hochtief AG	Essen
Hofstetter GmbH - Energie und Umwelt	Wuppertal
HUT Hannover Umwelttechnik GmbH	Hannover
IBL International Biotechnology	Heidelberg
IEG GmbH Industriebau Engineering	Reutlingen
Interatom GmbH	Bergisch-Gladbach
ITU Ingenieurgemeinschaft technischer Umweltschutz	Berlin
Dipl.-Geol. Dr. Jungbauer	Stuttgart
Lurgi GmbH	Frankfurt
Dr. Pieles Engeneering GmbH	Kiel
Prantner GmbH - Verfahrenstechnik	Reutlingen
Rietzler Labor für Umwelttechnik	Nürnberg
Roediger Anlagenbau GmbH und Co. Abwassertechnik	Hanau/Main
Rühl Umwelttechnik Gmbh	Friedberg/Ockstadt
Ruhrkohle Umwelttechnik GmbH	Essen
Sakosta Ges. für Abfallwirtschaft	München

Bild 8: Anbieter von Bodenluftabsaugung[14]

Wie der Name schon sagt, bezieht sich das Verfahren in erster Linie auf die Bodenluft im wasserungesättigten Bereich der Bodenzone. Allerdings können durch den Vorgang der Bodenluftabsaugung teilweise auch die als Phase im Boden vorhandenen leichtflüchtigen Schadstoffe in die Gasphase überführt und abgesaugt werden. Das gleiche gilt für das Grundwasser, bei dem die Schadstoffe durch das sogenannte Grundwasserstrippen in die Gasphase überführt und ausgetrieben werden können. Die Bodenluftabsaugung und Gasreinigung können somit Bestandteil einer Sanierung aller drei Umweltmedien, d.h. Luft, Boden und Wasser, sein.

14 BMFT (Hrsg.) (1990): Technologieregister zur Sanierung von Altlasten (TERESA).

Die schadlose Beseitigung von Methan ist eine typische Aufgabe bei der Sicherung bzw. Teilsanierung von Altablagerungen. Schwierigkeiten bei der Verbrennung der Methangase entstehen häufig durch zu geringe Gaskonzentrationen, so daß der Verbrennungsvorgang nur sporadisch während relativ kurzer Zeiten in Gang gebracht werden kann. Die Zuleitung von Erdgas, um einen dauerhafteren Verbrennungsprozeß sicherzustellen, sollte allein schon aus Kostengründen nur eine Übergangslösung sein. In den Verdacht, Dioxine zu emittieren, gerät die Methanverbrennung dann, wenn chlorierte Kohlenwasserstoffe das Methangas verunreinigen. Entsprechend gering ist in diesen Fällen die Akzeptanz durch die Bevölkerung. Eine Kombination von Filter- und Verbrennungsanlagen mit Temperaturen von ca. 1200 °C wird als umweltverträgliche Lösung für solche Fälle angeboten. Die schadlose Beseitigung, z.B. von CKW, ist eine typische Aufgabe bei der Sanierung von Altstandorten. Häufig werden CKW-Schäden erst nach dem Abriß von Betriebsgebäuden bemerkt, wenn durch Niederschlagseintrag in den Boden die CKW ins Grundwasser transportiert werden, wo sie sich in der Regel schnell über eine große Fläche verbreiten. Die dann notwendige Boden- und Grundwassersanierung ist eine langwierige und teure Maßnahme.

Die Sanierung von CKW-Schäden geschieht in der Regel mit Hilfe sogenannter Adsorptionstechniken. Das Adsorben, also der Feststoff, an dessen Oberfläche die Adsorption erfolgt, ist meistens Aktivkohle, die im Hinblick auf die abzuscheidende Substanz mit unterschiedlichen Verbindungen imprägniert werden kann. Die Aktivkohle kann nach der Beladung mit Schadstoffen durch Dampf regeneriert werden, so daß die Aktivkohle mehrmals verwendet werden kann. Die Praxis, gasförmig ausgetragene Schadstoffe über einen Ausblasekamin direkt in die Atmosphäre zu „entsorgen", oder die Verwendung sogenannter „Einweg-Aktivkohlefilter" als Abluftreinigungsstufe sind nicht mehr Stand der Technik.[15]

Schwachstellen bei der Bodenluftreinigung ergeben sich in der Praxis dadurch, daß das Adsorptionsverhalten vieler Stoffe, vor allen Dingen auch von Stoffgemischen, nicht bekannt ist. „Schwierigkeiten bei der Adsorption und Regeneration können sich durch irreversible Adsorption, Säurebildung, Adsorptionsverdrängung, hohe Gasfeuchte und

---

15 GOTTSCHLING, R. (1988): Behandlung von Abluft aus der Sanierung von CKW-kontaminierten Standorten – Fallbeispiele. – (o. Fn. 3) Kap. 5.4.4.1.1.

Selbstentzündung ergeben."[16] Ist die Adsorptionskapazität erschöpft, steigt am Ausgang des Aktivkohleadsorbers die Gaskonzentration an; es kommt zum Durchbruch der Gase. Ziel muß es sein, Überschreitungen von Grenzkonzentrationen automatisch zu registrieren und notwendige Maßnahmen wie z.B. die Unterbrechung des Gasstromes oder die Umschaltung auf einen zweiten Adsorber automatisch ohne Zeitverzögerung in Gang zu setzen.

„Die im Desorptionsgas angereicherten Substanzen sind möglichst weitgehend abzutrennen und zu konzentrieren. In manchen Fällen ist eine Aufarbeitung zur weiteren Verwertung möglich und wirtschaftlich. Falls die konzentrierten Substanzen nicht wiederzuverwerten sind, müssen sie ordnungsgemäß beseitigt werden. In der Regel wird eine Verbrennung in einer geeigneten Anlage oder eine entsprechende Deponierung erforderlich sein. Nicht kondensierbare Bestandteile des Desorptionsgases sind zu verbrennen. In Einzelfällen ist eine katalytische Zerstörung von bestimmten Substanzen (...) denkbar."[17]

Sanierungen durch Bodenluftabsaugungen, vor allem unter bebauten Flächen, sind weit verbreitet. Der Sanierungserfolg ist über die zurückgewonnene Menge Schadstoffe relativ gut nachweisbar. Bezogen auf die Schadstoffkonzentration im Boden ist die Sanierung jedoch in der Regel nicht vollständig, wobei der Wirkungsgrad stark von der Bodenbeschaffenheit abhängt.

IV. Schlußfolgerungen

Die eingangs gestellte Frage, warum sich der erwartete Sanierungsboom verzögert, wird mit Mangel an Sanierungserfahrung bei Auftraggebern und -nehmern, einigen unklaren Randbedingungen für die Sanierung sowie den Einsatzgrenzen und Schwachstellen der zur Zeit vorhandenen Sanierungstechniken beantwortet. Hinzu kommen finanzielle Engpässe und juristische Probleme, die hier nicht weiter erläutert werden.

Die vorhandenen Schwachstellen der Sanierungstechniken lassen er-

---

16 DERNBACH, H. (1988): Behandlung von Gasen mit Aktivkohle. – (o. Fn. 3) Kap. 5.4.4.0.4.

17 Oben Fn. 17.

kennen, daß Schadstoffe nicht nur konzentriert oder in umweltfreundliche Stoffe zerlegt werden. Es wird vielmehr befürchtet, daß durch Verdünnungseffekte, Verlagerung von Schadstoffen in andere Medien sowie durch die Entstehung umweltschädigender Stoffe neue, diffuse Belastungen der Umwelt entstehen. Vor diesem Hintergrund sollten für das wichtigste Sanierungsprodukt – den gereinigten Boden – Qualitätsstandards vorgeschrieben werden, etwa im Rahmen einer TA Boden. Damit wäre unter Umständen eine Voraussetzung dafür gegeben, daß nicht über sogenannte bodenverbessernde Zuschlagsstoffe aus der Altlastensanierung eine schleichende langfristige Zerstörung der Böden stattfindet.

Befürchtet wird, daß die thermische Behandlung von Böden und Sanierungsabfällen eine negative Beispielfunktion auch für die heutige industrielle Produktionsweise und deren Abfallbeseitigung hat. Oder anders: Wenn die Sanierungstechniken so gut mit den Schadstoffen fertig werden, warum heute die Entstehung neuer Schadstoffe vermeiden, warum heute also Vorsorge? Die Anlagen sind da; sie müssen wirtschaftlich arbeiten – also wird der Abfall produziert, den die Anlagen brauchen! Eine Alt- und Neulastbehandlung nach diesem Motto ist eine schreckliche Vorstellung – vor deren Hintergrund die zahlreichen Einsprüche besorgter Bürger bei Planfeststellungsverfahren thermischer Anlagen durchaus verständlich sind.

Angesichts möglicher negativer Umweltauswirkungen durch den Einsatz nicht ausgereifter bzw. mit Risiken behafteter Sanierungstechniken erscheint zur Zeit aus der Sicht des Umweltschutzes ein Sanierungsboom nicht wünschenswert. Durch Verteilung der jetzt in Altlasten konzentrierten Schadstoffe auf einen größeren Raum ist in bezug auf die Umweltbelastung nichts gewonnen. Der Sanierungsboom wäre dann nur noch marktstrategisch begründet. Die derzeitige Praxis, Sanierungstechniken überwiegend in Forschungs- und Entwicklungsvorhaben zu erproben und weiterzuentwickeln, ist somit nur zu unterstützen. Bei der Planung und Genehmigung von Altlastenbehandlungsanlagen stellt die UVP ein sinnvolles Instrumentarium dar, weil sie „zu etwas mehr Transparenz und zu notwendigen Modifikationen der technischen Ausgestaltung ... führen.“[18] Die Anwendung von Sanierungsmaßnahmen sollte immer unter externer wissenschaftlicher Begleitung und Kontrolle erfolgen.

---

18 Oben Fn. 13, S. VIII.

Zum Abschluß ein Blick in die Zukunft: Auf der einen Seite werden wir als Überbleibsel der alten Industrieproduktion auch in Zukunft eine Menge Probleme mit umweltgefährdenden Schadstoffen haben. Weil zur Entstehungszeit der Altlasten keine Vor-Sorge betrieben wurde, sind heute und zukünftig große Nach-Sorgen vorhanden, die gelöst werden müssen. Zu diesem Zweck werden Sanierungstechniken soweit entwickelt, daß sie umweltverträglich sind, sowie schadstoff- und standortangepaßt angewendet werden können. Möglicherweise stellen die thermische oder mikrobiologische Behandlung in dieser Reihe typische Nachsorgetechniken dar, die nach Abwägung des Risiko-Nutzen-Verhältnisses für eine begrenzte Zeit akzeptiert werden können.

Zur Zeit ist die Schaffung von Bodensanierungszentren mit einer Kombination mehrerer Behandlungsverfahren und Zwischenlagerkapazitäten bei möglichst umweltverträglichem Betrieb eine sinnvolle Maßnahme gegen bestehende Sanierungsengpässe. Ein Bodenmanagement während der Sanierungsmaßnahmen unter Einbeziehung von Zwischenlagerkapazitäten zum Zweck der Materialminimierung und Wiederverwertung ist bei den Sanierungsengpässen dringend erforderlich.

Auf der anderen Seite der laufenden Industrieproduktion sind derweil deutliche Zeichen gesetzt für die Schaffung sogenannter industrieller Ökosysteme. Solche Systeme nutzen Energie und Material optimal, erzeugen ein Minimum an Abfall, und die Abfallstoffe des einen Produktionsprozesses dienen als Ausgangsstoffe für weitere Produktionsprozesse. Industrielle Ökosysteme würden biologischen Ökosystemen gleichen: „Dort liefern pflanzliche Syntheseprozesse die Nahrung für die Pflanzenfresser, die wiederum den Ausgangspunkt einer Nahrungskette von Fleischfressern bilden; deren Ausscheidungsprodukte und Kadaver ernähren schließlich weitere Pflanzengenerationen.

Auch wenn ein ideales industrielles Ökosystem sich in der Praxis vielleicht niemals erreichen läßt, müssen jedenfalls sowohl Hersteller als auch Verbraucher durch geändertes Verhalten dieses Ideal anstreben“.[19]

---

19 FROSCH, R.A. & GALLOPOULOS, N.E. (1989): Strategien für die Industrieproduktion. – In: Spektrum der Wissenschaft 11/1989, S. 128.

Ralf Kilger/Detlef Grimski

Bodenbehandlungszentren – Konzept und Sachstand

I. Einleitung

Bodenbehandlungszentren[1] sind Dienstleistungseinrichtungen, in denen kontaminierte Böden unterschiedlicher Herkunft gereinigt werden sollen. Dabei sollen möglichst mehrere, sich einander ergänzende Behandlungsverfahren im Verbund zur Anwendung kommen. Der gereinigte Boden soll einer Wiederverwendung zugeführt werden.

Grundsätzlich sind zwei Herkunftsarten von kontaminierten Böden zu unterscheiden:

- belastete Böden als Folge von Unfällen, bei denen wasser- oder gesundheitsgefährdende Stoffe in das Erdreich gelangten;
- belastete Böden aus Altlasten.

Bis in die jüngste Vergangenheit beschränkten sich Sanierungsmaßnahmen bei kleineren Verunreinigungen, insbesondere bei Unfällen, auf die Auskofferung des Bodens und der anschließenden Ablagerung auf Deponien. Bei großflächigen Kontaminationen in Altlasten kamen und kommen höherwertige Sanierungstechniken zur Anwendung, bei denen die Schadstoffe aus den Böden entfernt werden (z.B. Bodenluftabsaugung, Bodenwäsche, mikrobiologische Bodenbehandlung). Die Tatsache, daß in letzter Zeit eine Trendwende eingetreten ist und anstelle einzelfallbezogener Sanierungsmaßnahmen zunehmend Bodensanierungs*zentren* gefordert werden, hat im wesentlichen drei Ursachen:

---

1 KILGER, RALF, „Anlagenpark“ zur Zwischenlagerung und Behandlung kontaminierter Böden – Konzept, in: Handbuch der Altlastensanierung (Hrsg. Franzius, V./R. Stegmann/K. Wolf), 1989, Beitrag 5.4.1.0.2.

- Bei der Bearbeitung von Altlastfällen ist zunehmend die Notwendigkeit deutlich geworden, daß es *das* Sanierungsverfahren nicht gibt und komplexer verunreinigte Böden in Kombination mehrerer Verfahren behandelt werden müssen. Bei Einzelsanierungen verschiebt sich das Kosten/Nutzen-Verhältnis in diesem Fall in einen Bereich, der unter wirtschaftlichen Gesichtspunkten stark mit umweltpolitischen Erfordernissen kollidiert.

- Als Folge der abfallwirtschaftlichen Vermeidungs- und Verwertungsdiskussion ist die Ablagerung kontaminierter Böden im Sinne einer Problemverlagerung bei abnehmenden Deponiekapazitäten zunehmend in Verruf geraten. Im Rahmen der Neuordnung der Abfallwirtschaft wurden gleichzeitig die Möglichkeiten zur Ablagerung aufgrund verschärfter Deponie-Input-Kriterien eingeschränkt (TA Abfall, Teil 1). Unter Berücksichtigung der für die TA Siedungsabfall geplanten Anforderungen ist davon auszugehen, daß die Ablagerung behandelbarer Böden mittelfristig nicht mehr zulässig sein wird.

- Es steigt somit der Bedarf an Entsorgungs- bzw. Zwischenlagermöglichkeiten (Pufferkapazität) von kleinen Mengen enorm an. Böden, die aufgrund akuter Gefahrenabwehr schnell bewegt werden müssen und bei denen eine Einzelbehandlung sowohl aus wirtschaftlichen Gründen, aber auch aus ökologischen Gründen (Energiebilanz) wenig effektiv wäre, bewirken ein zusätzliches Moment in Richtung Bodenbehandlungszentren.

II. Perspektiven

Die Zahl der in den alten Bundesländern seit Anfang der 80er Jahre erfaßten Altlastenverdachtsflächen beträgt 48.377 (Stand Ende 1988).[2] Für das Gebiet der neuen Bundesländer wurden im Rahmen einer kurzfristig flächendeckend durchgeführten Erfassung 28.877 Verdachtsflächen ermittelt (Stand Oktober 1990). Insgesamt beträgt die Anzahl der in der Bundesrepublik Deutschland erfaßten Flächen damit rd. 78.000. Neuere Informationen aus den Bundesländern besagen, daß zum Zeitpunkt Oktober 1991 rund 105.000 Verdachtsflächen erfaßt waren, davon liegen 47.000 in den neuen Ländern. Im Mittel kann eine Erfassungsquote von ca. 60 % angenommen werden, so daß als Schätzung

---

2 Siehe zu den Größenordnungen den Beitrag von HENKEL im Abschnitt ...

von rd. 180.00 Flächen ausgegangen werden kann.[3] Eine Aussage über die davon tatsächlich als Altlasten einzustufenden Flächen ist aufgrund fehlender Ergebnisse über flächendeckend durchgeführte Gefährdungsabschätzungen allerdings nicht möglich. Dennoch kann mit hinreichender Zuverlässigkeit davon ausgegangen werden, daß in Übereinstimmung mit den aus den Ländern gemeldeten Zahlen über erfaßte und prognostizierte Verdachtsflächen eine Häufung in Gebieten mit hoher Industriedichte zu erwarten sein wird. Hinsichtlich der dann festzulegenden Sanierungsprioritäten dürften die folgenden Kriterien von maßgebender Bedeutung sein:

- Ergebnis der Gefährdungsabschätzung im Sinne der Dringlichkeit zur Abwehr akuter Gefährdungen für die menschliche Gesundheit und/oder für die Umwelt;
- strukturpolitisch bedingte Dringlichkeit zur Wiedernutzbarmachung und Ausweisung neuer Industrie- und Gewerbeflächen.

Während das letztgenannte Kriterium aufgrund gewachsener Industriestrukturen in den alten Bundesländern in der Regel nur im Einzelfall prioritätsentscheidende Bedeutung hat, stellt sich die Situation in den neuen Bundesländern gänzlich anders dar: Von bislang erfaßten ca. 47.000 Flächen liegt eine Vielzahl dieser Standorte in historischen Industrieregionen, wo unter heutigen Bedingungen eine Reihe von Betriebsteilen und Betrieben stillgelegt und der überwiegende Teil der Beschäftigten in die Arbeitslosigkeit entlassen werden muß. Fragen des Strukturwandels und der Wiedernutzbarmachung von kontaminierten Flächen zur Ausweisung für die dringend erforderliche Neuansiedlung von Industrie und Gewerbe haben also unter wirtschafts-, sozial- und arbeitsmarktpolitischen Gesichtspunkten eine ganz andere Dimension als in den traditionell krisengeschüttelten Regionen der alten Bundesländer.

Darüber hinaus kann nach bisherigem Kenntnisstand erwartet werden, daß infolge schwerer Versäumnisse der DDR im umweltpolitischen Bereich auch eine Fülle von Standorten, die für eine Industrieneuansiedlung gar nicht in Betracht kommen, aufgrund des Gefährdungspotentials für Mensch und Umwelt dringend sanierungsbedürftig sind. Ökologische Desaster wie die Industrieablagerung „Große Hölle“ bei Zichow und die Teerseen „Terpe“ und „Zerre“ bei Schwarze Pumpe oder der

3 Auch dazu im einzelnen HENKEL, a.a.O.

Teersee „Neue Sorge“ bei Rositz seien nur beispielhaft erwähnt. Vielerorts gefordert wird deshalb für die neuen Länder die Schaffung einer echten, flächendeckenden Infrastruktur für die Sanierung von Altlasten.

III. Planungsaspekte

1. Bedarfsanalyse

Vor der Einleitung konkreter Planungsschritte für die zentrale, stationäre Anlage zur Behandlung kontaminierter Böden in einer Region sind die wesentlichen technischen und wirtschaftlichen Daten als Entscheidungsgrundlage für die Standortfindung und Auslegung des Bodenbehandlungszentrums zu ermitteln. Dazu ist eine Bedarfsanalyse durchzuführen, in der mindestens die folgenden Aspekte berücksichtigt werden sollten:

- Erfassung der zu sanierenden Böden und Schüttgüter nach Art und Menge in einer Region;
- Festlegung des Einzugsbereiches für das Sanierungszentrum;
- Betrachtungen zur Konkurrenzsituation auf dem Entsorgungssektor in der Region;
- Betrachtungen zur rechtlichen Situation;
- Vermarktung des gereinigten Materials;
- Entsorgung der Reststoffe des Zentrums.

2. Rechtliche Anforderungen

Für die Errichtung des Bodenbelastungszentrums sind verschiedene rechtliche Erfordernisse zu berücksichtigen. Notwendig ist grundsätzlich die Durchführung eines Planfeststellungsverfahrens, in dem auch die Öffentlichkeit zu beteiligen ist.

Zum Tragen kommen können immissionsschutz- (BImSchG), gewässerschutz- (WHG) sowie abfallrechtliche (AbfG) Regelungen. Die Genehmigungen für die Zwischenlagerung, für die einzelnen Behandlungsanlagen und für die Beseitigung der anfallenden Reststoffe können dabei als getrennte Teilbereiche betrachtet werden. Zu berücksichtigen sind auch baurechtliche Auflagen und Einleitungsgenehmigungen gemäß abwasserrechtlicher Vorschriften.

Bedacht werden müssen ferner die notwendigen Transportgenehmigungen für die Anlieferung der kontaminierten Böden und die Beseitigung der anfallenden Schadstoffphasen, ggf. in Kombination mit den Gefahrgutverordnungen Straße (GGVS), Eisenbahn (GGVE) und Binnenschiff (GGVBinSch).

Seit 1985 ist die Umweltverträglichkeitsprüfung (UVP) in einer EG-Richtlinie (85/337/EWG) festgeschrieben. Ein deutsches UVP-Gesetz ist 1989 verabschiedet worden, eine Verwaltungsvorschrift zur Ausführung des Gesetzes wird derzeit erarbeitet. In Zukunft wird eine UVP im Rahmen des Planfeststellungsverfahrens zu berücksichtigen sein.

3. Verunreinigungen und Bodenarten

Auf der Grundlage einer durchgeführten Bedarfsanalyse für ein festzulegendes Einzugsgebiet ist mit einer Vielzahl von Bodenkontaminationen zu rechnen. Hierzu gehören bei den organischen Verunreinigungen die Inhaltsstoffe des Steinkohlenteers wie Phenole, Aromaten (Benzol, Toluol, Xylole etc.), polycyclische aromatische Kohlenwasserstoffe (PAK) (sowie Cyanide und Ammoniumsalze), die auf ehemaligen Gaswerksgeländen und Kokereien anzutreffen sind. Auch Mineralöle und Mineralölrückstände einschließlich aromatischer Lösungsmittel (Benzol, Toulol, Xylole etc.) sind vorhanden, die an Produktionsstätten, Destillationsanlagen, Tankanlagen und Abfüllstationen der mineralölverarbeitenden Industrie sowie den Umschlagsplätzen und Altstandorten, bei Tankstellen und bei Unfällen anfallen. Ferner sind spezifische organische Verunreinigungen zu erwarten, die bei verschiedenen Branchen (Lacke und Farben, Pestizide, Kosmetika etc.) der chemischen Industrie und deren Altstandorten anzutreffen sind. Häufig muß auch mit halogenorganischen Verbindungen, insbesondere CKWs (Tri- und Tetrachlorethen, HCH, Chlorbenzole und -phenole, PCB, PCDD/PCDF) gerechnet werden.

Anorganische Verunreinigungen sind vor allem Schwermetalle, die von metallverarbeitenden Betrieben, Metallhütten, Galvanikbetrieben, Gerbereien sowie der Glas- und Keramikindustrie und von ehemaligen Betriebsflächen derartiger Produktionen stammen. Ferner können Ablagerungen schwermetallhaltiger Schlacken angetroffen werden. Auch arsenhaltiges Material fällt an. Freie und komplexgebundene Cyanide sind auf Betriebsflächen der metallverarbeitenden Industrie als Inhaltsstoffe von Galvanikschlämmen und Härtesalzen sowie auf Gaswerkgeländen zu erwarten. Beispielsweise bei Schrottplätzen ist mit schwermetallhaltigen und gleichzeitig organisch belasteten Böden zu rechnen sowie mit Eisen- und Nichteisenmetallen, mit PE- (Polyethylen) und PVC-Schrott (Polyvinylchlorid).

Die genannten Verunreinigungen können in Abhängigkeit vom Anfallort in Böden verschiedener Korngrößenverteilungen auftreten.

4. Zwischenlager

Die angelieferten Böden werden, nach Schadensfall bzw. Schadstoffspektrum und voraussichtlicher Behandlungstechnik getrennt, zwischengelagert. Diese chargenweise Aufbewahrung ist notwendig, da eine Vermischung von Böden mit verschiedenen Verunreinigungen zu Schwierigkeiten bei der Behandlung führen kann und ggf. chemische Reaktionen der Schadstoffe untereinander eintreten könnten.

Das Zwischenlager benötigt gemäß den Anforderungen der TA Abfall, Teil 1, in der Regel eine Untergrundabdichtung und eine Sickerwasserfassung einschließlich -aufbereitung. Emissionen sind zu vermeiden. Daher sollten die kontaminierten Böden abdeckbar sein oder in Hallen gelagert werden, was in der Regel, insbesondere auch aus Arbeitsschutzgründen, eine Abluftreinigung erforderlich macht.

Der Sicherheitsstandard des Zwischenlagers richtet sich nach der Art und dem Grad der Kontaminationen. Die Behandlung von Böden, die hochtoxische und/oder leichtflüchtige Schadstoffe in höheren Konzentrationen enthalten, ist im Einzelfall zu prüfen, da sie besondere Anforderungen an den Transport (notwendige Ausnahmegenehmigungen mit Auflagen), die Zwischenlagerung (hohe Sicherheit verbunden mit hohen Kosten) und den Arbeitsschutz stellen. Ggf. ist eine on-site-Sanierung vorzuziehen.

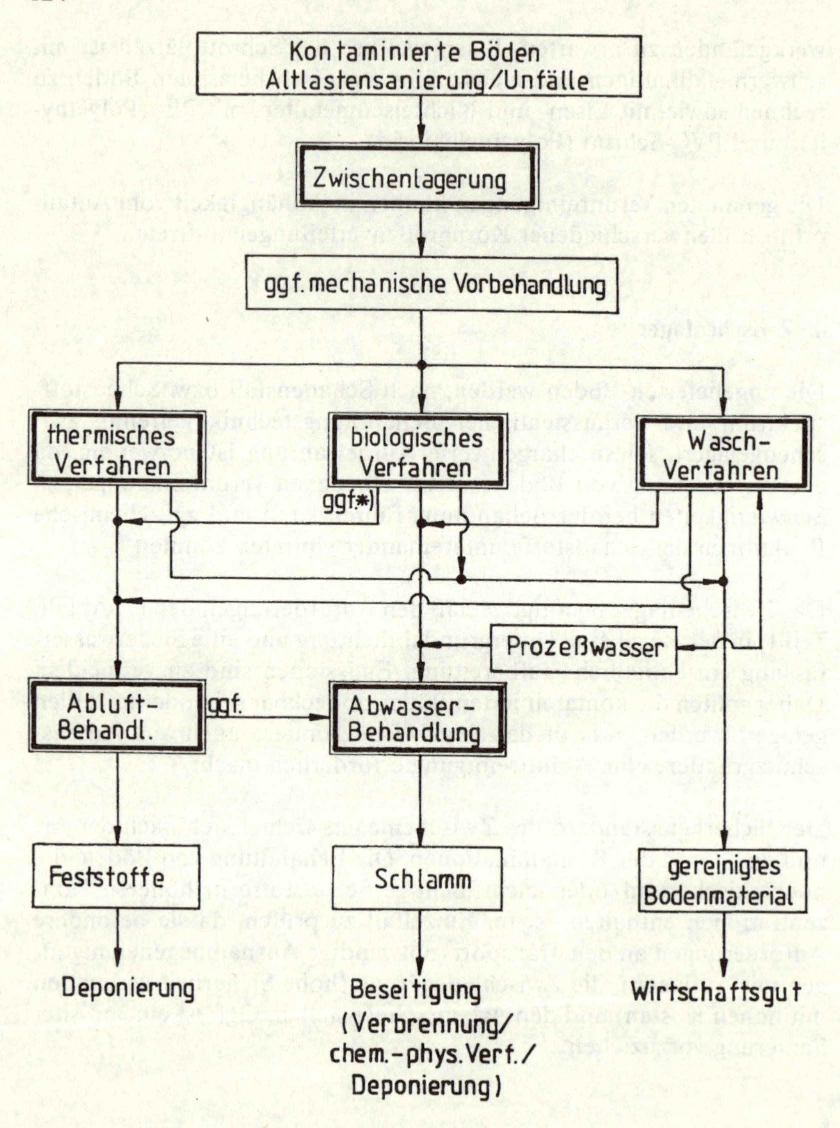

Bild 1: Fließschema für ein Bodenbehandlungszentrum

5. Behandlungsverfahren

Zur Behandlung der verschiedenen Bodenverunreinigungen und -arten wurden in jüngerer Zeit folgende Technologien entwickelt[4, 5]: thermische, mikrobiologische und Waschverfahren.[6]

Bei den thermischen Verfahren werden verschiedene Varianten angeboten, bei denen die Schadstoffe von den Böden in der Hitze (meist in einem Drehrohr) mit oder ohne Luftzufuhr desorbiert werden. Gemeinsam ist allen eine Hochtemperatur-Nachverbrennung der Schadstoffe und ein Abluftreinigungssystem.

Bei der indirekten Beheizung des Drehrohrs werden die Schadstoffe durch einen Schwelvorgang bei Temperaturen bis 650 °C (teils auch über 900 °C) vom Boden desorbiert und pyrolysiert. Verfahren, bei denen das Drehrohr direkt beheizt wird, behandeln den Boden mit der offenen Flamme bei 450 bis 800 °C. Die direkte Beheizung erfolgt auch bei der Hochtemperaturbehandlung, die bei in der Regel 1.200 °C arbeitet.

Anwendbar ist die thermische Technologie vor allem bei organischen Verunreinigungen und Cyaniden in Bodentypen aller Art. Bei sehr hohen Schwermetallgehalten sollte sie allerdings nicht genutzt werden, da Probleme bei der Abluftreinigung auftreten können.

Mikrobiologische Verfahren beruhen auf der Erkenntnis, daß organische Schadstoffe durch Mikroorganismen (Bakterien oder Pilze) abgebaut werden können. Dabei sollen vor allem in der Natur vorkommende Mikroorganismen zur Anwendung kommen. Die Böden werden dabei mit bestimmten Trägersubstanzen aufbereitet, zu Beeten (Mieten) angelegt und mit einem Nährsubstrat bewirtschaftet. Zur besseren Belüftung werden die Beete nach einiger Zeit umgesetzt oder durchgepflügt. Als Abbauzeit muß je nach Verunreinigungsgrad mit zwei oder vier Jahren gerechnet werden, wobei der Abbau hauptsächlich in den Vegetationsperioden erfolgt.

---

4 KILGER, RALF, Verfahren zur Behandlung kontaminierter Böden – Überblick in: Handbuch der Altlastensanierung (Hrsg. Franzius, V./R. Stegmann/K. Wolf), 1989, Beitrag 5.4.1.0.1.

5 FRANZIUS, VOLKER, Möglichkeiten zur Bodensanierung, in: Chemie, Ingenieure, Technik 63 (1991), 348-358.

6 Zur Kritik an den verschiedenen Behandlungsverfahren siehe den Beitrag von MEINERS in diesem Band.

Diese Technologie wurde bisher großtechnisch bei Böden angewandt, die mit einfachen Kohlenwasserstoffen (Mineralölen, aromatischen Lösungsmitteln) belastet sind. Bei PAK befindet man sich derzeit im großtechnischen Versuchsstadium, bei CKW wird der Abbau im Labormaßstab untersucht.

Problematisch kann die Anwendung mikrobiologischer Verfahren bei zusätzlichen Verunreinigungen durch Schwermetalle und Arsen werden. Außerdem dürfen die Schadstoffe, die mikrobiologisch abgebaut werden sollen, nicht in Konzentrationen vorliegen, die auf die Mikroorganismen toxisch wirken. Generelle Zweifel an mikrobiologischen Sanierungsverfahren für kontaminierte Böden werden z.T. in der Literatur geäußert.[7]

Waschverfahren bedienen sich meist einer Trommel, in der die Böden mit Wasser und ggf. mit Zusatzstoffen behandelt werden. Die Schadstoffe werden dabei vom Sandkorn gelöst und gelangen in die Wasserphase.

Behandelt werden können organische und wasserlösliche anorganische Verbindungen. Die Grenzen der Waschverfahren scheinen heute erreicht zu sein, wenn Schwermetalle in elementarer Form makroskopisch vorliegen oder wenn sich organische Verbindungen zu nicht auflösbaren Verklumpungen verharzt haben. Weiterer Forschungsbedarf besteht ferner bei den Bodenteilen, die Korngrößen kleiner 63µm haben, wie beispielsweise Schluff-, Klei- oder Tonböden. Da in dieser Fraktion meist der größte Anteil der Schadstoffe gebunden ist, wird sie vom gereinigten Boden abgetrennt (Klassierung) und gelangt mit den Waschwässern in die Abwasseraufbereitung.

Beachtung verdienen daher Waschverfahren, die die Reinigung durch zusätzliches (oder ausschließliches) Zuführen von physikalischer Energie unterstützen. Durch sie werden die Bindungskräfte zwischen Schadstoff und Bodenpartikel leichter überwunden, was auch die teilweise Behandlung der Schluffe (derzeitig bis 15µm) ermöglicht.

Ein Teil der o.g. angebotenen Anlagen befindet sich noch in der Pilot-

---

7 PÜTTMANN, WILHELM, Kriterien zur Beurteilung von Sanierungsverfahren auf mikrobiologischer Basis, in: Bodenschutz (Hrsg. Rosenkranz, D./G. Einsele/H.-M. Harreß), 1990, Beitrag 6440.

anwendung. Bei den im großtechnischen Maßstab bei konkreten Sanierungen eingesetzten Anlagen zeigt die Erfahrung, daß man im Einzelfall (besondere Boden- und Schadstoffart) schnell auf Anwendungsgrenzen stoßen kann. Bei einigen Anlagen und Verfahren ist zu prüfen, bis zu welchem Grad CKW-haltige Böden saniert werden können. Zur Zeit noch nicht zufriedenstellend behandelbar sind im großtechnischen Maßstab stark schluff-/tonhaltige Böden, die schwermetallkontaminiert sind.

Der große Vorteil eines Behandlungszentrums liegt in der Kombination der Technologien, deren jeweilige Schwächen so kompensiert werden können: Es könnte beispielsweise ein organisch belasteter Boden zunächst einem Waschverfahren unterzogen werden und der dabei anfallende schadstoffbelastete Schluffanteil anschließend mikrobiologisch behandelt werden oder – falls dies nicht geht – einer Verbrennungsanlage zugeführt werden. Die tatsächliche Eignung der jeweiligen Verfahren oder deren Kombinationen muß deshalb in jedem Sanierungsfall zuvor im Labormaßstab geprüft werden. Bei unbekannten Schadstoffkombinationen ist ggf. auch der technische Maßstab notwendig.

Zu bedenken ist, daß die Böden vor den o.g. Behandlungsverfahren häufig einer Vorbehandlung (z.B. Vorsortierung, Zerkleinerung, Homogenisierung, mechanische und naßmechanische Vorbehandlung etc.) unterzogen werden und Abwasser- sowie Abluftreinigungsanlagen vorhanden sein müssen.

6. Gereinigte Böden und Reststoffe

Es fallen das gereinigte (Boden-)Material und je nach Verfahren eine aufkonzentrierte Schadstoffphase an. Die Art beider Stoffströme ist je nach Behandlungsverfahren verschieden:

Bei den thermischen Verfahren ist das gereinigte Produkt ein meist steriles Material, dessen Bodenstrukturen aus bodenkundlicher Sicht (je nach gewählter Behandlungsvariante) weitgehend zerstört sind. Als Abfall fallen die Stoffe aus der Abluftreinigung an. Sie müssen (ggf. mit erforderlicher Nachbehandlung, z.B. Thermik oder Verfestigung) entsorgt werden. Möglicherweise entstehende Abwässer sind einer Abwasseraufbereitung zuzuführen.

Mikrobiologische Verfahren liefern je nach Variante Böden, die wiederverwendet werden können, wenn die Schadstoffe abgebaut sind und sichergestellt ist, daß sich keine schädlichen Abbauprodukte (Metaboliten) angesammelt haben.[8] Als Reststoff kann je nach Wasserhaltung in der Miete überschüssiges Wasser anfallen, in dem Schadstoffe sowie zugesetzte Nährmittel enthalten sein können.

Bei den Waschverfahren ist die Wiederverwendung als Boden vom Reinigungsgrad abhängig. Bei einigen Verfahren wird der Boden durch die Behandlung entsprechend der Korngröße in mehrere Fraktionen getrennt, so daß Böden verschiedener Korngrößenverteilung anfallen. Als Abfall entstehen die Waschwasser, die gereinigt werden müssen. Dabei fallen je nach Bodenverunreinigung organische und/oder schwermetallhaltige Schlämme an.

Die gereinigten Böden bzw. das bodenähnliche Material sollen als Boden oder Füllstoff wiederverwendet werden. Ihr Gebrauch in der Baustoffindustrie ist zu prüfen. Dabei sollten Ergebnisse von Forschungsvorhaben berücksichtigt werden, die die Wiederverwendbarkeit für behandelte Böden untersuchen. In Ausnahmefällen kann auch die Ablagerung auf einer Bodendeponie notwendig und sinnvoll sein.

Bei der Wiederverwendung des gereinigten Materials als sog. Wirtschaftsgut ist anzustreben, daß der Boden beim Verlassen des Behandlungszentrums aus toxikologischer und ökotoxikologischer Sicht unbedenklich ist. Grenzwerte für die Behandlung sollten sich daher für die einzelnen Schadstoffe an den Konzentrationen in unbelasteten Böden orientieren. Nutzungsbezogene Grenzwerte für unbefriedigend gereinigte Böden sind im Bodenbehandlungszentrum nur anwendbar, wenn deren Verbleib auch kontrolliert und für die Zukunft registriert wird. Hierfür wäre allerdings eine Administration erforderlich, die bei jeder einzelnen Charge den Ort der Wiederverwendung neu bestimmen und dann die Umsetzung überprüfen müßte.

Bei der aufkonzentrierten Schadstoffphase fallen bei den verschiedenen Verfahren unterschiedlich stark kontaminierte Schadstoffgemische an, die in der Regel entsprechend den Anforderungen der TA Abfall, Teil 1, entsorgt werden müssen. So können organisch belastete Sonderabfälle durch Verbrennung oder chemisch-physikalische Verfahren behandelt werden. Schwermetalle und Filterstäube dürfen nach einer

---

8 PÜTTMANN, WILHELM, a.a.O.

möglichen Fixierung (z.B. Verfestigung) nur abgelagert werden, wenn die Anforderungen der TA Abfall, Teil 1, eingehalten werden. Für die Ablagerung gilt das gleiche Regelwerk. Die Kontrollierbarkeit der Ablagerungen muß gewährleistet sein; sie müssen rückholbar sein. Allerdings ist daraufhinzuweisen, daß die Anforderungen in der Praxis häufig noch nicht eingehalten werden.[9]

Das Projekt ist nur durchführbar, wenn die Abnahme und Entsorgung beider Stoffströme gesichert ist.

7. Platzbedarf und Standort

Die genaue Auslegung richtet sich nach den Ergebnissen der Bedarfsanalyse (siehe Kap. III.1, S.121). Die Anlagen benötigen bei den thermischen und Waschverfahren einen Platz von jeweils bis zu 2.000 m^2. Bei mikrobiologischen Verfahren rechnet man als Platzbedarf einen Quadratmeter Fläche pro Kubikmeter Boden. Bewährt scheinen sich überdachte Mieten zu haben, da eine konstante Temperatur besser zu halten ist, Luftemissionen kontrollierbar sind und Niederschläge ferngehalten werden können.

Die notwendige Flächengröße für eine Zwischenlagerung ist vor allem von der Menge der zu behandelnden Böden abhängig. Auch die Art der Lagerung (Lagerhöhe) sowie sicherheitstechnische Anforderungen (z.B. Begehbarkeit) sind zu berücksichtigen, weiterhin Flächen für Übergangsbereiche (Anlieferungs-, Kipp-, Transportflächen). Miteinbezogen werden muß ferner eine Fläche für das behandelte (Boden-) Material.

Bei der Wahl des Standortes sollte generell geprüft werden, ob sich ggf. ehemalige Werft-, Industrie-, Gaswerks- oder Raffineriegelände eignen, die möglicherweise bereits eine vorhandene Infrastruktur bieten: Strom, Kanalisation oder Vorflut (in die die gereinigten Abwässer eingeleitet werden können), Straßen- und Gleisanschluß sowie Hallen und Kräne. Der Standort muß hochwassergeschützt sein.

---

9 HAHN, JÜRGEN, Anforderungen an Abfallbehandlung an an Abfallagerung aus der Sicht der Wasserwirtschaft, Institut für wassergefährende Stoffe (IWS-) Schriftenreihe Bd. 2, 1987, 27-73.

IV. Sachstand

Der Trend zur Errichtung von Bodensanierungszentren hat in den letzten Jahren stark zugenommen.

Aus der Übersicht ist erkennbar, daß in der Bundesrepublik Deutschland derzeit die Planung oder der Bau bzw. Betrieb von mindestens 34 Zentren vorgesehen ist. Bei den 14 realisierten bzw. in Bau befindlichen Zentren fällt auf, daß überwiegend nur jeweils eine Verfahrenstechnik zur Anwendung kommt. Teilweise ist die Errichtung weiterer Ausbaustufen angekündigt worden. Auch aus den neuen Bundesländern wird bereits von Ansätzen für mehrere Bodensanierungszentren berichtet. Aufgrund des erheblichen Altlastenanteils ist mit weiteren Planungen zu rechnen.

1. Realisierte und im Bau befindliche Bodensanierungszentren

Die Firma Biodetox Gesellschaft zur biologischen Schadstoffentsorgung betreibt seit 1988 das Biologische Entsorgungs-Zentrum Ahnsen (BEZ) bei Bückeburg[10]. Zur Behandlung von verunreinigten Böden sind dort vier Biobeete (je 500 m³) eingerichtet worden.

Zur Zeit werden vorwiegend mineralölverunreinigte Böden zur Behandlung angenommen. Die Firma hat einen jährlichen Durchsatz von ca. 3.500 bis 4.000 m³ Boden errechnet. Die Grundpreise betragen derzeitig ca. 250 DM/t. Weitere Kostenzuschläge orientieren sich an der jeweiligen Schadstoffkonzentration und an der Wasserdurchlässigkeit der Böden (jeweils bis 75 DM/t bzw. 35 DM/t). Ferner fallen Kosten für vorausgehende Analysen, ggf. auch für Abbauversuche, an.

Seitens der überwachenden Behörden werden für eine freizügige Verbringung der sanierten Böden Kohlenwasserstoff-Restgehalte von 500 mg/kg und -Eluatwerte von 0,1 mg/l diskutiert. Die aufbereiteten Böden können je nach Struktur und Eignung für Verfüll- und Rekultivierungsmaßnahmen oder im Tief- und Straßenbau eingesetzt werden.

---

10 SCHÜSSLER, HORST/HEIN KROOS, Biologische Reinigung schadstoffbelasteter Böden in regionalen Entsorgungszentren am Beispiel BEZ-Ahnsen in: Abfallwirtschaft in Forschung und Praxis Bd. 33 („Sanierung kontaminierter Standorte 1989“, Hrsg. Franzius, V.), 1990, 323-337.

	Standort	Stand		Verfahrensstränge			Betreiber
		realisert/im Bau	geplant	thermisch	chemisch/ physikalisch	biologisch	
1	Ahnsen/Bückeburg	x				x	Biodetox
2	Bremen	x				x	Umweltschutz Nord
3	Ganderkesee/Bremen	x				x	Umweltschutz Nord
4	Northeim/Göttingen	x				x	Umweltschutz Mitte
5	Berlin-Köpenick	x				x	Umweltschutz Ost
6	Langhagen	x				x	Umweltschutz Nord
7	Lüneburg	x				x	GRT
8	Balje Hörne	x				x	GRT
9	Hamburg-Peute	x			x	(x)	Terracon
10	Lägerdorf/Itzehoe	x			x		AB-Umwelttechnik
11	Hamburg-Veddel	x			x	(x)	NORDAC
12	Münster	x				x	ARGE Bodensanierung
13	Berlin-Neukölln	x			x		Harbauer
14	Berlin-Tiergarten	x		x			BORAN
15	Hamburg-Waltershof		x			x	Umweltschutz Nord
16	Bochum		x	x	(x)	(x)	BSR
17	Hattingen		x		x	x	Thyssen Engineer u. a.
18	Frankfurt-Osthafen		x		x	x	BRZ Hessen
19	Hamburg-Billbrook		x		x	x	BRZ Hamburg
20	Großkreuz		x		x	x	Hafemeister/Hochtief
21	Bischofswerda		x	x	x	x	Züblin u. a.
22	Hildesheim		x	x	x	x	Züblin u. a.
23	Brake/Unterweser		x	x	x	x	Züblin u. a.
24	Hille/Minden		x	x	x	x	Züblin u. a.
25	Ludwigsburg		x		x		Klöckner/Züblin
26	Neunkirchen		x	x	x	x	Saarberg Oekotechnik
27	Schwarze Pumpe		x	x	x	x	RUT u. a.
28	Morbach		x			x	Umweltschutz Nord
29	Gladbeck		x			x	Umweltschutz Nord
30	Velten		x		x	x	
31	Dresden		x		x	x	
32	Gröbern/Meißen		x		x	x	
33	Zeesen		x		x		
34	Duisburg		x				

Übersicht 1: Realisierte und geplante bzw. im Bau befindliche Bodenreinigungszentren

1989 wurden im Biologischen Entsorgungszentrum Ahnsen zwei der vier Biobeete durch eine Halle überbaut, in der auch eine Anlage zur Behandlung von Ölabscheider- und Sandfangrückständen integriert ist. Zu einem späteren Zeitpunkt ist die Errichtung von Anlagen zur Aufbereitung von Industrieabwässern sowie zur Innenreinigung von Mehrprodukten-Tanklastzügen vorgesehen, soweit die Inhaltsstoffe in diesen Abwässern und Waschwässern biologisch aufzubereiten sind.

Für das gesamte Entsorgungszentrum wurde innerhalb von zehn Monaten ein Planfeststellungsverfahren nach § 7 Abs. 1 AbfG durchgeführt.

Die Firmengruppe Umweltschutz Nord[11] betreibt derzeit fünf mikrobiologische Bodensanierungszentren in Bremen (25.000 t/a), Ganderkesee bei Bremen (6.000 t/a), Northeim bei Göttingen (6.500 t/a), Berlin-Köpenick (derzeit 6.500 t/a, angestrebt sind 40.000 t/a) und in Langhagen, Mecklenburg-Vorpommern (40.000 t/a). Eine weitere Anlage sollte Anfang 1992 in Hamburg-Waltershof (25.000 t/a) annahmebereit gewesen sein.

Darüber hinaus ist die Firma Umweltschutz Nord als Gesellschafterin der Firma GRT (Gesellschaft für Recyclingtechnik) an zwei weiteren Bodensanierungszentren in Lüneburg und Balje Hörne (jeweils 3.500 t/a) beteiligt.

Zur Anwendung kommt jeweils ein firmeneigenes mikrobiologisches Mietenverfahren, das insbesondere zur Behandlung von Kohlenwasserstoff-kontaminierten Böden gebraucht wird. Als Sanierungszielwerte werden die A/B-Werte der Holland-Liste angestrebt.

Seit 1989 betreibt die Arbeitsgemeinschaft Terracon (Firmen Wayss & Freitag und Eggers) in Hamburg-Peute eine Bodenwaschanlage zur extraktiven Behandlung von kohlenwasserstoffhaltigen Böden. Das Verfahrensprinzip basiert auf einem Trommelmischer unter Zugabe waschaktiver Substanzen (Suspension aus Tensiden und Wasser). Die Leistung beträgt maximal 20 t/h.

---

11 HENKE, G.A./KURT LISSNER, Mikrobiologische Sanierung kontaminierter Böden in Bodenbehandlungszentren, in: Abfallwirtschaft in Forschung und Praxis Bd. 33 („Sanierung kontaminierter Standorte 1989“, Hrsg. Franzius, V.), 1990, 339-347.

Im November 1991 wurden 150 t/d behandelt. Als Sanierungszielwerte werden die A-Werte der Holland-Liste angestrebt. Es ist beabsichtigt, in einer weiteren Ausbaustufe die Anlage um einen biologischen Behandlungsstrang zu erweitern. Diesbezüglich wurde die Planfeststellung nach § 7 Abs. 1 AbfG beantragt. Die Kosten für die Behandlung in der Terracon-Anlage betragen ca. 250 bis 300 DM/t.

Die Firma AB Umwelttechnik, ein Tochterunternehmen der Alsen-Breitenburg Zement- und Kalkwerte, betreibt in Lägerdorf bei Itzehoe (Schleswig-Holstein) seit Anfang 1990 eine semimobile Bodenwaschanlage, die zur Sanierung von Großprojekten über 20.000 t Bodenmaterial eingesetzt wird. Der Stammsitz Lägerdorf verfügt über eine Zwischenlagerhalle (7.000 t) für kontaminierte Böden und ab 1992 über eine weitere stationäre Großanlage (Jahreskapazität ca. 100.000 t).

Beide Anlagen sind verfahrenstechnisch weitgehend identisch und eignen sich zur Sanierung von Mineralöl-, PAK-, CKW- und Schwermetallschäden. Das Waschverfahren wird durch Dichtetrennstufen und Kornfraktionierungen ergänzt. Der Boden wird in schadstoffhaltigen Feinstoffilterkuchen und als Baustoff verwertbare Sande, Kiese und Schotter separiert. Tonmineralische ölhaltige Filterkuchen können in den Drehrohröfen des Zementwerks entsorgt werden. Die stationäre Anlage wird nach §§ 4, 10 BImSchG i.V.m. Ziffer 8.7, Spalte 1, des Anhanges der 4. BImSchV und § 7 Abs. 2 AbfG genehmigt.

In Hamburg-Veddel hat die Firma NORDAC (Norddeutsches Altlastensanierungs-Centrum) zum Jahresbeginn 1991 eine stationäre Hochdruckwaschanlage (System Klöckner Oecotex) mit einem Durchsatz von 100.000 t/a (45 t/h bzw. 1.000 t/d) und ein Zwischenlager für ca. 10.000 t Boden in Betrieb genommen. Es ist damit die erste planfestgestellte (§ 7 Abs. 1 AbfG) stationäre Bodenwaschanlage Deutschlands. Mittlerweile wurden ca. 35.000 t Boden (etwa 170 Einzelchargen) erfolgreich behandelt. Die Erweiterung mit anderen Bodenbehandlungstechnologien (Vorsortierung und Mikrobiologie) ist vorgesehen.

Die Arbeitsgemeinschaft Bodensanierungsanlage Münster (Firmen Josef Oevermann GmbH und Phillip Holzmann) betreibt seit November 1991 eine zentrale biologische Sanierungsanlage in der Stadt Münster. Das zur Anwendung kommende Mietenverfahren mit drei Behandlungsfeldern ist für eine Kapazität von 10.000 t/a ausgelegt. In der ersten Phase sollen in der Anlage aufgrund einer vertraglichen Vereinbarung zwischen der Arbeitsgemeinschaft und der Stadt Münster zunächst PCB-belastete Böden aus der Altlast „Gorenkamp in Münster-Hiltrup“ behandelt werden. Für den Reinigungsprozeß der PCB-kontaminierten Böden sollen spezielle Mikroorganismen aus einem gereinigten Kläranlagenablauf verrieselt werden.

Generell wird angestrebt, die Böden bis zum Erreichen der im Richtlinienentwurf des Landes Nordrhein-Westfalen „Untersuchung und Beurteilung von Abfällen“ für die Deponieklasse II vorgegebenen Werte zu reinigen. Die Kosten werden, je nach Behandlungsdauer, mit 150 bis 500 DM/t angegeben.

Die Firma Harbauer hat Anfang 1992 eine bereits nach § 7 Abs. 2 AbfG genehmigte Bodenwaschanlage auf dem Pintsch-Gelände in Berlin-Neukölln in Betrieb genommen. Das zum Einsatz kommende Naßextraktionsverfahren, bei dem der Energieeintrag über eine Vibrationsschnecke erfolgt, wurde bereits im Zuge der Sanierung des Pintsch-Geländes erfolgreich angewandt. Die Jahreskapazität der Anlage wird ca. 100.000 t/a betragen.

Die Firma BORAN errichtet derzeit auf der Grundlage einer Genehmigung nach BImSchG auf einer Fläche von ca. 3.000 m^2 im Berliner Westhafen eine Anlage zur thermischen Behandlung kontaminierter Böden und schlammiger Rückstände aus Bodenwaschanlagen. Die Bodenreinigung soll oberhalb von 800 °C in einer rotierenden Wirbelschicht erfolgen. Die Inbetriebnahme der Anlage ist für Mitte 1992 vorgesehen. Die Kapazität soll ca. 10 t/h betragen. Als voraussichtliche Behandlungskosten werden im Mittel 400 DM/t angegeben.

2. Geplante Bodensanierungszentren

Während die bereits in Betrieb gegangenen Bodenbehandlungszentren oft nur eine – meist biologische – Behandlungsstufe aufweisen, ist bei den geplanten Zentren ein deutlicher Schritt in Richtung auf eine integrierte Verfahrenskette erkennbar. Aus der Tabelle geht eine eindeutige Präferenz für die Verfahrenskombination Bodenwäsche/mikrobiologische Behandlung hervor, was auch an den genehmigungsrechtlichen Schwierigkeiten für thermische Anlagen liegen dürfte.

Zu den in der Tabelle als geplant ausgewiesenen Standorten ist grundsätzlich zu vermerken, daß sich viele noch im Stadium der frühen Planung befinden und teilweise nicht einmal die Entscheidung über das letztendlich zum Einsatz kommende Verfahren gefallen ist. Im folgenden soll deshalb nur auf die Zentren eingegangen werden, für die bereits eine Plangenehmigung oder Planfeststellung beantragt wurde bzw. bei denen konkrete, zielgerichtete Planungsschritte eingeleitet wurden.

Bereits seit 1987 beabsichtigt die BSR – Bodensanierung und Recycling GmbH – ein Bodenbehandlungszentrum Bochum zu errichten[12, 13]. Auf einer Gesamtfläche von 8 ha sollen ein Zwischenlager (für ca. 12.500 m^3 Boden) und – in der ersten Ausbaustufe des Zentrums – eine thermische Behandlungsanlage mit einem maximalen Durchsatz von ca. 150.000 t/a installiert werden. In weiteren Schritten sollen eine Bodenwaschanlage und eine biologische Bodenreinigungsanlage folgen. Die Gesamtkapazität des Zentrums soll im Endausbau ca. 250.000 t/a betragen.

Die thermische Anlage soll in Bochum von der Ruhrkohle Umwelttechnik (RUT) errichtet und betrieben werden. Sie umfaßt den thermischen Teil der niederländischen Firma Ecotechnik und einen neu konzipierten Abgasreinigungsteil. Das seit 1987 laufende Planfeststellungsverfahren (§ 7 Abs. 1 AbfG) wurde 1989 nach dem Erörterungstermin abgebrochen, dem Unterschriftensammlungen und Einzeleinwendungen vorausgegangen waren.[14]

Seit 1989 läuft ein Planfeststellungsverfahren zur Errichtung eines Bodensanierungszentrums in Hattingen (Nordrhein-Westfalen). Das Konzept dieses von einer Planungsgemeinschaft (Firmen Thyssen Engineering, Heitkamp Umwelttechnik, Phillip Holzmann und Harbauer) beabsichtigten Entsorgungszentrums sieht eine zweistufige Verfahrenskombination mittels chemisch/physikalischer Behandlung (Harbauer) und biologischer Behandlung (Heitkamp) vor. Die Anlage soll für eine Jahreskapazität von ca. 100.000 t/a ausgelegt werden.

---

12 EBEL, WOLFGANG, Einrichtung und Betrieb von Bodenbehandlungszentren, in: Altlasten (Hrsg. Thomé-Kozmiensky, K.J.) Bd. 2, 1988, 633-646.

13 FORTMANN, JÜRGEN/HARALD KRAPOTH/WOLFGANG EBEL, Thermische Bodenreinigung: Bodensanierungszentrum Bochum, in: Altlasten (Hrsg. Thomé-Kozmiensky, K.J.) Bd. 2, 1988, 857-874.

14 Abfallwirtschaft in Forschung und Praxis Bd. 33 („Sanierung kontaminierter Standorte 1989", Hrsg. Franzius, V.), 1990. Erfahrungen in der Durchführung von Genehmigungsverfahren für Bodenbehandlungsanlagen in Nordrhein-Westfalen aus der Sicht der Genehmigungsbehörde (Beitrag von ANEMÜLLER, 11., 385-396) und der EinwenderInnen (Beitrag von KALUSCH, OLIVER, 397-405).

1989 wurde das Bodenreinigungszentrum Hessen (BRZ-H) gegründet. Am Standort Frankfurt-Osthafen sollen voraussichtlich ab 1993 ein mikrobiologisches (Umweltschutz Nord) und ein Waschverfahren (Harbauer) zum Einsatz kommen. Eingeleitet wurde ein Raumordnungsverfahren mit integrierter Umweltverträglichkeitsprüfung. Das Planfeststellungsverfahren beginnt in Kürze. Als in situ-Technik steht das Hochdruckwaschverfahren der Firma Holzmann zur Verfügung. Für die bei den Waschverfahren anfallenden organischen Belastungen ist eine mikrobiologische Aufbereitung vorgesehen.

Die Firma Bodenreinigungszentrum Hamburg (Holzmann Umwelttechnik, Dörner, Kupcik Umwelttechnik und Umweltschutz Nord) plant in Hamburg-Billbrook die Errichtung eines Bodensanierungszentrums, bei dem eine Kombination aus einem chemisch/physikalischen (System ASRA der Firma Kupcik Umwelttechnik) und einem biologischen Behandlungsstrang (Umweltschutz Nord) zur Anwendung kommen soll. Eine Zulassung zum vorzeitigen Beginn nach § 7a AbfG liegt vor. Die Erteilung der Plangenehmigung nach § 7 Abs. 2 AbfG sollte Anfang 1992 erfolgen. Die Anlage wird für eine Kapazität von ca. 100.000 t/a im wesentlichen zur Behandlung kontaminierter Böden und Baggergut ausgelegt und soll 1993 betriebsbereit sein.

Ein weiteres Bodensanierungszentrum ist am Standort Großkreuz in Brandenburg Gegenstand konkreter Planungen. Die Firmen Hafemeister und Hochtief beabsichtigen die Errichtung eines Bodenbehandlungszentrums mit einer chemisch/physikalischen Reinigungsstufe (Hafemeister) und einer biologischen Reinigungsstufe (Hochtief). Die Planfeststellung nach § 7 Abs. 1 AbfG wurde beantragt.

Entgegen dem gegenwärtigen Planungsstand soll die in der ersten Ausbaustufe auf eine Kapazität von 10 m^3/h (Bodenwäsche im Zwei-Schicht-Betrieb) bzw. 8.000 m^3/a (Biologie) ausgelegte Anlage mit dem biologischen Behandlungsstrang im Spätsommer 1992 und mit den chemisch/physikalischen Behandlungsstrang im Frühjahr 1993 den Betrieb aufnehmen.

Die Firma Züblin ist an der Planung von insgesamt fünf Bodensanierungszentren beteiligt: Am Standort Bischofswerda in Sachsen ist von den Firmen Energieversorgung Schwaben, Züblin und Walter Bau die Errichtung eines Bodensanierungszentrums, bestehend aus einer thermischen, einer chemisch/physikalischen und einer biologischen Reinigungsstufe beabsichtigt. Derzeit wird eine Umweltverträglichkeitsprüfung durchgeführt. Die Planfeststellung nach § 7 Abs. 1 AbfG sollte Ende 1991 beantragt werden. Das gesamte Zentrum ist auf eine Jahreskapazität von 120.000 t/a ausgelegt. Dioxinkontaminierte Böden sollen nur in eingeschränktem Maße behandelt werden.

Zentren gleicher Konzeption werden von der Firma Züblin noch an den Standorten Hildesheim, Brake/Unterweser und Hille bei Minden geplant.

Darüber hinaus beabsichtigt Züblin gemeinsam mit Klöckner Oecotec am Standort Ludwigsburg bei Stuttgart die Errichtung einer zentralen Bodenwaschanlage, die der Konzeption der NORDAC-Anlage in Hamburg entspricht. Die Planfeststellung dieser auf eine Kapazität von ca. 100.000 t/a ausgelegten Anlage soll im Frühjahr 1992 beantragt werden.

Die Firma Saarberg Oekotechnik erarbeitet derzeit im Rahmen einer Interessengemeinschaft mit den Firmen Dr. H. Marx, Koch und Peter Gross die Planfeststellungsunterlagen für eine Bodensanierungsanlage, in der belastete Böden aus saarländischen Montanstandorten behandelt werden sollen. Als Reinigungsstufen sind eine thermische Reinigungsstufe (System MAN GHH) eine biologische Reinigungsstufe (System SOTEC) und eine naßmechanische Reinigungsstufe (Thyssen Engineering) vorgesehen.

Umfangreiche Vorarbeiten sind derzeit auch zur Planung eines dreistufigen Bodensanierungszentrums am Standort Schwarze Pumpe an der Landesgrenze Brandenburg/Sachsen im Gange. In einer ersten Ausbaustufe dieses Zentrums soll die auch am Standort Bochum vorgesehene Thermische Bodenbehandlungsanlage der Ruhrkohle Umwelttechnik realisiert werden.

Die Firma Umweltschutz Nord plant den Bau weiterer mikrobiologischer Behandlungszentren in Morbach (Rheinland-Pfalz), Gladbeck (Nordrhein-Westfalen) und Stuttgart.

3. Beobachtungen

Mit der Errichtung weiterer Behandlungszentren ist zu rechnen. Um das unternehmerische Risiko und die Dauer der Genehmigungsverfahren zu minimieren, werden dabei in einzelnen Fällen die Behandlungstechnologien nacheinander installiert. Begonnen wird meist mit den mikrobiologischen Verfahren oder Waschverfahren, die bei der Bevölkerung auf eine größere Akzeptanz stoßen als eine thermische Anlage. Die Gesamtbeurteilung eines Behandlungszentrums, die beispielsweise im Sinne einer Umweltverträglichkeitsprüfung (UVP) vorweg geschehen sollte, wird durch dieses schrittweise Vorgehen erheblich erschwert.

In der Praxis werden zum Teil im Vorwege der eigentlichen Genehmigung auch Einzelfallgenehmigungen nach § 4 Abs. 2 AbfG (widerrufliche Ausnahme, wenn das Wohl der Allgemeinheit nicht beeinträchtigt wird) oder Zulassungen des vorzeitigen Beginns nach § 7a AbfG (wenn mit positivem Bescheid gerechnet werden kann und am vorzeitigen Beginn ein öffentliches Interesse besteht) erteilt.

Die Annahme von regelmäßig anfallenden Stoffen wie Ölabscheiderrückständen, Industrieabwässern, Kompost oder Bauschutt ist mancherorts zu beobachten. Tendenziell scheinen dort eher Sonderabfallentsorgungs- bzw. Recyclingzentren zu entstehen, in denen neben anderen kontaminierten Materialien auch belastete Böden behandelt werden.

Einerseits ist eine zentrale Annahme von zu behandelnden Kleinstmengen zu befürworten, da so am ehesten eine umweltgerechte Behandlung gewährleistet werden kann. Dies gilt beispielsweise für Abwässer aus kleinen Gewerbebetrieben, die keine aufwendige Aufbereitung ermöglichen können, oder für Ölrückstände, die immer anfallen werden, auch bei konsequenter Abfallvermeidung.

Andererseits muß damit gerechnet werden, daß große Sonderabfallbehandlungszentren bei den Anliegern auf Ablehnung stoßen. Vor einer örtlichen Überfrachtung der Bodenbehandlungsanlagen mit anderen Technologien ist daher zu warnen, dies kann dem Vorankommen der allgemein akzeptierten Altlastensanierung schaden.

Gleiches zeigt sich übrigens auch bei der Errichtung von Hochtemperaturverbrennungsanlagen: Ihre Notwendigkeit bei der Beseitigung hochtoxischer Stoffe aus Altlasten wird von den Bürgern weitgehend eingesehen. Vielfach nicht akzeptiert wird allerdings die gleichzeitige Verbrennung von Gewerbeabfällen, die teils durch Umstellung der Produktionsverfahren, teils durch Abfallminimierung vermieden oder zumindest vermindert werden könnte.

Gereinigte Böden zeigen bisher in der Regel nicht die Reinigungserfolgte, die eine uneingeschränkte Wiederverwendbarkeit zulassen (vgl. Kap. III.6, S.127). Sofern keine Bedenken aus Sicht des Grundwasserschutzes bestehen, gehört es daher zur Praxis, restbelastete Böden im Rahmen von Deponieoberflächenabdecksystemen als Ausgleichsschicht unter der Abdichtung zu verwenden, sie als Verfüllboden zu gebrauchen oder (doch wieder) auf eine Bodendeponie zu bringen.

Haftung und Finanzierung

Michael J. Henkel

Bebauung von Altlasten und Amtshaftung

I. Problemstellung

In der Vergangenheit sind vielerorts stillgelegte Mülldeponien und ehemalige Betriebsstandorte einer neuen Nutzung zugeführt worden. Allein in Nordrhein-Westfalen, dies ergab eine Anfrage im Landtag[1], werden gegenwärtig rund 1.400 ehemalige Deponien und kontaminierte Betriebsstandorte baulich genutzt. Wie hoch die Zahl der überbauten Altlastenflächen in der Bundesrepublik Deutschland insgesamt ist, läßt sich nicht sagen, da genaue Angaben hierüber fehlen. Nicht jede bebaute Altlast bedeutet indes eine unmittelbare Gefährdung für ihre Bewohner. Auch löst nicht jede fehlerhafte Planung einen Anspruch auf Entschädigung aus. Anhand der jüngsten Rechtsprechung des Bundesgerichtshofs soll im folgenden untersucht werden, unter welchen Voraussetzungen ein Anspruch auf Entschädigung gegeben ist, von welchem Personenkreis derartige Ansprüche geltend gemacht werden können und welche Schäden, Nachteile und Beeinträchtigungen im Einzelfall ersatzpflichtig ist.

II. Voraussetzungen des Amtshaftungsanspruchs

Gemäß § 839 BGB i.V.m. Art. 34 GG haftet der Staat, d.h. diejenige Körperschaft, in deren Auftrag der Amtsträger tätig geworden ist, für Schäden, die ein Amtsträger in Ausübung seines Amtes schuldhaft verursacht hat.

---

1 Vgl. Landtags- Drucksache NW 10/2887 vom 12.02.1988: Wohngebiete auf Altlasten.

1. Amtspflichtverletzung durch Ratsmitglieder

Ein Anspruch auf Entschädigung setzt zunächst die Verletzung einer Amtspflicht durch einen Amtsträger voraus. Daß Ratsmitglieder (Gemeindevertreter) bei der Aufstellung von Bebauungsplänen Amtsträger im haftungsrechtlichen Sinne sind und folglich Amtspflichten verletzen können, hat der Bundesgerichtshof in der Vergangenheit mehrfach entschieden.[2] Auch von der juristischen Literatur wird dies inzwischen kaum noch bestritten.[3] Mitglieder von Gemeinderäten handeln danach pflichtwidrig, wenn sie einen Bebauungsplan aufstellen, der den im Bauplanungsrecht enthaltenen Anforderungen an gesunde Wohn- und Arbeitsverhältnisse (vgl. § 1 Abs. 6 Satz 2, 1. Spiegelstrich BBauG 1976 = § 1 Abs. 5 Satz 2 Nr. 1 BauGB) nicht gerecht wird. Die Pflichtwidrigkeit kann vor allem darin bestehen, daß vorhandene Schadstoffbelastungen im Boden nicht erkannt und deshalb nicht bei der planerischen Abwägung berücksichtigt wurden.

Die planende Stelle hat daher bei der Zusammenstellung des Abwägungsmaterials zu prüfen, ob im Plangebiet oder in dessen unmittelbarer Umgebung mit Bodenverunreinigungen zu rechnen ist, die sich auf die beabsichtigte Nutzung des Geländes auswirken können. Ob eine derartige Ermittlungspflicht in jedem Fall – also auch ohne einen konkreten Anfangsverdacht – besteht, beantwortet der Bundesgerichtshof dahingehend, daß die Gemeinde zumindest nicht verpflichtet ist, gleichsam „ins Blaue hinein“ zu prüfen, ob der Baugrund Altlasten enthält. Andererseits dürften vorliegende Erkenntnisse aus anderen Ämtern und Verwaltungen nicht einfach ignoriert werden. Und selbst wenn die Gemeinde im Rahmen der Beteiligung der Träger öffentlicher Belange keine Hinweise auf mögliche Bodenbelastungen erhält, befreit

---

2 Grundlegend dazu Bundesgerichtshof (BGH), Urt. v. 26. Januar 1989 – III ZR 194.87 (Bielefeld-Brake-Urteil) – in: Neue Juristische Wochenschrift (NJW) 1989, 976 ff. (978).

3 Statt vieler vgl. nur BIELFELDT, Rechtliche Probleme der Bebauung von Altlasten – Amtshaftung der Gemeinden? in: Die öffentliche Verwaltung (DÖV) 1989, 67 (68), HENKEL, Altlasten als Rechtsproblem, Berlin 1987, 164 ff. Zur Gesamtproblematik eingehend: BOUJOUNG, Schadensersatz- und Entschädigungsansprüche wegen fehlerhafter Bauleitplanung und rechtswidriger Bauverwaltungsakte nach der Rechtsprechung des Bundesgerichtshofes, in: Wirtschaft und Verwaltung (WuV) 1991, 59 ff.

sie dies nicht davon, u.U. selbst Informationen über die Bodenbeschaffenheit des Plangebiets einzuholen.[4]

Zur Frage, mit welcher Intensität und in welchem Umfang die Planung konkreten Hinweisen auf Bodenverunreinigungen nachzugehen hat, lassen sich nach Ansicht des Bundesgerichtshofs keine allgemeingültigen Aussagen treffen. Prüfungspflicht und Prüfungsumfang des Plangebers müssen vielmehr der jeweils konkreten Situation angepaßt sein. Sie gehen um so weiter, je mehr die Vorbenutzung die Möglichkeit einer gefährlichen Bodenverunreinigung nahelegt.[5] Grenzen sind der Ermittlungspflicht durch die vorhandene Datenlage und das Verhältnismäßigkeitsprinzip gesetzt.

Die Verletzung des Ermittlungs- und Abwägungsgebotes als solches macht die planerische Ausweisung einer kontaminierten Fläche zu Wohnzwecken indes allein noch nicht rechtswidrig. In seiner jüngsten Altlastenentscheidung vom 21. Februar 1991 fordert der Bundesgerichtshof einschränkend, daß von der kontaminierten Fläche (hier: ehemaliges Deponiegelände) konkrete Gesundheitsgefahren für die Wohnbevölkerung ausgehen müssen, um eine Amtspflichtverletzung annehmen zu können.[6] In diesem Zusammenhang müsse insbesondere berücksichtigt werden, ob es sich um irreparable oder um sanierungsfähige Schäden handelt. Nur bei irreparablen Schäden sei eine Amtspflichtverletzung gegeben.

2. Schuldhafte Pflichtverletzung

Ein Anspruch auf Amtshaftung setzt ferner voraus, daß die Amtsträger die ihnen im Rahmen der Bauleitplanung obliegenden Pflichten schuldhaft, d.h. vorsätzlich oder fahrlässig im Sinne des § 276 BGB verletzt haben. Da es sich bei den Gemeinderatsmitgliedern in aller Regel um Personen handelt, die nicht berufsmäßig mit Planungs- oder Altlastenproblemen befaßt sind, stellt sich die Frage, ob für diesen Perso-

---

4 Bundesgerichtshof, Urt. v. 6. Juli 1989 – III ZR 194.87 –, in: Neue Juristische Wochenschrift (NJW) 1990, 381 ff. (382).

5 Bundesgerichtshof, Urt. v. 26. Januar 1989 – III ZR 194.87 – in: Neue Juristische Wochenschrift (NJW) 1989, 976 ff. (977), im Anschluß an HENKEL, Altlasten in der Bauleitplanung, in: Umwelt- und Planungsrecht (UPR) 1988, 367 ff. (369).

6 Bundesgerichtshof, Urt. v. 21. Februar 1991 – III ZR 245.89 – in: Umwelt- und Planungsrecht (UPR) 1991, 286 f. (268).

nenkreis ein minderer Verschuldensmaßstab (Beschränkung auf Vorsatz und grobe Fahrlässigkeit) gilt.

Der Bundesgerichtshof lehnt eine solche Einschränkung ab und betont, daß es für die Verschuldensfrage generell auf die Kenntnisse und Einsichten ankomme, die für die Führung des übernommenen Amtes im Durchschnitt erforderlich sind, und nicht auf die Fähigkeiten, über die die Ratsmitglieder tatsächlich verfügten. Das Gericht dazu wörtlich:

> *„Jeder Beamte muß die zur Führung seines Amtes notwendigen Rechts- und Verwaltungskenntnisse besitzen oder sich verschaffen. Für die Mitglieder kommunaler Vertretungskörperschaften gelten keine minderen Sorgfaltsmaßstäbe. (...) Die Mitglieder von Ratsgremien müssen sich auf ihre Entschließung sorgfältig vorbereiten und, soweit ihnen die eigene Sachkunde fehlt, den Rat ihrer Verwaltung oder die Empfehlung von sonstigen Fachbehörden einholen bzw. notfalls sogar außerhalb der Verwaltung stehende Sachverständige zuziehen".*[7]

Daraus folgt, daß sich die Ratsmitglieder künftig stärker noch als bisher mit Einzelfragen der Planung befassen müssen. Insbesondere wenn im Rahmen des Flächenrecycling brachgefallene Industrie- und Gewerbeflächen einer neuen Nutzung zugeführt werden sollen, ist der Rat verpflichtet, mögliche Bodenverunreinigungen ermitteln zu lassen, festgestellte Kontaminationen entsprechend ihrer Bedeutung für die angestrebte Nutzung zu bewerten und ggf. die Fläche vor ihrer Überplanung untersuchen und sanieren zu lassen.

III. Anspruchsberechtigter Personenkreis

Eine danach schuldhafte Verletzung von Amtspflichten kann indes nur von solchen Personen mit Erfolg angegriffen werden, deren Schutz die verletzte Amtspflicht gerade bezwecken soll. In ständiger Rechtsprechung verlangt der Bundesgerichtshof, daß zwischen der verletzten Amtspflicht und dem geschädigten Dritten eine „besondere Beziehung" oder „sachliche Nähe" bestehen muß. Nur wenn der Geschädigte dem Personenkreis angehört, dessen Belange nach Zweck und rechtlicher Bestimmung des Amtsgeschäftes geschützt und gefördert

---

7 Bundesgerichtshof, Urt. v. 26. Januar 1989 – III ZR 194.87 – in: Neue Juristische Wochenschrift (NJW) 1989, 976 ff. (978).

werden sollen, bestehe ihm gegenüber eine Ersatzpflicht. Eine solche herausgehobene Pflicht erstrecke sich im Hinblick auf das Gebot, bei der Bauleitplanung die Anforderungen an gesunde Wohn- und Arbeitsverhältnisse zu wahren (vgl. § 1 Abs. 5 Satz 2 Nr. 1 BauGB), (nur) auf solche Personen, die später selbst Gesundheitsgefahren ausgesetzt sein können oder die für die gesunden Wohnverhältnisse in sonstiger Weise verantwortlich sind.[8] Welche Personen im einzelnen damit geschützt werden, ist im folgenden näher zu untersuchen.

1. Eigentümer von Grundstücken

Dem durch § 1 Abs. 5 Satz 2 Nr. 1 BauGB geschützten Personenkreis unstreitig zuzuordnen sind solche Personen, die zum Zeitpunkt der Amtspflichtverletzung Eigentümer eines innerhalb des Plangebietes gelegenen Grundstückes sind, sofern diese das Grundstück selbst baulich nutzen oder hierauf Wohnungen errichten und verkaufen wollen. Eigentümer von Grundstücken, die nicht die Absicht haben, die Grundstücke zu bebauen, sind folglich nicht in den Schutzbereich der Amtshaftung einbezogen, da bei ihnen eine Verantwortlichkeit für die zu errichtenden Bauten von vornherein ausscheidet.[9]

2. Spätere Erwerber von Grundstücken

Da in der Regel Gebiete beplant werden, die zum Zeitpunkt der Verabschiedung des Bebauungsplanes noch von Eigentümern genutzt werden, die selbst kein Interesse an einer späteren Nutzung der Grundstücke haben (z.B. Landwirten, Industrieunternehmen), andererseits die späteren Erwerber und Nutzer der Grundstücke zum Zeitpunkt der Amtspflichtverletzung meist noch nicht bekannt sind, könnte mangels geeigneter Adressaten die Schutzpflicht weitgehend leerlaufen. Dieser im Ergebnis rechtlich unhaltbaren Situation sucht der Bundesgerichtshof dadurch zu begegnen, daß er seine bis dahin geübte personenbezogene zugunsten einer grundstücksbezogenen Sichtweise für den Bereich der Bebauungsplanung aufgibt. Mögliche Adressaten der Amts-

---

8 Bundesgerichtshof, Urt. v. 21. Dezember 1989 – III ZR 118.88 – in: Deutsches Verwaltungsblatt (DVBl.) 1990, 358 ff. (361).

9 Bundesgerichtshof, Urt. v. 6. Juli 1989 – III ZR 251.87 –, in: Neue Juristische Wochenschrift (NJW) 1990, 381 ff. (383).

pflicht werden danach durch ihre Beziehung zu dem beplanten Grundstück individualisiert und so aus der Allgemeinheit herausgehoben. Der Kreis der anspruchsberechtigten Dritten erstreckt sich damit grundsätzlich auf alle Personen, die nach Verabschiedung des Bebauungsplanes das Grundstück erwerben, selbst wenn sie zum Zeitpunkt der Amtspflichtverletzung als Personen noch nicht feststanden. Insbesondere gehören damit auch die späteren „Ersterwerber" eines Grundstücks, die das Grundstück zum Zwecke der Bebauung und Nutzung erwerben, dem Kreis der geschützten Dritten im Sinne des § 839 BGB an.[10] Ob indes auch alle späteren Grundstückserwerber Amtshaftungsansprüche geltend machen können, läßt das Gericht ausdrücklich offen.[11]

3. Bauträger

In der zweiten Altlastenentscheidung vom 6. Juli 1989 bekräftigt der Bundesgerichtshof nicht nur seine Rechtsprechung, sondern geht zugleich noch einen Schritt weiter, indem er den Schutzbereich der Amtspflichten bei Bebauungsplänen auch auf solche Personen ausdehnt, die selbst nicht beabsichtigen, im Plangebiet zu wohnen, sondern das Gelände lediglich mit dem Ziel erworben haben, dieses mit Wohnhäusern zu bebauen, um es danach weiterveräußern zu können. Mit der Begründung, daß auch der Bauträger sich darauf verlassen können muß, daß den entsprechenden den Festsetzungen des Bebauungsplans errichteten Gebäuden zumindest aus der Beschaffenheit des Bodens keine Gefahren für Leben und Gesundheit drohen, spricht das Gericht dem klagenden Bauträger einen Schadenersatzanspruch zu. Entscheidend hierfür sei, so das Gericht weiter, daß der Bauträger nicht nur zivilrechtlich gemäß den Gewährleistungsvorschriften der §§ 459 ff. BGB den späteren Erwerbern der Grundstücke gegenüber hafte, sondern auch ordnungsrechtlich die Verantwortung für die erworbenen Grundstücke trage. Diese zivil- und öffentlichrechtliche Verantwortlichkeit rechtfertige es, auch Bauträger, obwohl sie nicht zu den in ihrer Gesundheit gefährdeten Bewohnern des Plangebiets zählen, in den Schutzbereich der Amtshaftung einzubeziehen.[12]

---

10 Bundesgerichtshof, Urt. v. 26. Januar 1989 – III ZR 194.87 – in: Neue Juristische Wochenschrift (NJW) 1989, 976 ff. (978).

11 Bundesgerichtshof, Urt. v. 26. Januar 1989 – III ZR 194.87 – in: Neue Juristische Wochenschrift (NJW) 1989, 976 ff. (978 f).

12 Bundesgerichtshof, Urt. v. 6. Juli 1989 – III ZR 251.87 –, in: Neue Juristische Wochenschrift (NJW) 1990, 381 ff. (383).

In diesem Urteil unternimmt der Bundesgerichtshof zugleich erste Versuche, den Kreis der anspruchsberechtigten Dritten nicht ausufern zu lassen. Von der Geltendmachung von Amtshaftungsansprüchen ausgenommen werden ausdrücklich solche natürlichen oder juristischen Personen, die zwar an der Verwirklichung der Bebauung wirtschaftlich interessiert oder beteiligt sind, damit jedoch reine Vermögensinteressen verfolgen, ohne zugleich auch eine nach außen gerichtete Verantwortlichkeit zu übernehmen. Letzteres trifft insbesondere auf die Kreditgeber der Bauträger und Bauherren zu, die sich durch Grundpfandrechte an den als Bauland ausgewiesenen Grundstücken absichern lassen.[13]

4. Mieter und Pächter

Inwieweit auch die Mieter oder Pächter belasteter Grundstücke in den Schutzbereich der Amtshaftung einbezogen sind, ist bislang höchstrichterlich noch nicht entschieden worden. In der juristischen Literatur wird dies teilweise befürwortet, teilweise aber auch abgelehnt.[14] Die dem Bundesgerichtshof zur Entscheidung vorgelegten Sachverhalte haben bislang noch keinen Anlaß gegeben, hierüber zu befinden. Es spricht jedoch vieles dafür, auch den Mieter als im oben beschriebenen Sinne „geschützen Dritten" anzusehen, da er – ebenso wie der Grundstückseigentümer, der sein Wohnhaus selbst nutzt – zur Wohnbevölkerung im Sinne des § 1 Abs. 5 Satz 2 Nr. 1 BauGB zählt und von gesundheitsgefährdenden Bodenverunreinigungen in gleicher Weise betroffen ist. Wenn gleichwohl Amthaftungsansprüche von Mietern im Ergebnis scheitern, so liegt dies regelmäßig daran, daß der Mieter aufgrund der Haftung des Vermieters nach § 538 BGB eine „anderweitige Ersatzmöglichkeit" im Sinne von § 839 Abs. 1 Satz 2 BGB besitzt, welcher die Geltendmachung eines Amtshaftungsanspruchs regelmäßig ausschließt.[15]

---

13 Bundesgerichtshof a.a.O.

14 Befürwortend: BIELFELDT, Rechtliche Probleme der Bebauung von Altlasten – Amtshaftung der Gemeinden? in: Die öffentliche Verwaltung (DÖV) 1989, 67 ff. (72 f); DÖRR/SCHÖNFELDER, Amtshaftung bei der Aufstellung von Bebauungsplänen für ein ehemaliges Deponiegelände, in: Neue Zeitschrift für Verwaltungsrecht (NVwZ) 1989, 933 ff. (936). Ablehnend: SCHINK, Amtshaftung bei der Bebauung von Altlasten?, in: Die öffentliche Verwaltung (DÖV) 1988, 529 ff. (536); JUCHEM, in: Neue Zeitschrift für Verwaltungsrecht (NVwZ) 1989, 636 f.

15 Dazu DÖRR/SCHÖNFELDER, a.a.O.

5. Anwohner

Aus der Beschränkung der Amtshaftung auf Gesundheitsgefahren folgert der Bundesgerichtshof auch, daß Ersatzansprüche von Planbetroffenen unbegründet sind, wenn ihr eigenes Grundstück selbst nicht mit Schadstoffen belastet ist und lediglich die „Wohnqualität" der Grundstücke dadurch beeinträchtigt wird, daß es in der Nachbarschaft oder näheren Umgebung eines schadstoffbelasteten Gebietes liegt. Nachteile, die sich darin erschöpfen, daß die schadstoffbelasteten Nachbargrundstücke abgesperrt werden müssen, Nachbarhäuser unbewohnbar sind und Umwege erforderlich werden, reichen nach Ansicht des Bundesgerichtshofs für sich allein nicht aus, um den Betroffenen, der sie erleidet, in den Kreis der geschützten Dritten einzubeziehen.[16]

IV. Haftungsausschlüsse und Haftungsbeschränkungen

Das Amtshaftungsrecht sieht verschiedene allgemeine Haftungsbegrenzungen und Haftungsausschlüsse vor, die auch im Rahmen der Altlastenproblematik relevant sein können. In diesem Zusammenhang sind insbesondere das Verweisungsprivileg des § 839 Abs. 1 Satz 2 BGB sowie die Berücksichtigung eines etwaigen Mitverschuldens des Anspruchstellers zu erwähnen.

1. Das Verweisungsprivileg des § 839 Abs. 1 Satz 2 BGB

Das Verweisungsprivileg des § 839 Abs. 1 Satz 2 BGB besagt, daß bei bloß fahrlässigem Verhalten des Amtswalters der Staat nur dann haftet, wenn der Geschädigte nicht auf andere Weise Ersatz seiner Schäden zu erlangen vermag. Als derartige anderweitige Ersatzmöglichkeiten kommen insbesondere zivilrechtliche Ansprüche in Betracht, die der Erwerber gegen den Veräußerer des belasteten Grundstücks hat.[17] In der Praxis sind die vertraglichen Gewährleistungsrechte – die innerhalb eines Jahres geltend gemacht werden müssen – regelmäßig jedoch meist längst verjährt, sofern sie geschlossen waren. Da das Verwei-

---

16 Bundesgerichtshof, Urt. v. 21. Dezember 1989 – III ZR 118.88 – in: Deutsches Verwaltungsblatt (DVBl.) 1990, 358 ff. (361).

17 Zur zivilrechtlichen Haftung des Grundstücksverkäufers ausführlich LEINEMANN, Städte und Altlastenhaftung, Stuttgart 1991.

sungsprivileg des Staates jedoch nur dann greift, wenn der Geschädigte seinen Anspruch gegenüber dem Dritten auch tatsächlich realisieren kann, läuft die Möglichkeit der Schadenersatzverlagerung auf die vertragliche Ebene in der Praxis meist leer.

2. Mitverschulden gemäß § 254 BGB

Eine weitere Möglichkeit, Haftungsrisiko und Haftungsumfang zu mindern, ist der haftenden Körperschaft durch das Recht eröffnet, dem Anspruchsteller ein mögliches Mitverschulden beim Entstehen des Schadens entgegenzuhalten (vgl. § 254 BGB). Ein solches anspruchsverkürzendes Mitverschulden kann beispielsweise angenommen werden, wenn der Kläger die Verunreinigung des Bodens selbst herbeigeführt hat oder ihm die Bodenbelastung bekannt war und er die planende Stelle hierüber nicht informiert hat, obwohl ihm dies möglich und zumutbar gewesen wäre. Zwar gehört es grundsätzlich zu den Aufgaben der Gemeinde, sich über mögliche Bodenverunreinigungen im Plangebiet selbst zu informieren. Das durch die planerische Ausweisung eines verunreinigten Geländes zu Bauzwecken begründete Vertrauen des Grundstückinhabers oder Erwerbers kann jedoch durch seine Kenntnis von der Bodenbelastung weniger schutzwürdig sein. Auf jeden Fall darf der Anspruchsberechtigte ab Kenntnis von der Bodenbelastung nicht mehr blindlings auf deren Ungefährlichkeit vertrauen, sondern muß ab diesem Zeitpunkt dieser Frage von sich aus nachgehen.[18] Tut er das nicht, so kann ihm dies als Mitverschulden angelastet werden. Je nach Lage des Einzelfalles kann das Mitverschulden des Anspruchstellers zu einer anteiligen Kürzung bis hin zu einem vollständigen Wegfall des Ersatzanspruches führen.

V. Umfang der Entschädigungspflicht

Nicht nur die Frage, ob ein Anspruch auf Entschädigung dem Grunde nach besteht, sondern auch die Frage, welche Schadenspositionen ersatzfähig sind, spielt in Amtshaftungsprozessen naturgemäß eine große Rolle. Schadensersatzansprüche aufgrund von Amtspflichtverletzungen sind gemäß § 839 BGB grundsätzlich auf die Erstattung solcher

---

18 Bundesgerichtshof, Urt. v. 6. Juli 1989 – III ZR 251.87 –, in: Neue Juristische Wochenschrift (NJW) 1990, 381 ff. (382).

Kosten beschränkt, die in den Schutzbereich der verletzten Amtspflicht fallen.

1. Ersatz von Aufwendungen für Gesundheitsschäden

Unstreitig ist, daß die in § 1 Abs. 5 Satz 2 Nr. 1 BauGB normierten „allgemeinen Anforderungen an gesunde Wohn- und Arbeitsverhältnisse" zumindest den Schutz vor Gesundheitsgefahren sicherstellen wollen. Schäden an der Gesundheit sind daher in Höhe der zu ihrer Wiederherstellung aufgewendeten Kosten in jedem Fall ersatzpflichtig. Ob darüber hinaus auch ein Anspruch auf Zahlung von Schmerzensgeld gemäß § 847 BGB besteht, ist allerdings unklar.

2. Ersatz von Vermögensschäden

Inwieweit im Rahmen der Amtshaftung neben Gesundheitsschäden auch Vermögensschäden ersatzpflichtig sind, ist zweifelhaft und ebenfalls rechtlich noch weitgehend ungeklärt. Nach Auffassung des Bundesgerichtshofs[19] sind die Betroffenen jedenfalls für solche Vermögensverluste zu entschädigen, die sie dadurch erleiden, daß sie im Vertrauen auf eine ordnungsgemäße gemeindliche Planungsentscheidung Wohnungen errichten oder kaufen, die am Ende nicht bewohnbar sind, weil der Boden übermäßig mit Schadstoffen belastet ist. In diesen Fällen sind dem Betroffenen die fehlgeschlagenen Aufwendungen zu ersetzen, die je nach Stand der Arbeiten nachfolgende Positionen umfassen können.

a) Ist das Grundstück bereits bebaut, so sind die Aufwendungen für den Grundstückserwerb und die Errichtung des Hauses auszugleichen. Auch Nutzungsausfall, der dadurch entstanden ist, daß das Haus weder von den Eigentümern selbst genutzt noch an Dritte vermietet werden konnte, ist mit dem fiktiven Mietzins zu entschädigen. Von dieser Summe abzuziehen ist der für das Hausgrundstück auf dem Immobilienmarkt noch zu erzielende Verkaufserlös.

b) Ist das Grundstück noch unbebaut, so ist dem Eigentümer lediglich

---

19 Bundesgerichtshof, Urt. v. 6. Juli 1989 – III ZR 251.87 –, in: Neue Juristische Wochenschrift (NJW) 1990, 381 ff. (382).

das sog. negative Interesse zu erstatten.[20] Ersatzfähig sind danach nur die Aufwendungen für den Grundstückserwerb einschließlich der erforderlichen Nebenkosten (z.B. Kredit- und Notarkosten) sowie eventuell nutzlos gewordener Baupläne und sonstiger Architektenleistungen; ebenfalls abzüglich des Restwertes des Grundstücks.

Der Eigentümer kann in beiden Fällen jedoch nicht verlangen, so gestellt zu werden, als wenn das Gelände nicht mit Schadstoffen belastet wäre. Insbesondere kann er nicht die für eine mögliche Sanierung aufzuwendenden Kosten als Schadenssumme geltend machen. Selbst die (geschätzte) Wertdifferenz des Grundstücks vor dem Bekanntwerden der Belastung und nach dem Bekanntwerden der Bodenbelastung bekommt der Grundstückseigentümer nicht ersetzt.

Höchstrichterlich noch nicht geklärt ist schließlich die in der Praxis häufig gestellte Frage, ob der Eigentümer in jedem Fall einen Wertersatz in Geld für das verseuchte Grundstück verlangen kann oder ob er sich u.U. auch mit einer kostenlosen Sanierung der Fläche durch den Ersatzpflichtigen (Kommune) zufriedengeben muß. Angesichts der zunehmend restriktiven Rechtsprechung des Bundeserichtshofs zur Altlastenproblematik und der faktischen Notwendigkeit, Wohngebiete nicht einfach in „Geisterstädte“ zu verwandeln, spricht einiges dafür, dem Geschädigten einen geldlichen Ersatzanspruch dann zu verweigern, wenn durch eine Sanierung im Plangebiet dauerhaft gesunde Wohn- und Arbeitsverhältnisse hergestellt werden können. Von vornherein unzumutbar erscheint diese Lösung aus rechtlicher Sicht zumindest nicht.[21]

---

20 Bundesgerichtshof, Urt. v. 6. Juli 1989 – III ZR 251.87 –, in: Neue Juristische Wochenschrift (NJW) 1990, 381 ff. (382).

21 Ebenso BOUJOUNG, Schadensersatz- und Entschädigungsansprüche wegen fehlerhafter Bauleitplanung und rechtswidriger Bauverwaltungsakte nach der Rechtsprechung des Bundesgerichtshofes, in: Wirtschaft und Verwaltung (WuV) 1991, 59 ff. (90).

Jürgen Staupe/Martin Dieckmann

Individualrechtliche Haftung für Altlasten

I. Einleitung

Die ersten beiden Kapitel dieses Bandes befaßten sich mit Fragen der Ermittlung, Bewertung und Untersuchung von Altlasten, sowie technischen und juristischen Problemen ihrer Sanierung. Die Durchführung der Sanierung aller Altlasten in der Bundesrepublik Deutschland wird Milliardenbeträge verschlingen. Dies gilt umso mehr, als nach dem Beitritt der neuen Bundesländer die Zahl der Altlasten- und Altlastenverdachtsflächen erheblich gestiegen ist. Die Sanierung wird daher nicht ohne kollektive Lösungen der Finanzierungsfragen zu bewältigen sein; hiervon wird der folgendenn Beitrag handeln.

Dieser Beitrag fragt nach den rechtlichen Möglichkeiten, einzelne Verursacher von Altlasten zur Rechenschaft zu ziehen und für die Kosten der Sanierung haftbar zu machen. Denn sobald ein Verdachtsstandort nicht nur ermittelt worden ist, sondern darüber hinaus die Notwendigkeit einer Sanierung feststeht, stellt sich die Frage, wer für die Beseitigung der vorhandenen Schäden haftet. Die individualrechtliche Haftung kann zweierlei bedeuten: Die Durchführung der Sanierung unter Kostentragung durch den Verantwortlichen selbst oder Sanierung durch eine kommunale Körperschaft unter finanziellem Rückgriff auf den Verantwortlichen im Wege des Schadensersatzes. Damit ist zugleich die Frage aufgeworfen, ob und inwieweit das geltende Recht ein adäquates Instrumentarium für eine effiziente und umfassende verursachergerechte Sanierung zur Verfügung stellt.

Dazu soll im folgenden zunächst das geltende Umweltrecht auf Grundlagen abgeklopft werden, die die Inanspruchnahme eines Verantwortlichen ermöglichen könnten (II.). Sodann wird auf die rechtlichen Möglichkeiten im Rahmen des geltenden Polizei- und Ordnungsrechts einzugehen sein (III.).

II. Umweltrecht

1. Verursacherprinzip

Wenn bisher noch etwas unscharf von den „Verantwortlichen" die Rede war, so wird dieser Begriff für die jeweils zu untersuchenden Rechtsbereiche zu konkretisieren sein. Dabei geht es substantiell um eine Anwendung des Verursacherprinzips. Dieses besagt, daß der Verursacher primär einer von seinem Verhalten drohenden Umweltstörung vorzubeugen – hierfür ist es bei einem echten Altlastenfall zumindest teilweise zu spät – oder aber die Folgen dieser Störung zu beseitigen hat – hier könnte das Verursacherprinzip greifen.

Bei dem so verstandenen Verursacherprinzip handelt es sich jedoch nicht um eine unmittelbar anwendbare Haftungsnorm, sondern lediglich um ein politisches Kostenzurechnungsprinzip. Haftungsrechtliche Grundlage ist das Verursacherprinzip nur, soweit es gesetzlich als individualrechtliche Haftungsnorm ausformuliert ist.

Es bleibt also zu untersuchen, inwieweit das geltende Umweltrecht und/oder das Polizei- und Ordnungsrecht das Verursacherprinzip gesetzlich in einer Weise ausgeformt haben, daß eine individualrechtliche Haftung einzelner Verantwortlicher ermöglicht wird.

2. Abfallrecht

2.1 Bundesrecht

Das Gesetz über die Vermeidung und Entsorgung von Abfällen (Abfallgesetz – AbfG) des Bundes vom 27.8.1986[1] enthält keine umfassende Regelung der Altlastensanierung. Das läßt sich möglicherweise damit erklären, daß der vom Abfallgesetz zugrundegelegte Abfallbegriff sowohl in seiner subjektiven[2] als auch in seiner objektiven Komponente[3] nur bewegliche Sachen umfaßt, Altlasten im Falle ihrer festen Verbindung mit dem Boden aber zur unbeweglichen Sache im zivil- und damit auch im abfallrechtlichen Sinne geworden sind. Es mag dahin-

---

1 BGBl. I, 1410, ber. 1501.
2 § 1 Abs. 1 Satz 1, 1. Halbsatz.
3 § 1 Abs. 3 Satz 1, 2. Halbsatz.

stehen, ob diese Sichtweise rechtlich zwingend ist; immerhin ließe sich der Abfallbegriff de lege ferenda zur Einbeziehung der Altlastenfälle auch weiter fassen. Naheliegender dürfte daher – wie so oft – die historische Erklärung sein: Bei Erlaß des ursprünglichen Abfallbeseitigungsgesetzes im Jahre 1972 waren Altlasten noch nicht als umweltpolitisches Problem erkannt, und bei der 4. Novelle zum Abfallgesetz im Jahre 1986 (= Erlaß des neuen Abfallgesetzes) war die Altlastenproblematik erst seit relativ kurzer Zeit in das umweltpolitische Blickfeld gerückt, ohne daß der Bundesgesetzgeber bereits zu einer gesetzlichen Regelung bereit und in der Lage gewesen wäre.

Das Abfallgesetz läßt daher von vornherein kaum mehr als punktuelle Ansätze zur Frage der individualrechtlichen Haftung für Altlasten erwarten.

Immerhin hat das Abfallgesetz von 1986 eine die Altlastensanierung berührende Neuregelung mit sich gebracht. Nach dem Abfallbeseitigungsgesetz von 1972 fielen Abfallbeseitigungsanlagen, insbesondere Deponien, die vor dem Inkrafttreten dieses Gesetzes[4] stillgelegt wurden, nicht unter das Abfallbeseitigungsgesetz.[5] Die entsprechenden Vorschriften über Errichtung, Betrieb und Stillegung von Deponien fanden daher auf die vor dem 11. Juni 1972 stillgelegten Deponien keine Anwendung. Erst durch § 11 Abs. 1 des Abfallgesetzes von 1986 wird der zuständigen Behörde das Recht eingeräumt, die Überwachung auch auf stillgelegte Abfallentsorgungsanlagen und auf Grundstücke zu erstrecken, auf denen vor dem 11. Juni 1972 Abfälle angefallen sind, behandelt, gelagert oder abgelagert wurden, wenn dies zur Wahrung des Wohls der Allgemeinheit erforderlich ist. Damit erhalten die zuständigen Behörden das Recht, auch bei länger zurückliegenden Stillegungen nunmehr alle diejenigen Maßnahmen zu ergreifen, die im Rahmen der abfallrechtlichen Überwachung nach § 11 AbfG zulässig sind. Von Bedeutung ist insoweit vor allem § 11 Abs. 4 AbfG. Dieser begründet u.a. für bestimmte Personen (wie Abfallbesitzer, Entsorgungspflichtige, jetzige und frühere Inhaber von Abfallentsorgungsanlagen, Grundstückseigentümer) Auskunftspflichten sowie ein Recht der Behörde zum Betreten von Grundstücken, Geschäfts- und Betriebsräu-

---

4 11. Juni 1972.

5 Vgl. KUNIG/SCHWERMER/VERSTEYL, Abfallgesetz, 1992, Anhang zu § 10, Rdnr. 3; HÖSEL/VON LERSNER, Recht der Abfallbeseitigung, § 10 Rdnr. 10 m.w. Nachw.

men; auch die Einsicht in Unterlagen und die Vornahme von technischen Ermittlungen und Prüfungen werden der Behörde gestattet.

Problematisch ist aber bereits die Überwälzung der Kosten derartiger Untersuchungsmaßnahmen auf die genannten Personen. Nach § 11 Abs. 4 Satz 5 AbfG können nämlich nur die „Betreiber" von Abfallentsorgungsanlagen bzw. Deponien verpflichtet werden, u.a. Zustand und Betrieb der Anlage – und damit auch Umfang und Gefährdungspotential der möglichen Altlast – auf ihre Kosten prüfen zu lassen. Die anderen in § 11 Abs. 4 AbfG genannten Personen sind dagegen nur zur Auskunft und zur Duldung der behördlichen Untersuchung verpflichtet. Es ist sogar umstritten, ob als „Betreiber" auch der frühere Inhaber einer zum Zeitpunkt der Untersuchung bereits stillgelegten Anlage haftbar gemacht werden kann.[6] Das kann aber mit guten Gründen bejaht werden, denn der Wortlaut der Vorschrift schließt die Inanspruchnahme des früheren Betreibers nicht aus, und Sinn und Zweck der Vorschrift – möglichst weitgehende Einbeziehung der am Zustandekommen der Altlast Beteiligten bei der Untersuchung – legen eine solche Auslegung sogar nahe.[7] Das Gegenargument, der frühere Inhaber einer Anlage könne die durch die Untersuchung entstehenden Kosten nicht mehr im Rahmen seiner Betriebskalkulation berücksichtigen und sei deshalb von der Kostentragungspflicht auszunehmen,[8] geht fehl, da auch an anderen Stellen des Gesetzes, etwa in § 10 Abs. 2 AbfG, Handlungs- und Kostentragungspflichten vorgesehen sind, die erst nach Stilllegung einer Anlage wirksam werden. Dies entspricht im übrigen auch dem Verursacherprinzip, das eine Zurechnung aller durch den Betrieb verursachten Kosten fordert. Ist schon die Inanspruchnahme der in § 11 Abs. 4 AbfG genannten Personen für die Kosten von Untersuchungsmaßnahmen problematisch und jedenfalls auf frühere und heutige Betreiber von Abfallentsorgungsanlagen begrenzt, so gibt die genannte Vorschrift auf keinen Fall eine Handhabe für die Heranziehung Dritter zur Kostentragung von Sanierungsmaßnahmen.[9] Dieser Befund

6 Dagegen VGH KASSEL (5. Senat), UPR 1990, 69; OVG LÜNEBURG, UPR 1991, 37 f; MOSLER, Öffentlich-rechtliche Probleme der Sanierung von Altlasten, 1989, 154.

7 Für die weite Auslegung auch VGH KASSEL (9. Senat), NVwZ 1987, 815; KUNIG/SCHWERMER/VERSTEYL, Abfallgesetz, § 11, Rdnr. 21; HÖSEL/VON LERSNER, Recht der Abfallbeseitigung, § 11 Rdnr. 51; HERRMANN, Flächensanierung als Rechtsproblem, 1989, 145.

8 VGH KASSEL (5. Senat), UPR 1990, 70.

9 Vgl. HÖSEL/VON LERSNER, Recht der Abfallbeseitigung, § 11 Rdnr. 8; STAUPE, DVBl. 1988, 608.

ändert sich auch nicht, wenn man andere Vorschriften des Abfallgesetzes in die Betrachtung einbezieht. Zwar können nach § 10 Abs. 2 AbfG einem früheren Anlagenbetreiber Verpflichtungen zur Rekultivierung und Sicherung des Geländes aufgegeben werden. Bei bereits stillgelegten Anlagen dürfte aber in vielen Fällen der Inhaber nicht mehr greifbar oder finanziell nicht in der Lage sein, einer solchen Verpflichtung nachzukommen. Zudem ist auch hier die Haftung auf den Anlageninhaber begrenzt; der oft noch eher greifbare und leistungsfähige Abfallproduzent scheidet ebenso aus wie der Grundeigentümer, der nicht zugleich Anlageninhaber war. Schließlich ist die Anwendbarkeit von § 10 Abs. 2 AbfG – im Gegensatz zu § 11 Abs. 1 AbfG – auf nach dem 11. Juni 1972 stillgelegte Anlagen begrenzt.[10] Die große Anzahl der vor diesem Zeitpunkt abgeschlossenen Ablagerungen fällt damit von vornherein aus dem Anwendungsbereich der Vorschrift heraus. Insgesamt bietet damit das (Bundes-)Abfallgesetz nur ganz partiell und in Ausnahmefällen Ansatzpunkte für eine Verursacherhaftung.

2.2 Landesrecht

Die vom Abfallgesetz des Bundes in bezug auf die Altlastensanierung hinterlassenen Regelungslücken versuchen einige neuere Landesabfallgesetze zu schließen.

Eine richtungsweisende Regelung hat das Hessische Abfallwirtschafts- und Altlastengesetz (HAbfAG) vom 10. Juli 1989[11] geschaffen. Dieses Landesgesetz enthält einen auf die umfassende Lösung der Altlastenproblematik zielenden besonderen Abschnitt „Sanierung von Altlasten".[12] Bemerkenswert ist eigentlich die gesamte Regelung, insbesondere die Einbeziehung der Altstandorte, die nach herkömmlicher Auffassung nicht zum Abfallrecht im engeren Sinne zu zählen sind. Besonders hervorzuheben sind darüber hinaus auch die umfassenden Untersuchungsrechte der Behörden im Rahmen der Ersterfassung/-untersuchung (§ 17) und Überwachung altlastenverdächtiger Flächen und Altlasten (§ 19). Hier können auch jeweils schon die Kosten für die not-

---

10 KUNIG/SCHWERMER/VERSTEYL, Abfallgesetz, Anhang zu § 10, Rdnr. 3; HÖSEL/VON LERSNER, Recht der Abfallbeseitigung, § 10 Rdnr. 10; SCHINK, DVBl. 1985, 1157; PAPIER, DVBl. 1985, 873; KOCH, Bodensanierung nach dem Verursacherprinzip, 1985, 7.

11 GVBl. I, 198.

12 Zweiter Teil, §§ 16 bis 25.

wendigen Untersuchungsmaßnahmen den an anderer Stelle des Gesetzes[13] aufgezählten Verantwortlichen angelastet werden (§ 17 Abs. 1 bzw. § 19 Abs. 4). Allerdings hat die obergerichtliche Rechtsprechung diese Vorschriften insofern einschränkend ausgelegt, als die Verantwortlichen bei sog. Gefahrenverdachtslagen die Untersuchungskosten nur dann zu tragen haben, wenn sich der Altlastenverdacht durch die Untersuchungen bestätigen läßt.[14] Damit wird die nach ihrem Wortlaut an sich weitergehende Regelung insoweit auf das reduziert, was auch nach dem geltenden Polizei- und Ordnungsrecht in der herrschenden Auslegung[15] möglich ist.

Die im hier interssierenden Zusammenhang wesentlichste Neuerung liegt aber in der in § 20 HAbfAG enthaltenen Ermächtigung, die zur Durchführung der Sanierung einer Altlast erforderlichen Maßnahmen und Anordnungen zu treffen und diese den „Sanierungsverantwortlichen“ aufzuerlegen. Der Kreis der danach Verantwortlichen umfaßt gemäß § 21 Abs. 1 HAbfAG derzeitige sowie ehemalige Anlageninhaber, Ablagerer und Abfallerzeuger und deren Rechtsnachfolger, sonstige Verursacher der Verunreinigungen, derzeitige und ehemalige Grundeigentümer sowie aufgrund anderer Rechtsvorschriften Verantwortliche. Weiterhin räumt die Vorschrift der zuständigen Behörde bei der Heranziehung dieser Sanierungsverantwortlichen ein Auswahlermessen ein und gibt den Verantwortlichen untereinander – in Abweichung von der höchstrichterlichen Rechtsprechung zum polizeirechtlichen Verhältnis mehrerer Störer untereinander[16] – einen Ausgleichsanspruch. Damit wurde erstmals eine umfassende Altlastensanierungsermächtigung geschaffen, die im Hinblick auf Art der Maßnahmen, möglichen Adressatenkreis und Art der Ablagerungen bzw. Altstandorte fast unbegrenzt ist und damit deutlich über die bundesgesetzliche Regelung hinausreicht. Allerdings ist die Regelung insofern gewissen Bedenken ausgesetzt, als die umfassenden Sanierungspflichten auch – und in der Praxis gerade – auf solche Altlasten anzuwenden sind, die schon vor Inkrafttreten des Gesetzes entstanden sind. Hierin könnte ein Verstoß gegen das verfassungsrechtliche Rückwirkungsverbot erblickt werden, das

---

13 § 21 Abs. 1.

14 VGH KASSEL, NVwZ 1991, 498.

15 Gegen die polizeirechtliche Unterscheidung von Gefahrenverdachts- und Gefahrenlagen überzeugend KOCH, in diesem Band.

16 BGH, Natur + Recht 1987, 141; vgl. dazu STAUPE, DVBl. 1988, 606 ff., 609; BRANDT/DIECKMANN/WAGNER, Altlasten und Abfallproduzentenhaftung, 1988, 58 ff.

das spätere Anknüpfen von Rechtsfolgen an bereits abgeschlossene Tatbestände hindert.[17] Insofern besteht die Gefahr, daß diese an sich befriedigende Lösung der individualrechtlichen Haftung durch eine entsprechend restriktive Auslegung der Gerichte doch wieder auf das reduziert wird, was schon nach früherer Rechtslage - also Bundesabfallrecht und allgemeinem Polizei- und Ordnungsrecht - möglich war.

Eine schon im Hessischen Abfallwirt- und Altlastengesetz selbst vorgesehene Haftungsbeschränkung stellt § 21 Abs. 2 dar: Wenn der Verantwortliche im Zeitpunkt des Entstehens der Verunreinigung darauf vertraut hat, daß eine Beeinträchtigung der Umwelt nicht entstehen könne, und wenn dieses Vertrauen unter Berücksichtigung der Umstände des Einzelfalles schutzwürdig ist, entfällt die Sanierungsverantwortlichkeit nach § 21 Abs. 1 HAbfAG. Aufgrund dieser Regelung - eine weitere Eingrenzung der Verantwortlichkeit enthält § 21 Abs. 1 Nr. 5 und 6 HAbfAG - sind zumindest diejenigen Grundeigentümer „aus dem Schneider“, die erst nach ihrem Grunderwerb von dem Vorhandensein der Altlast Kenntnis erlangt haben, ebenso all die anderen an sich Verantwortlichen, die auf den bei Entstehung der Altlast unzureichenden allgemeinen Kenntnisstand verweisen können - letzteres bietet sicher außerordentlich weitreichende Exkulpationsmöglichkeiten, was letztlich einer weitgehenden Risikoverlagerung zu Lasten der Allgemeinheit gleichkommt. Auch dies wird zur Beschränkung der praktischen Wirkung der hessischen Regelung beitragen.

Andere Bundesländer sind mittlerweile nachgezogen und haben ebenfalls neue Abfallgesetze verabschiedet, die sich gesondert mit der Altlastenproblematik befassen.[18] Einige dieser neuen Gesetze beschränken sich aber auf Begriffsbestimmungen und die Regelung von Erhebungen

---

17 BVerfG, 23.03.1971, BVerfGE 30, 367, 385 f.

18 Landesabfallgesetz Baden-Württemberg vom 8. Januar 1990, GBl. I, 1, in §§ 22 bis 27; Niedersächsisches Abfallgesetz vom 21. März 1990, GVBl. I, 91, in §§ 18 bis 20; Bayerisches Abfallwirtschafts- und Altlastengesetz vom 27. Februar 1991, GVBl. 64, in Art. 26 bis 28; Landesabfallwirtschafts- und Altlastengesetz Rheinland-Pfalz vom 13. April 1991, GVBl. 126, in §§ 24 Bodenschutz im Freistaat Sachsen (AGAB) vom 12. August 1991, SächsGVBl. 306. Schon vor der hessischen Regelung war in das Landesabfallgesetz Nordrhein-Westfalen vom 21. Juni 1988, GVBl. 250, durch die §§ 28 bis 33 ein - allerdings wesentlich weniger weitreichender - Sonderteil „Altlasten“ eingefügt worden. Der Entwurf eines Abfallgesetzes mit Altlastenteil wird mittlerweile auch in Schleswig-Holstein (LT-Drucks. 12/1432) behandelt, vgl. Informationsdienst Umweltrecht 1991, 167.

über Altlasten sowie die Führung von Katastern, enthalten hingegen keine Sanierungsregelungen (Nordrhein-Westfalen, Niedersachsen). Das Bayerische Abfallwirtschafts- und Altlastengesetz sieht in Art. 22 Abs. 1 Satz 1[19] immerhin vor, daß – im Gegenteil zu § 10 Abs. 2 (Bundes-)AbfG – auch die Inhaber vor dem 1. Juni 1973 stillgelegter Abfallentsorgungsanlagen zur Sicherung und Rekultivierung des Geländes verpflichtet werden können. Echte Sanierungsregelungen enthalten – mit Abstrichen – § 25 Abs. 2 i.V.m. § 27 Landesabfallgesetz Baden-Württemberg sowie – ähnlich ausführlich wie in Hessen – das Landesabfallwirtschafts- und Altlastengesetz Rheinland-Pfalz in § 28.[20]

Insgesamt ergibt sich damit das Bild, daß die individualrechtliche Verursacherhaftung für Altlasten auch landesabfallrechtlich nur ganz vereinzelt befriedigend geregelt ist. Dort, wo eine umfassende Sanierungsverantwortung des Verursachers begründet wird (Hessen, Rheinland-Pfalz, Baden-Württemberg), ist diese teils in der gesetzlichen Regelung selbst aus Vertrauensschutzgesichtspunkten partiell wieder eingeschränkt (Hessen), oder aber es ist eine restriktive Auslegung durch die Gerichte wegen des sog. Rückwirkungsverbots zu befürchten. Sowohl das Bundes- als auch das Landesabfallrecht erscheint daher nur sehr bedingt zur individualrechtlichen Lösung der Altlastenproblematik geeignet.

2.3 Besonderheiten in den neuen Bundesländern

Bietet das Abfallrecht, so wie es in der alten Bundesrepublik gilt, schon wenig Ansatzpunkte für eine Heranziehung Dritter für die Sanierung von Altlasten bzw. die Kostentragung hierfür, so sieht das Bild in den neuen Bundesländern – von Ausnahmen abgesehen – noch weitaus schlechter aus.[21] Denn sofern hier überhaupt Verursachungsbeiträge individualisiert werden können, stellen sich zusätzliche, durch den späteren Beitritt zum Geltungsbereich des Abfallgesetzes verursachte Rechtsanwendungsprobleme.

So gilt § 10 Abs. 2 AbfG, der in den alten Bundesländern wenigstens die

---

19 Die Vorschrift war schon im Landesabfallgesetz 1973 enthalten (Art. 14); eine ähnliche Regelung enthält noch § 13 des Bremischen Ausführungsgesetzes zum Abfallbeseitigungsgesetzes vom 28. Januar 1975, GBl. 55.

20 Zum Sächs.EGAB vgl. den folgenden Abschnitt 2.3.

21 Siehe dazu im einzelnen den Beitrag von EISOLDT in diesem Band.

Heranziehung der Inhaber nach dem 11. Juni 1972 geschlossener Abfallentsorgungsanlagen zur Sicherung und Rekultivierung des Geländes ermöglicht, gemäß dem durch den Einigungsvertrag neu in das Abfallgesetz eingefügten § 10a Abs. 3 nur für solche Abfallentsorgungsanlagen in den neuen Bundesländern, die nach dem 1. Juli 1990 stillgelegt worden sind oder erst in Zukunft stillgelegt werden.[22] Die schon in den alten Bundesländern sehr praxisrelevante zeitliche Rückwirkungsgrenze wird damit nochmals um 18 Jahre verschoben, so daß die Vorschrift für heutige Altlasten kaum noch Anwendung finden kann.

Hinzu kommt, daß ein Landesabfallrecht in den meisten neuen Bundesländern erst noch geschaffen werden muß. Sachsen hat immerhin am 12. August 1991 ein sehr bemerkenswertes Erstes Gesetz zur Abfallwirtschaft und zum Bodenschutz im Freistaat Sachsen verabschiedet, das auch die Anordnung von Sanierungsmaßnahmen ermöglicht.[23] Die Besonderheiten des Sächsischen Ersten Gesetzes zur Abfallwirtschaft und zum Bodenschutz besteht darin, daß es das Reizwort „Altlasten" bewußt vermeidet und – neben einem Ersten Teil „Abfallwirtschaft" – medienbezogen und zugleich umfassender einen Zweiten Teil „Bodenschutz" enthält (§§ 9 bis 11 EGAB). In einem Dritten Teil („Gemeinsame Vorschriften") wird die zuständige Behörde im allgemeinen ermächtigt, Überwachung (§ 12 Abs. 1 Nr. 1) und Gefahrenabwehr (§ 12 Abs. 1 Nr. 2) zu betreiben sowie die erforderlichen Ordnungsmaßnahmen zur Beseitigung der „von Abfällen und Bodenbelastungen ausgehenden Störungen der öffentlichen Sicherheit und Ordnung" zu erlassen. Darüber hinaus wird die zuständige Behörde zu speziellen „Maßnahmen des Bodenschutzes" (§ 9 Abs. 1) ermächtigt. Hiernach kann sie „zum Schutz des Bodens ... die in § 12 genannten Maßnahmen treffen, insbesondere

1. Untersuchungs- und Sicherungsmaßnahmen anordnen,
2. die Erstellung von Sanierungsplänen verlangen,
3. Maßnahmen zur Beseitigung, Verminderung und Überwachung einer Bodenbelastung anordnen,
4. Maßnahmen zur Verhütung, Verminderung oder Beseitigung von Beeinträchtigungen des Wohls der Allgemeinheit, die durch eine Bodenbelastung hervorgerufen werden, anordnen.

22 Hierzu ausführlich RAMSAUER, Informationsdienst Umweltrecht 1991, 137 ff.
23 SächsGVBl. 306.

5. bestimmte Arten der Bodennutzung und den Einsatz bestimmter Stoffe bei der Bodennutzung verbieten oder beschränken.

Darüber hinaus können zum Schutz oder zur Sanierung des Bodens oder unter Vorsorgegesichtspunkten für Flächen, auf denen erhebliche Bodenbelastungen festgestellt werden, Bodenbelastungsgebiete durch Rechtsverordnung festgelegt werden (§ 9 Abs. 2 EGAB). Bis auf weiteres werden aber in den neuen Bundesländern im Vergleich zu den alten Bundesländern noch erhebliche Regelungsdefizite bestehen bleiben.

3. Wasserrecht

Das Gesetz zur Ordnung des Wasserhaushalts (Wasserhaushaltsgesetz WHG)[24] ist von ähnlich geringer Ergiebigkeit wie das Abfallgesetz des Bundes.

Die wasserhaushaltsrechtlichen Bestimmungen über den Umgang mit wassergefährdenden Stoffen[25] stellen ebenso wie die verschuldensunabhängige Schadensersatzpflicht[26] keine Ermächtigungsgrundlage dar, um einen Grundwasserverunreiniger zur Beseitigung des Schadens und zur vollständigen Sanierung des Geländes zu verpflichten. Das gleiche gilt für den rein präventiv wirkenden wasserrechtlichen Besorgnisgrundsatz, der an verschiedenen Stellen im Wasserhaushaltsgesetz seine Ausprägung gefunden hat[27] und somit als ein zentraler allgemeiner Grundsatz des Wasserhaushaltsrechts angesehen werden kann.[28]

Darüber hinaus unterliegt die Anwendung des Wasserhaushaltsgesetzes zeitlichen Beschränkungen: Schadstoffanreicherungen, die vor seinem Inkrafttreten abgeschlossen waren – mithin vor dem 1. März 1960 –, können auf der Grundlage des Wasserhaushaltsgesetzes ohnehin nicht saniert werden.[29] Auch die Landeswassergesetze bieten durchweg keine für die Altlastensanierung vorgesehenen Ermächtigungsgrundlagen.[30] Immerhin enthalten einige Landeswassergesetze speziell auf den

24 In der Fassung der Bekanntmachung vom 23.09.1986, BGBl. I, 1529, ber. 1654.

25 §§ 19a bis 19l WHG.

26 Vgl. § 19b Abs. 1, § 26 Abs. 2, § 32b, § 34 Abs. 2 WHG.

27 Vgl. § 19b Abs. 2, § 19g Abs. 1, § 26 ABs. 2, § 32b, § 34 ABs. 2 WHG.

28 Vgl. auch dazu im einzelnen STAUPE, UPR 1988, 41 ff.

29 Näher SCHINK, DVBl. 1986, 161, 162; SCHRADER, Altlastensanierung nach dem Verursacherprinzip?, 1988, 107 f.

30 Vgl. hierzu STRIEWE, ZfW 1986, 281.

Grundwasserschutz zugeschnittene Gefahrenabwehrklauseln,[31] auf die u.U. auch Sanierungsanordnungen gestützt werden können. Diese entsprechen aber nach ihren Anwendungsvoraussetzungen und Rechtsfolgen den allgemeinpolizeilichen Gefahrenabwehrklauseln, so daß diese Vorschriften dem Bereich des – im folgenden noch zu behandelnden – Polizei- und Ordnungsrechts zuzuordnen sind.

4. Immissionsschutzrecht

Mit § 17 Abs. 4a enthält das Bundes-Immissionsschutzgesetz (BImSchG)[32] neuerdings eine Vorschrift, die in begrenztem Umfang auch zur Altlastensanierung eingesetzt werden kann. Hiernach kann dem Betreiber einer genehmigungsbedürftigen Anlage bis zu zehn Jahren nach Einstellung des Betriebes aufgegeben werden, von dem Anlagengrundstück ausgehende schädliche Umwelteinwirkungen oder sonstige Gefahren, erhebliche Nachteile oder erhebliche Belästigungen für die Allgemeinheit oder die Nachbarschaft zu beseitigen. Damit sind ggf. auch Sanierungsmaßnahmen umfaßt.[33] Der Anwendungsbereich der Vorschrift ist aber sehr begrenzt: Sie ermöglicht allein die Sanierung der Anlagengrundstücke von nach dem Bundes-Immissionsschutzgesetz genehmigungsbedürftigen Anlagen. Nachbargrundstücke, die schon kontaminiert sind, werden nicht erfaßt. Im übrigen schränkt die Zeitgrenze die praktische Bedeutung der Vorschrift ein.

Weitere Vorschriften, auf die Altlastensanierungsanordnungen gestützt werden könnten, enthält das Bundes-Immissionsschutzgesetz nicht.[34]

5. Zwischenergebnis

Das geltende Umweltrecht enthält somit – von vereinzelten Ausnahme abgesehen – keine umfassenden gesetzlichen Grundlagen zur Anordnung von Sanierungsverpflichtungen für Altlasten.

---

31 Z.B. § 64 Abs. 2 Hamburgisches Wassergesetz.
32 In der Neufassung vom 14. März 1990, BGBl. I, 880.
33 FELDHAUS, BImSchG-Kommentar, § 17 Anm. 6.
34 Vgl. auch VGH MANNHEIM, Beschluß vom 14.12.1989, NVwZ 1990, 781; VG BERLIN, Beschluß vom 12.12.1986, UPR 1987, 238.

III. Polizei- und Ordnungsrecht

Dieser Zwischenbefund bedeutet nun keineswegs, daß die Anordnung von Sanierungsverpflichtungen aufgrund des geltenden Rechts nicht möglich wäre. Als gesetzliche Grundlage kommt vielmehr das Polizei- und Ordnungsrecht in Betracht. Dieses ist nach der verfassungsrechtlichen Kompetenzverteilung Ländersache und daher in den jeweiligen Polizei- und Ordnungsgesetzen der Länder[35] geregelt. Gleichwohl bestehen – vor allem aus historischen Gründen – in den Grundzügen dieser Gesetze weitgehende Parallelen, so daß man trotz des föderalistischen Einschlags von einem relativ stark vereinheitlichten Polizei- und Ordnungsrecht sprechen und einzelne Länderbesonderheiten hier vernachlässigen kann.

1. Verhältnis zum Umweltrecht

Das Polizei- und Ordnungsrecht kann insoweit zu umweltrechtlichen Vorschriften in (sog. Normen-)Konkurrenz treten, als derselbe Sachverhalt Vorschriften unterfällt, die dasselbe Regelungsziel verfolgen. In diesen Fällen gehen die umweltrechtlichen Regelungen[36] den Bestimmungen des Polizei- und Ordnungsrechts vor. Da sich jedoch – wie oben festgestellt – im geltenden Umweltrecht nur vereinzelt Eingriffsgrundlagen finden, kommt dem Polizei- und Ordnungsrecht rechtlich wie praktisch erhebliche Bedeutung zu.

Soweit das Umweltrecht zwar keine unmittelbaren Eingriffs- bzw. Haftungsnormen enthält, aber materiellrechtliche Anforderungen stellt oder bestimmte Schutzziele formuliert, können diese umweltrechtlichen Bestimmungen in Verbindung mit dem Polizei- und Ordnungsrecht zur Anwendung gelangen. Das bedeutet vor allem, daß polizeirechtliche Generalklauseln und unbestimmte Rechtsbegriffe unter Berücksichtigung der umweltrechtlichen Bestimmungen auszulegen und den Behörden eingeräumtes Ermessen entsprechend auszuüben ist. Dies kann aber auch dazu führen, daß die Eingriffsmöglichkeiten eingeschränkt sind, etwa weil umweltrechtliche Bestimmungen den Kreis der Verantwortlichen einengen.

---

35 Mit jeweils unterschiedlicher Bezeichnung.

36 Z.B. des Abfallgesetzes, des Wasserhaushaltsgesetzes, des Bundes-Immissionsschutzgesetzes oder landesrechtlicher Normen.

2. Handlungsermessen der Behörde

Die Konkretisierung unbestimmter Rechtsbegriffe sowie die Bindung der Ermessensausübung sind deshalb von großer Bedeutung, weil das Polizei- und Ordnungsrecht die zuständigen Behörden in aller Regel nicht zum Tätigwerden verpflichtet, sondern die Entscheidung, ob bei Vorliegen der tatbestandlichen Voraussetzungen eingeschritten werden soll, in das pflichtgemäße Ermessen der Behörde stellt. Auch wenn die Behörde in solchen Fällen natürlich nicht willkürlich entscheiden darf, verbleibt ihr doch hinsichtlich des „Ob" und des „Wie" ihres Vorgehens ein nicht unbeträchtlicher Handlungs- und Entscheidungsspielraum.

3. Handlungsvoraussetzungen und ihre Problematik

3.1 Gefahrenbegriff

Ein Vorgehen aufgrund des Polizei- und Ordnungsrechts setzt zunächst voraus, daß eine Gefahr für die öffentliche Sicherheit und Ordnung vorliegt oder daß sich die Gefahr bereits zu einer Störung konkretisiert hat.

Als beeinträchtigte Schutzgüter kommen in erster Linie der Boden und das Grundwasser in Betracht. Aber auch die Schutzgüter Leben und Gesundheit können gefährdet sein. Immerhin werden mehr als 63 Prozent des Trinkwassers aus Grundwasservorkommen gewonnen[37]. Auch durch Deponiegasentwicklung aus einer – z.B. überbauten – Altlast können Gefahren für Leib und Leben erwachsen.

Wenn auch der Kreis der Schutzgüter somit ausgesprochen weit zu ziehen ist, wird der Gefahrenbegriff als solcher insofern restriktiv ausgelegt, als nur solche Maßnahmen auf der Grundlage des Polizei- und Ordnungsrechts angeordnet werden können, die unmittelbar der Gefahrenabwehr dienen. In den hier in Frage kommenden Fällen bedeutet das, daß die anzuordnenden Maßnahmen sich im wesentlichen auf die Abwehr weiterer Schädigungen beschränken müssen. Es kommen daher auf der Grundlage des Polizei- und Ordnungsrechts vor allem Sicherungsmaßnahmen u.ä. in Betracht. Eine umfassende Sanierung, die unter Vorsorgegesichtspunkten das eigentliche Ziel ist, kann zum

37 Vgl. STAUPE, Trinkwasser, in: HdUR 1988, Sp. 530.

Zwecke der reinen Gefahrenabwehr in der Regel nicht angeordnet werden. Dies wird nur in den Fällen möglich sein, in denen die wirksame Abwehr der Gefahr nicht anders als durch vollständige Sanierung erreicht werden kann.

In der Praxis besondere Schwierigkeiten bereitet allerdings bereits die grundlegende Frage, ob und unter welchen Voraussetzungen überhaupt eine Gefahr im polizeirechtlichen Sinne anzunehmen ist. Die bloße Feststellung, daß ein Boden mit chlorierten Kohlenwasserstoffen belastet ist und eine Konzentration von z.B. 100 mg/kg Tri in der Bodenprobe aufweist, besagt für sich gesehen noch nicht, ob hier eine Gefahr im polizeirechtlichen Sinn anzunehmen und eine Sanierung erforderlich ist.

Der Rat von Sachverständigen für Umweltfragen (SRU) hat sich in seinem Sondergutachten „Altlasten“[38] für die Festlegung bundeseinheitlich geltender Prüfwerte ausgesprochen, die zur Beurteilung des Handlungsbedarfs hinsichtlich der Gefahrenabwehr herangezogen werden sollen. Dabei geht der SRU nicht von starren Werten aus, sondern regt einen einzelfallbezogenen Relativierungsvorbehalt an.

Es fragt sich allerdings, ob dies allein bereits ausreicht, solange nicht gleichzeitig das Ziel der Sanierung („how clean is clean?“), gegebenenfalls auch mit Relativierungsvorbehalt, in Form konkreter Werte angegeben ist. Es sollten daher präzise Sanierungsauslöse- und Sanierungszielwerte – möglichst bundeseinheitlich – festgelegt werden.

3.2 Gefahrenzurechnung/Verantwortlichkeit

Rechtlich wie praktisch große Schwierigkeiten bereitet die Zurechnung entstandener Gefahren zu einzelnen Verantwortlichen. Diese werden im polizeirechtlichen Sinne als Störer bezeichnet.

Als sog. Handlungsstörer kommen in den hier angesprochenen Fällen vor allem in Betracht:
bei Altdeponien der Inhaber der Abfallentsorgungsanlage,
- der Abfallbeförderer/Abfallanlieferer,
- der Abfallerzeuger;

38 SRU-Sondergutachten Altlasten, 1989, Tz. 154 ff., 843 ff.

bei kontaminierten Standorten
- der Betriebsinhaber,
- die im Betrieb Beschäftigten,
- der Hersteller der gefährlichen Stoffe[39].

Umstritten ist hier insbesondere die Frage, ob bei Altdeponien der Abfallerzeuger als Handlungsstörer in Anspruch genommen werden kann. Während dies zum Teil abgelehnt wird[40], sprechen sich in letzter Zeit verschiedene Autoren für eine Verhaltenshaftung des Abfallerzeugers aus[41]. In Anlehnung an PIETZCKER[42] soll die Haftung des Abfallproduzenten davon abhängig gemacht werden, ob eine Pflichtwidrigkeit vorliegt oder der Schaden in die Risikosphäre des Abfallerzeugers fällt. BRANDT/DIECKMANN/WAGNER[43] begründen die Möglichkeit der Haftung des Abfallproduzenten sowohl auf der Basis der herkömmlichen polizeirechtlichen Unmittelbarkeitslehre als auch unter Heranziehung der Lehre von der Rechtswidrigkeit, Pflichtwidrigkeit und der Risikosphären.

Dabei wird man vor übereilten Verallgemeinerungen warnen müssen: Auch wenn man den genannten Autoren folgt, so kann man nicht generell sagen, daß der Abfallproduzent in jedem Fall haftet. Für die Beurteilung, ob der Abfallerzeuger die haftungsbegründende Gefahrengrenze überschreitet, wird es im Einzelfall darauf ankommen, wer nach der Berücksichtigung aller Verantwortungs-, Wirkungs- und Wertungsaspekte als der eigentlich dominierende Verantwortliche anzusehen ist. Es geht hier nicht um eine quasi-naturwissenschaftliche Kausalitätsermittlung, sondern um eine Zurechnung von Risiken. Dabei können die Aspekte der Pflichtwidrigkeit und der Risikosphären weiterführende Anhaltspunkte bieten. Die Möglichkeit einer Haftung des Abfallproduzenten sollte jedenfalls nicht von vornherein durch dogmatische Verengungen ausgeschlossen werden.

Neben dem Handlungsstörer kommt – bei Altdeponien wie bei kontaminierten Standorten – stets auch der Grundstückseigentümer als sog.

---

39 Vgl. dazu im einzelnen HENKEL, Altlasten als Rechtsproblem, 1987, 97 ff.
40 Vgl. PAPIER, DVBl. 1985, 873 ff.; NVwZ 1986, 256 ff.
41 Vgl. KOCH, Bodensanierung nach dem Verursacherprinzip, 1985, 51 ff.; KLOEPFER, NuR 1987, 7 ff., 15; BRANDT/DIECKMANN/WAGNER, Altlasten und Abfallproduzentenhaftung, 1988, 31 ff.
42 DVBl. 1984, 457 ff.
43 A.a.O.

Zustandsstörer in Betracht. Die Zustandshaftung knüpft im Gegensatz zur Verhaltenshaftung nicht an ein bestimmtes, die Verantwortlichkeit begründendes Verhalten an, sondern ausschließlich an die Tatsache des Eigentums oder an die tatsächliche bzw. rechtliche Sachherrschaft über das belastete Grundstück. Der Zustandsverantwortliche haftet, wenn eine von ihm beherrschte Sache in einen polizeiwidrigen Zustand gerät[44]. Die Zustandsverantwortlichkeit setzt weder eine Verursachung im Sinne einer der Kausalitätslehren voraus, noch ist ein irgendwie geartetes schuldhaftes Verhalten Voraussetzung der Inanspruchnahme.

Es ist danach durchaus denkbar, daß z.B. der Grundstückseigentümer als Zustandsstörer in Anspruch genommen wird, obwohl ein Dritter das Grundstück in den polizeiwidrigen Zustand versetzt hat[45].

Es liegt auf der Hand, daß die Zustandshaftung unter diesen Voraussetzungen in zweifacher Hinsicht eine außerordentlich weitreichende Haftung begründen kann. Das Risiko besteht zum einen darin, als Grundstückseigentümer überhaupt zur Beseitigung einer Altlast herangezogen zu werden, die man nicht verschuldet, ja nicht einmal verursacht hat, zum anderen in der u.U. existenzbedrohenden Höhe der zu tragenden Sanierungskosten.

Die quasi unbegrenzte Haftung des Zustandsstörers ist daher nicht unumstritten; sie ist aber nach wie vor herrschende Meinung[46]. Demgegenüber wird in jüngster Zeit versucht, die Zustandshaftung in Altlastenfällen auf verschiedenen Wegen einzugrenzen[47]. Dabei wird auf Bemühungen zurückgegriffen, die schon seit längerem eine Eingrenzung

44 Vgl. DREWS/WACKE/VOGEL/MARTENS, Gefahrenabwehr, 1985, 318.

45 DREWS/WACKE/VOGEL/MARTENS, a.a.O., 320.

46 Vgl. DREWS/WACKE/VOGEL/MARTENS, a.a.O., 320 f.; HOLTMEIER, Die Sanierung von Altlasten in Gesetzgebung und Rechtsprechung, in: Heft 18 der Schriftenreihe des Instituts für Bauwirtschaft und Baubetrieb der TU Braunschweig, 1986, 5 ff., 10; SRU-Sondergutachten Altlasten, 1989, Tz. 820; wohl auch HENKEL, a.a.O., 117 ff. mit Hinweisen auf die einschlägige Rechtsprechung.

47 Vgl. SEIBERT, DVBl. 1985, 328 ff.; PAPIER, DVBl. 1985, 1985, 873 ff.; DERS., Die Verantwortlichkeit für Altlasten im öffentlichen Recht, in: Altlasten und Umweltrecht (UTR 1), 1986, 59 ff. = NVwZ 1986, 256 ff., 261 f; SCHINK, DVBl. 1986, 161 ff., 1987, 752 ff., 756; NIEMUTH, DÖV 1988, 291 ff., 295.

der polizeirechtlichen Störerhaftung fordern[48]. Im wesentlichen bieten sich folgende Absätze zur Begrenzung der Zustandshaftung an:

Das oben erwähnte Hessische Abfallwirtschafts- und Altlastengesetz schließt in § 21 Abs. 1 Nr. 5 und 6 die Haftung des (jetzigen und des ehemaligen) Grundeigentümers ausdrücklich aus für den Fall, daß er die bestehende Verunreinigung während der Zeit des Eigentums oder Besitzes bzw. beim Erwerb weder kannte noch kennen mußte. Außerdem entfällt die Sanierungsverantwortlichkeit (für Handlungs- wie Zustandsstörer) gemäß § 21 Abs. 2 HAbfAG bei schutzwürdiger Gutgläubigkeit[49]. Entsprechende Einschränkungen dürften indes außerhalb des Geltungsbereichs dieses Gesetzes nicht greifen[50].

Es wird von anderer Seite darauf verwiesen, unbillige Ergebnisse ließen sich in ausreichender Weise auf der Ebene der Ermessensentscheidung über das „Ob" und das „Wie" einer Heranziehung vermeiden, insbesondere durch die Beschränkung auf reine Duldungspflichten[51]. Diese Auffassung verkennt, daß es nicht nur darum geht, den zuständigen Behörden ein Recht auf restriktive Heranziehung des Grundeigentümers zu geben, sondern sie hierzu zu verpflichten, bzw. dem betroffenen Grundeigentümer ein Abwehrrecht gegen Inanspruchnahme einzuräumen. Denn dieser Ansatz hilft dem Eigentümer jedenfalls nicht gegenüber einer das eingeräumte Ermessen extensiv nutzenden Behörde. Im übrigen ist es gerade die Frage, an welchen rechtlichen Maßstäben sich die behördliche Ermessensentscheidung zu orientieren hat.

Zum Teil wird vorgeschlagen, den „schuldlosen" Zustandsstörer aus Gerechtigkeitsgründen gegenüber dem „schuldigen" Verhaltensstörer von der Haftung freizustellen. Daraus wird die Faustregel abgeleitet,

---

48 Vgl. insbesondere FRIAUF, Zur Problematik des Rechtsgrundes und der Grenzen der polizeilichen Zustandshaftung, in: Festschrift Wacke, 1972, 293 ff., 300 ff.; DERS., Polizei- und Ordnungsrecht, in: VON MÜNCH, Besonderes Verwaltungsrecht, 6. Aufl. 1982, 191 ff., 230 ff.; OSSENBÜHL, DÖV 1976, 463 ff., 466 m.w.N.; RASCH, Allgemeines Polizei- und Ordnungsrecht, 1982, 60 ff.; PIETZCKER, DVBl. 1984, 457 ff.; HOHMANN, DVBl. 1984, 997 ff.

49 Vgl. dazu oben II.2.

50 Vgl. KLOEPFER, NuR 1987, 11 ff.; HENKEL, a.a.O., 119.

51 Vgl. DREWS/WACKE/VOGEL/MARTENS, a.a.O., 321; SRU-Sondergutachten Altlasten, 1989 Tz. 820; ähnlich BayVGH DVBl. 1986, 1283 ff.

daß der Handlungsstörer vor dem Zustandsstörer haften solle[52]. Dieser Ansatz greift nur dort, wo ein Handlungsstörer ermittelt und zur Sanierung herangezogen werden kann; gerade dies gelingt in vielen Fällen jedoch nicht.

Von anderen wird die verfassungsrechtliche Eigentumsgarantie des Art. 14 GG ins Feld geführt und eine unbegrenzte Haftung des Eigentümers als mit der Rechtsordnung nicht vereinbar erklärt[53]. Dem ist vom Bayerischen Verwaltungsgerichtshof entgegengehalten worden, daß die Sozialbindung des Eigentums nicht vernachlässigt werden dürfe und der Eigentümer einer störenden Sache häufig nicht nur im Allgemeininteresse, sondern auch im eigenen Interesse tätig werde, wenn er sein verunreinigtes Grundstück wieder in Ordnung bringe[54].

Mit dieser Kontroverse wird die Aufmerksamkeit auf das Gebiet gelenkt, in dem allein die Lösung der Streitfrage zu suchen ist: dem Verfassungsrecht. Nach Art. 14 Abs. 1 Satz 1 GG ist das Eigentum grundrechtlich geschützt. Inhalt und Schranken werden durch die Gesetze bestimmt[55]. Die polizeirechtliche Eigentümerverantwortlichkeit ist Bestandteil der gesetzlichen Schrankenbestimmung im Sinne dieser Vorschrift. Zwar postuliert Art. 14 Abs. 2 GG die Sozialpflichtigkeit des Eigentums, doch ist hierin nicht nur der Rechtfertigungsgrund, sondern zugleich eine Grenze für den Eingriff in das Eigentum zu sehen. Die polizeirechtliche Zustandshaftung ist daher verfassungsrechtlichen Schranken unterworfen. Zwischen der Sozialpflichtigkeit und dem Eigentumsrecht selbst ist ein gerechter Ausgleich herzustellen.

Dementsprechend kann die (Zustands-)Haftung des Eigentümers nur so weit gehen, wie diese in äquivalenter Beziehung zu der Nutzung des Eigentums steht. Umgekehrt darf die Inanspruchnahme des Eigentümers nicht so weit gehen, daß die von Art. 14 Abs. 1 GG garantierte Privatnützigkeit des Eigentums ausgeschlossen und damit contra constitionem verhindert wird[56]. An diesen verfassungsrechtlichen Grundlagen wird sich eine von rechtlichen Bedenken freie Zustandshaftung zu orientieren haben.

---

52 BRANDT, Möglichkeiten der Finanzierung der Altlastensanierung, in: ROSENKRANZ/EINSELE/HARRESS, Hrsg., Bodenschutz, 1988, Kz. 0790, 6 f.

53 PAPIER, DVBl. 1985, 873 ff., 876.

54 BayVGH, DVBl. 1986, 1283 ff.

55 Art. 14 Abs. 1 Satz 2 GG.

56 Vgl. statt vieler HOHMANN, DVBl. 1984, 997 ff.; PAPIER DVBl. 1985, 873. ff.

Die höchstrichterliche Rechtsprechung hat sich zu dieser Streitfrage noch nicht abschließend geäußert. In dem Beschluß des Bundesverwaltungsgerichts vom 14.12.1990[57] wird aber festgestellt, daß eine Begrenzung der Haftung des Grundeigentümers jedenfalls dann ausscheide, wenn dieser bei Begründung des Eigentums bzw. der Sachherrschaft vom ordnungswidrigen Zustand der Sache wußte oder doch zumindest Tatsachen kannte, die auf das Vorhandensein eines solchen Zustandes schließen lassen konnten. Wer ein solches Risiko eingehe, müsse auch die gesetzlichen Folgen der ordnungsrechtlichen Verantwortlichkeit tragen. Ob ein Haftungsausschluß in anderen Fällen, also bei mangelnder Kenntnis der Bodenverunreinigung, in Betracht kommt, läßt das Gericht ausdrücklich offen. Es scheint einer Begrenzung der Zustandsverantwortlichkeit im oben vertretenen Sinne aber nicht gänzlich ablehnend gegenüberzustehen.[58]

3.3 Auswahl zwischen verschiedenen Störern

Häufig kommen nach den o.g. Haftungsgrundsätzen nicht verschiedene Störer (im Sinne verschiedener Personen), sondern auch verschiedene Störerarten (Handlungs- und Zustandsstörer) in Betracht. Ausdrückliche Kriterien für die Auswahl zwischen verschiedenen Störern sind in der Regel gesetzlich nicht bestimmt[59]. Die Entscheidung ist damit in das pflichtgemäße Ermessen der zuständigen Behörde gestellt[60]; des weiteren ist der Grundsatz der Verhältnismäßigkeit zu beachten[61].

Teilweise werden bestimmte „Faustregeln" aufgestellt; danach soll der Handlungs- vor dem Zustandsstörer und der Doppelstörer (der gleichzeitig Handlungs- und Zustandsstörer ist) vor dem Einfachstörer haften[62]. Auch wenn Regeln dieser Art in vielen Fällen zutreffen werden, so bedarf es doch stets der Einzelfallbeurteilung. Die Grundsätze, die dabei zu berücksichtigen sind, sind – leider – noch etwas allgemeinerer

---

57 NVwZ 1991, 475.

58 A.a.O.: „Hier mag zu erwägen sein, ob aus verfassungsrechtlichen Gründen eine Eingrenzung der Verantwortlichkeit in Betracht kommen kann, wenn eine Heranziehung zur Gefahrenbeseitigung, insbesondere die Belastung mit deren Kosten, den privatnützigen Gebrauch der Sachen ausschalten würde."

59 Vgl. auch § 21 HAbfAG.

60 Vgl. § 9 Abs. 1 Berl.ASOG.

61 Vgl. § 8 Berl.ASOG.

62 Vgl. BRANDT, a.a.O., 6.

Natur als die genannten „Faustregeln“. Für die polizeirechtliche Inanspruchnahme im Sinne der Gefahrenabwehr geht es stets um die Frage, wie die Gefahr unter Einsatz der schonendsten Mittel am effektivsten und schnellsten beseitigt werden kann. Die Wirksamkeit der Maßnahme hat dabei erste Priorität, ohne daß Gerechtigkeits-, Zumutbarkeits- und Billigkeitserwägungen außer acht bleiben dürfen. Dies gilt insbesondere für den Fall, daß es ausschließlich um die Frage der Kostentragung für eine (z.B. von der Behörde selbst) bereits ergriffene Maßnahme geht. Die Rechtsprechung hat sich bemüht, auch für die hier interessierenden Altlastenfälle Abgrenzungs- und Auswahlkriterien zu entwickeln[63].

3.4 Fehlende Rückgriffsmöglichkeit der Mitstörer untereinander

Die Frage der Störerauswahl ist vor allem deshalb von so großer praktischer wie rechtlicher Bedeutung, weil die herrschende Meinung Rückgriffsmöglichkeiten der (Mit-)Störer untereinander nach wie vor ablehnt[64]. Dies widerspricht dem Interesse eines in Anspruch genommenen Störers, nicht allein auf den Kosten sitzenzubleiben, zumal die Behörde ihn allein nach Effizienzgesichtspunkten in Anspruch genommen haben kann und dabei möglicherweise Aspekte der Verursachergerechtigkeit (zulässigerweise) zurückgestellt haben mag. Ein Ausgleichsanspruch entspräche dem zivilrechtlichen Gedanken der Ausgleichspflicht von Gesamtschuldnern untereinander[65]. Der Bundesgerichtshof hat einen solchen Ausgleichsanspruch jedoch mit dem Hinweis abgelehnt, der zivilrechtliche Ausgleichsgedanke habe im Polizeirecht keinen Niederschlag gefunden[66].

Einen anderen Weg weisen hier die neuen Landesabfallgesetze von Hessen und Rheinland-Pfalz[67]. Diese ermöglichen zunächst der Behörde, mehrere Sanierungsverantwortliche heranzuziehen und die Kosten anteilmäßig geltend zu machen. Mehreren Sanierungsverantwort-

---

63 Vgl. etwa BayVGH DVBl. 1986, 1283.

64 Vgl. BGH, Urteil vom 18.9.1986, NuR 1987, 141; ähnlich schon BGH NJW 1981, 2457; GÖTZ, Allgemeines Polizei- und Ordnungsrecht, 1985, Rdn. 238; PAPIER, Altlasten und polizeirechtliche Störerhaftung, 1985, 2 ff.

65 § 426 BGB, ähnlich die Ausgleichsansprüche nach dem Recht der Geschäftsführung ohne Auftrag, §§ 677, 683, 670 BGB.

66 BGH, a.a.O.

67 Siehe oben II. 2.2.

lichen wird untereinander ein Ausgleichsanspruch eingeräumt, wobei die Höhe sich danach richtet, in welchem Maße der Schaden von den verschiedenen Störern jeweils (mit-)verursacht wurde[68]. Diese Regelung erscheint sachgerecht und das u.E. nicht nur für die spezielle Problematik der Altlastensanierung. Hier kommt vielmehr ein Grundgedanke zur Anwendung, der auch in das allgemeine Polizei- und Ordnungsrecht Eingang finden sollte.

3.5 Legalisierungswirkung

Stark umstritten ist schließlich die Frage einer möglichen Legalisierungswirkung behördlicher Genehmigungen und Duldungen[69]. Hierbei handelt es sich um eine Schlüsselfrage der Altlastenproblematik, vor allem für den Bereich der kontaminierten Betriebsgelände[70]. Fraglich ist, ob z.B. eine gewerbe-, wasser-, immissionsschutz- oder abfallrechtliche Genehmigung eine Inanspruchnahme aufgrund der polizeirechtlichen Generalklausel ausschließt.

Von den Befürwortern einer Legalisierungswirkung wird unter Bezugnahme auf eine Entscheidung des Bundesverwaltungsgerichts[71] darauf verwiesen, daß derjenige, der eine ihm von der Rechtsordnung eingeräumte Befugnis ausübt, nicht gleichzeitig für die befugniskonforme Handlungsweise als Störer im polizeirechtlichen Sinne angesehen werden könne[72].

---

68 § 21 Abs. 1 Satz 2-4 HAbfAG; § 28 Abs. 3 LAbfWAG Rheinland-Pfalz.

69 Bejahend: PAPIER, Altlasten und polizeiliche Störerhaftung, 1985, 24 ff.; DERS., DVBl. 1985, 873 ff.; ZIEHM, Die Störerverantwortlichkeit für Boden- und Wasserverunreinigungen, 1989, 26 ff.; ablehnend oder einschränkend: KOCH, Bodensanierung nach dem Verursacherprinzip, 1985, 22 f.; SCHINK, DVBl. 1986, 165 ff.; STRIEWE, ZfW 1986, 273, 284; KLOEPFER, NuR 1987, 13 f, 16; BRANDT/LANGE, UPR 1987, 11, 15; HENKEL, Altlasten als Rechtsproblem, 1987, 111 ff.; BRANDT/DIECKMANN/WAGNER, Altlasten und Abfallproduzentenhaftung, 1988, 40 ff.; SCHRADER, Altlastensanierung nach dem Verursacherprinzip?, 1988, 139 ff.; HERRMANN, Flächensanierung als Rechtsproblem, 1989, 104 ff.; NIEMUTH, DÖV 1988, 291, 295; MOSLER, Öffentlich-rechtliche Probleme der Sanierung von Altlasten, 1989, 185 ff., 230 f; HERMES, in: Wandel der Handlungsformen im öffentlichen Recht, 1991, 185 ff.; OVG MÜNSTER, NVwZ 1985, 355; vgl. auch FELDHAUS/SCHMITT, WiVerw 1984, 1, 10 f.

70 Vgl. KLOEPFER, NuR 1987, 13.

71 BVerwG NJW 1978, 1818.

72 Vgl. PAPIER, a.a.O.

Gegen diese Ansicht läßt sich bereits anführen, daß es für die Verantwortlichkeit nach dem Polizei- und Ordnungsrecht auf die Rechtmäßigkeit des Verhaltens nicht ankommt[73].

An die rechtliche Akzeptanz einer umfassenden Legalisierungswirkung sind darüber hinaus hohe Anforderungen zu stellen. Zunächst muß zweifelsfrei feststehen, daß es sich bei den zugrundeliegenden Rechtsakten überhaupt um Genehmigungen im Rechtssinne handelt. Vielfach sind in der Vergangenheit behördliche Schreiben als „Genehmigung" bezeichnet worden, obwohl es sich dem Inhalt nach lediglich um zivilrechtliche Verträge handelte (z.B. Pachtverträge über Grundstücke zum Ablagern von Abfällen). Derartige privatrechtliche Verträge können jedoch von vornherein keine Legalisierungswirkung erzeugen[74].

Soweit eine „echte" Genehmigung vorliegt, ist anhand der seinerzeitigen Rechtslage[75] zu prüfen, was genau Gegenstand der behördlichen Sachprüfung und Inhalt der Genehmigung gewesen ist. So bezieht sich eine gewerberechtliche Genehmigung im Sinne der §§ 16 ff. der Gewerbeordnung alter Fassung i.d.R. allein auf den Betrieb der Anlage, umfaßt aber weder das Ablagern von Produktionsrückständen noch eine Prüfung eventueller Boden- oder Grundwassergefährdungen[76]. Einen umfassenden Freibrief können solche Genehmigungen nicht darstellen. Die kontroverse Frage der Legalisierungswirkung behördlicher Genehmigungen läßt sich daher nicht generell, sondern stets nur unter Berücksichtigung der Reichweite der jeweiligen Gestattung entscheiden. Allein die behördliche Genehmigung eines Teilaspekts der die Altlast verursachenden Tätigkeit kann nicht zu einer vollständigen Risikoabwälzung von den Schultern des Verursachers auf die Allgemeinheit führen.

BRANDT[77] führt in diesem Zusammenhang einige Kritierien auf, die von vornherein der Legalisierungswirkung einer Betriebsgenehmigung entgegenstehen. Dies soll dann der Fall sein, wenn

- die Gefahren nicht zwangsläufig aus dem genehmigten Betrieb resultierten,

73 Vgl. BRANDT, a.a.O., Kz. 0790, 5.
74 Vgl. HENKEL, a.a.O., 112 f.
75 Vgl. STIEWE; ZfW 1986, 285; SCHINK, DVBl. 1986, 161 ff., 167.
76 So auch SCHINK, a.a.O.
77 A.a.O., Kz. 0790, 5.

- die Gefahren bei Genehmigungserteilung nicht erkennbar oder voraussehbar waren,
- dem genehmigten Betrieb eine erhöhte Gefahrentendenz innewohnte,
- die entgegenstehende gesetzliche Systematik dem widerspricht.

Wenn schon hinsichtlich einer möglichen Legalisierungswirkung ausdrücklich erteilter behördlicher Genehmigungen ein strenger Maßstab anzulegen ist, so muß dies erst recht für den Fall schlichter behördlicher Duldung gelten. Dies betrifft die Fälle, in denen die Behörde zwar keine Genehmigung erteilt hat – die eigentlich rechtlich erforderlich gewesen wäre –, das Fehlen dieser Genehmigung aber trotz Kenntnis der relevanten Umstände von der Behörde nie beanstandet wurde[78].

In derartigen Fällen ist zunächst zu prüfen, ob nach den vom Bundesverwaltungsgericht entwickelten Grundsätzen[79] eine Art von Duldung vorliegt, die eine schutzwürdige Position entstehen ließ. Damit wird nach der Rechtsprechung des Bundesverwaltungsgerichts jedoch lediglich die Möglichkeit eines polizeirechtlichen Einschreitens wegen formeller Illegalität eingeschränkt bzw. untersagt[80]. Durch eine solche Form der Duldung wird jedoch kaum einmal die Behörde zugleich die Billigung des Entstehens von Boden- oder Grundwasserverunreinigungen zum Ausdruck gebrcht haben. Da an die informelle Duldung mindestens so strenge Anforderungen zu stellen sind wie an die formelle Genehmigung, wird kaum einmal ein Fall vorstellbar sein, in dem man einen Übergang des gesamten Risikos vom Altlastenverursacher auf die Allgemeinheit unterstellen könnte. Insgesamt wird damit eine behördliche Legalisierung des gefahrverursachenden Verhaltens nur sehr begrenzt und in wenigen Ausnahmefällen in Betracht kommen können. Dieser Befund spiegelt sich auch in der überwiegend ablehnenden Haltung in der jüngeren Literatur wider.[81]

---

78 Vgl. hierzu die Fallstudie Pintsch bei HUCKE/WOLLMANN, Altlasten im Gewirr administrativer (Un-)Zuständigkeiten, 1989, 86 ff.

79 BVerwG NJW 1978, 2311 f.

80 Vgl. HENKEL, a.a.O., 113 f.

81 Vgl. die Nachweise bei Fußnote 79.

IV. Fazit

Insgesamt ist festzustellen, daß das bestehende Umweltrecht - von Ausnahmen abgesehen - zumeist keine hinreichenden Grundlagen zur Anordnung umfassender Altlastensanierungen enthält. Soweit es an spezialgesetzlichen Ermächtigungen fehlt, findet das allgemeine Polizei- und Ordnungsrecht Anwendung. Dieses bietet in aller Regel ausreichende Grundlagen für die Inanspruchnahme verantwortlicher Handlungs- oder Zustandsstörer. Gleichwohl ist unübersehbar, daß das Polizei- und Ordnungsrecht nicht auf die spezielle Problematik der Altlastensanierung zugeschnitten ist. Wie der Gefahrenbegriff bei Altlasten zu konkretisieren ist, ist mangels bundeseinheitlicher Sanierungsauslöse- und Sanierungszielwerte unklar. Teilweise birgt das Polizei- und Ordnungsrecht, insbesondere in seiner personenbezogenen Dimension, Gefahren einer zu weiten Haftung, vor allem für den Zustandsstörer. Die nach der Rechtsprechung fehlende Rückgriffsmöglichkeit auf Mitstörer kann die Zustandshaftung zu einer bisweilen nicht kalkulierbaren Zufallshaftung werden lassen.

Auf der anderen Seite greift die materielle Reichweite des Polizei- und Ordnungsrechts auffallend kurz, da es seiner Struktur nach stets auf die Abwehr unmittelbar drohender Gefahren ausgerichtet bleibt. Dies ermöglicht in den meisten Fällen zwar eine kurzfristige Gefahrenabwendung, bietet jedoch keine ausreichende Grundlage zur Anordnung einer umfassenden Gesamtsanierung der Altlast. Hier werden die Grenzen der Reichweite eines allein am Verursacherprinzip, nicht aber (auch) am Vorsorgeprinzip orientierten Polizei- und Ordnungsrecht im Hinblick auf die Altlastensanierung deutlich.

Angesichts der vorhandenen Regelungsdefizite wird sich der Bundesgesetzgeber fragen müssen, ob er auf die Dauer um eine am Verursacher- wie am Vorsorgeprinzip orientierte Regelung der Altlastensanierung umhinkommt. Das neue Hessische Abfallwirtschafts- und Altlastengesetz setzt hier sicher Orientierungsmaßstäbe, auch wenn es im einzelnen für manche hinter den Erwartungen zurückbleiben mag.

Edmund Brandt

Finanzbedarf und Finanzierungsansätze

I. Einleitung

In den letzten Jahren ist die Frage, wer die Kosten der Altlastensanierung tragen soll, neben der Erörterung technischer Probleme immer mehr in den Mittelpunkt der Diskussion gerückt. Dies ist nicht verwunderlich, denn die Kosten einzelner Sanierungsvorhaben und erst recht die Gesamtsanierungskosten in einigen Kommunen bzw. Regionen haben längst ein Niveau erreicht, das die Frage aufkommen läßt, ob eine heutigen Erfordernissen gerecht werdende Sanierung überhaupt noch finanzierbar ist, zumindest dann, wenn die Finanzierungslast nicht auf mehreren Schultern verteilt ist.

Im folgenden (unter II.) werden zunächst einige Überlegungen zum Finanzbedarf angestellt; daran schließt sich eine Darstellung und Analyse der im wesentlichen erörterten Finanzierungsansätze an (unter III.).

II. Finanzbedarf

Eine einigermaßen exakte Bezifferung der für die Altlastensanierung in den nächsten Jahren benötigten Mittel bereitet beträchtliche methodische und tatsächliche Schwierigkeiten. Dafür gibt es mehrere Ursachen:

- Es bestehen unterschiedliche Auffassungen darüber, was gegenständlich einzubeziehen ist. Dafür sind nicht zuletzt begriffliche Unklarheiten hinsichtlich der zentralen Begriffe „Altlasten“[1] und „Sanierung“[2] verantwortlich.

---

1 Siehe dazu die Beiträge von KOCH und HENKEL in diesem Band.

2 Vgl. dazu BRANDT/SCHWARZER, Rechtsfragen der Bodensanierung, 1988, S. 19 ff.

- Niemand weiß, wo sich das Kostenniveau beim Einsatz bereits verfügbarer und erst recht bei den noch in der Entwicklung befindlichen Sanierungstechnologien einpendeln wird. Deutlich ist immerhin, daß diesbezügliche Schätzungen bisher nach oben korrigiert werden mußten.

- Sofern Kostenschätzungen abgegeben werden, ist oftmals nicht klar, auf was für einen Zeithorizont sie sich beziehen (fünf, zehn oder auch fünfzehn Jahre) und ob von einem linearen oder ansteigenden Kostenverlauf ausgegangen wird.

- Unklarheit besteht schließlich und vor allem darüber, wieviele kontaminierte Flächen in der Bundesrepublik es gibt und wieviele davon saniert werden müssen.

Soweit ersichtlich, sind in differenzierter Weise und unter umfassender Verarbeitung der vorliegenden Erhebungen und Kostenschätzungen bislang nur HENKEL u.a.[3] der Frage nach dem Finanzbedarf für die Altlastensanierung nachgegangen. Dabei verdient es besondere Beachtung, daß sie die von den Kommunen in den letzten Jahren zur Bewältigung von Altlastenproblemen aufgewendeten Finanzmittel ebenfalls in die Betrachtung einbezogen haben.[4]

In Auseinandersetzung mit im Zeitraum von 1985 bis 1990 vorgelegten Schätzungen und Berechnungen[5] gelangen die Autoren für den Zeitraum von 1990 bis 2000 zu einem Finanzbedarf von 19,22 Mrd. DM. Das Zustandekommen dieser – vergleichsweise niedrigen –[6] Zahl beruht auf verschiedenen Annahmen und Implikationen, die hier kurz erläutert werden sollen:

- Einbezogen sind (nur) Altablagerungen und Altstandorte. Nur im Bereich der Altablagerungen kann angenommen werden, daß die Gesamtzahl von 45.000 einigermaßen zuverlässig ist. Für die Altstandorte können die Zahlen noch deutlich nach oben gehen, da es hier an auch nur annähernd validen Angaben fehlt. Das gilt erst recht, wenn auch derzeit noch betriebene Anlagen mit berücksichtigt werden. In

---

3 Altlasten – ein kommunales Problem, 1991, S. 211 ff.

4 A.a.O., S. 213 ff.

5 U.a. von FRANZIUS, HÜBLER u.a. und dem RAT VON SACHVERSTÄNDIGEN FÜR UMWELTFRAGEN, a.a.O., S. 225 ff.

6 Einige der kursierenden Schätzungen liegen um ein Mehrfaches höher.

bezug auf das Gefährdungspotential dürften insoweit nennenswerte Unterschiede nicht bestehen, so daß ein durchschlagender Grund für eine Ausklammerung nicht ersichtlich ist. Allenfalls sind die Aussichten größer, zu einer individualrechtlichen Verursacherhaftung zu gelangen.

- Kaum geklärt ist sowohl bei den Altablagerungen als auch bei den Altstandorten, wie hoch der Anteil der untersuchungsbedürftigen Verdachtsflächen letztlich sein wird. Vor dem Hintergrund des in dieser Größenordnung auch nicht annähernd erwarteten Problemdrucks muß angenommen werden, daß lediglich ein Bruchteil der Flächen, bei denen eine differenziertere Gefährdungsabschätzung erforderlich ist, bislang in entsprechende Untersuchungsprogramme einbezogen worden ist. Im weiteren Verlauf der Auseinandersetzung mit der Altlastenproblematik – nicht zuletzt auch, um Amtshaftungsansprüchen zu entgehen[7] – wird sich der Untersuchungsrahmen kontinuierlich ausweiten, und dies wird aller Voraussicht nach relativ und absolut mit Kostensteigerungen verbunden sein.

- HENKEL u.a. setzen den Finanzbedarf mit rund 1 Million DM pro Sanierungsfall verhältnismäßig niedrig an. Sie begründen das damit, daß sich in der Praxis mittlerweile gezeigt habe, daß es entgegen den ursprünglich erwarteten wenigen spektakulären Großschadensfällen eine Vielzahl kleinerer, unter 250.000 DM liegender, Schadensfälle gegeben habe. Dies lasse die durchschnittlich aufzubringenden Sanierungskosten vor allem im Bereich der Altstandorte deutlich sinken.[8] Sicher trifft es zu, daß gerade als Folge der systematischen Erfassung von Verdachtsflächen auch Altablagerungen und Altstandorte ermittelt werden, die von der Problemstruktur und vom Sanierungsaufwand deutlich unter dem liegen, was sich mit Altlasten wie Barsbüttel, Bielefeld-Brake, Dortmund-Dorstfeld oder Hamburg-Georgswerder verbindet. Ob das allerdings rechtfertigt zu folgern, daß der durchschnittliche Aufwand (lediglich) 1 Million DM beträgt, erscheint zweifelhaft. Entgegen zwischenzeitlich geäußerten Erwartungen hat bislang die partiell sicherlich erreichte Standartisierung bei den Sanierungstechnologien nicht zu einer nennenswerten Senkung der hier zu zahlenden Preise geführt. Auch wird oftmals erst nach und nach die Komplexität von Altlastenfällen sichtbar – mit der

---

7 Siehe dazu den entsprechenden Beitrag von HENKEL in diesem Band.
8 A.a.O., S. 228.

Folge, daß ursprünglich getroffene Kostenschätzungen nach oben korrigiert werden müssen.

Insgesamt gesehen erscheint es danach geboten, den Finanzbedarf doch um etliches höher anzusetzen, als HENKEL u.a. dies tun. Von ihnen wird im übrigen selbst darauf hingewiesen, daß die von ihnen für erforderlich erachteten Finanzmittel lediglich auf die Ermittlung und Abwehr von konkreten Gefahrensituationen bezogen sind.[9] Versuche man, die Aufwendungen zu ermitteln, die zur Wiederherstellung des Zustandes vor der Bodenverschmutzung erforderlich wären, so gelange man schnell in völlig andere Kostendimensionen.[10] So wünschenswert aus Umweltsicht die Wiederherstellung des status quo ante sein mag – um ein flächendeckend erreichbares realistisches Ziel der Umweltpolitik kann es sich dabei nicht handeln. Insofern führt kein Weg an einem differenzierten Vorgehen vorbei, bei dem am Ende gestufte Nutzungsmöglichkeiten stehen. Das bedeutet, daß der Finanzbedarf nicht die Größenordnung haben wird, die bei dem Ziel Multifunktionalität der Böden angepeilt werden müßte. Auf der anderen Seite wird sicherlich wesentlich mehr Geld aufgewendet werden müssen, als dies der Fall wäre, wenn man sich auf bloße Gefahrenabwehr beschränken würde.

Nach alledem dürfte es nach wie vor realistisch sein, für die nächsten 10 Jahre von einem Finanzbedarf von ca. 50 Mrd. DM auszugehen. Dabei wird sich dieser Finanzbedarf aller Voraussicht nach nicht gleichmäßig auf den genannten Zeitraum verteilen, vielmehr ist mit einem Anstieg in den letzten Jahren zu rechnen.[11]

Es ist weiter ausdrücklich darauf hinzuweisen, daß bei diesen Angaben weder die Kosten der Sanierung von Rüstungsaltlasten noch von den alliierten Streitkräften kontaminierten Böden berücksichtigt sind. Auch die benötigten Mittel für die Sanierung kontaminierter Flächen in der ehemaligen DDR sind bei den genannten Zahlen nicht mit einbezogen. In ersten – noch äußerst vagen – Schätzungen wurde insofern von einem Kostenbedarf in der Größenordnung von sogar mehreren 100 Mrd. DM ausgegangen.[12] LINDEMANN[13] kommt zu Zahlen in einer

---

9 A.a.O., S. 229.
10 Ebenda.
11 Ebenso die Einschätzung des RATES VON SACHVERSTÄNDIGEN FÜR UMWELTFRAGEN, Sondergutachten Altlasten, Bt-Drs. 11/6191, Tz. 697.
12 So die Angaben in einem Bericht der Frankfurter Rundschau vom 22.6.1990.
13 Müll und Abfall 1991, 148 ff.

Größenordnung von wenigstens 50 Mrd. DM. Auch wenn diese Zahlen sicher noch der eingehenden näheren Prüfung bedürfen, wird insgesamt doch deutlich, daß der Mittelbedarf eine Größenordnung erreicht hat, die – auch im Vergleich mit anderen Politikbereichen – gravierende Probleme bereiten kann. Die Schwierigkeiten werden noch größer, wenn man in die Betrachtung einbezieht, daß die einzelnen Regionen in sehr unterschiedlichem Maße betroffen sind. Daraus resultiert zum einen, daß der aus der Summe von 50 bis 100 Mrd. DM folgende jährliche Durchschnittsbetrag von ca. 5 bis 10 Mrd. DM noch verhältnismäßig wenig über den regional bestehenden Finanzbedarf aussagt. Zum anderen sind in der ungleichmäßigen Streuung auch Ursachen für die Schwierigkeiten bei der Bildung von Finanzierungs-Solidargemeinschaften zu sehen.

III. Finanzierungsansätze

Bei den Finanzierungsansätzen lassen sich prinzipiell zwei Vorgehensweisen unterscheiden: zum einen Lösungen auf der Grundlage freiwilliger Vereinbarungen, zum anderen solche auf gesetzlicher Grundlage[14]. Ihre Tauglichkeit hängt von verschiedenen Faktoren ab. Zu nennen sind insbesondere:
- ihre rechtliche Zulässigkeit,
- ihre umweltpolitische Effektivität,
- ihre politische Realisierbarkcit und schließlich
- ihre Praktikabilität.

Betrachtet man unter diesen Vorzeichen die gegenwärtig praktizierten und diskutierten Finanzierungsansätze, so bietet sich ein recht uneinheitliches Bild. Einige Merkmale, die diesen Befund stützen, sind im folgenden zu behandeln.

1. Dem Verursachungsprinzip würde es gewiß entsprechen, wenn die Kosten für Sanierungsmaßnahmen denjenigen auferlegt würden, die die Altlasten durch ihre wirtschaftliche Aktivität verursacht haben. Jedoch stößt ein solches Vorgehen alsbald an rechtliche und tatsächliche Grenzen: Soweit spezialrechtliche Bestimmungen des Umweltrechts überhaupt in Frage kommen, ist ihre Anwendbarkeit durch das Rückwirkungsverbot, vor allem aber vielfach durch den Umstand begrenzt,

---

14 Siehe dazu im einzelnen BRANDT, Finanzierung der Altlastensanierung im Abfallbereich, 1987, S. 10 ff.

daß die Vorschriften in der Regel keine Eingriffsbefugnisse enthalten, auf die ein behördliches Vorgehen gestützt werden könnte. In diesen Fällen ist zwar ein Rückgriff auf das allgemeine Polizei- und Ordnungsrecht möglich. Jedenfalls bei Altlasten auf Deponien führt dies aber an einem entscheidenden Punkt gleichwohl nicht weiter, denn eine Haftung des Abfallproduzenten – um sie geht es primär – scheitert zumeist daran, daß Transporteur und Deponiebetreiber noch selbständige Handlungsbeiträge leisten, bevor sich die Gefahr für die öffentliche Sicherheit realisiert[15]. Eher zu begründen ist demgegenüber eine Inanspruchnahme bei kontaminierten Betriebsflächen, weil hier keine weiteren Akteure bis zur Entstehung der Gefahr dazwischengeschaltet sind.

Faktisch wird die Heranziehung einzelner Verantwortlicher aber zum einen nicht unerheblich dadurch erschwert, daß die maßgeblichen Verursachungsbeiträge oftmals Jahrzehnte zurückliegen. Zum anderen überschreiten nicht selten die Kosten der Sanierung das finanzielle Leistungsvermögen der jeweils in Anspruch Genommenen. Insgesamt liegt auf der Hand, daß beträchtliche Deckungslücken verbleiben, die von den verschiedenen öffentlichen Händen geschlossen werden müssen, wenn sich keine anderen Finanzierungsmöglichkeiten eröffnen.

2. Derartige Finanzierungsmöglichkeiten stehen auf Bundes- und Landesebene auch zur Verfügung.

Auf Bundesebene sind nach anfänglicher Ablehnung aller Beteiligungsformen nach und nach Finanzierungsinstrumente installiert bzw. aktiviert worden, über deren Einsatz jedenfalls auch ein Beitrag zur Finanzierung der Altlastensanierung geleistet werden kann. Zu nennen ist namentlich

- Technologieforderung;[16]
- Städtebauförderung;[17]

---

15 So jedenfalls, wenn man die in der Rechtsprechung noch vorherrschende Lehre von der unmittelbaren Verursachung zugrundelegt. Dazu – und zu alternativen Ansätzen – BRANDT/DIECKMANN/WAGNER, Altlasten und Abfallproduzentenhaftung, 1987, S. 33 ff., 50 ff. Siehe auch den Beitrag von STAUPE/DIECKMANN in diesem Band.

16 Dahinter verbirgt sich die Bereitstellung von Mitteln für die Erforschung und Entwicklung neuer Technologien zur Erfassung, Untersuchung, Bewertung, Sicherung und Sanierung von Altlasten, ferner für Demonstrationszwecke.

17 Siehe dazu KRAUTZBERGER, WiVerw 1990, S. 180 (194 ff.).

- Förderung von städtebaulichen Entwicklungsmaßnahmen;[18]
- Bereitstellung von Strukturhilfemitteln;[19]
- Förderung von Infrastrukturinvestitionen.[20]

Die Aufzählung zeigt, daß es etliche Finanzierungsansätze auf der Ebene des Bundes gibt, die zwar ganz überwiegend nicht primär auf die Altlastenproblematik zugeschnitten sind, aber durchweg für die Finanzierung von Maßnahmen zur Altlastensanierung herangezogen werden können. Allerdings müssen jeweils spezifische Voraussetzungen erfüllt werden und zwar sowohl in inhaltlicher als auch in verfahrensmäßiger Hinsicht, die in der Summe die Erlangung von Bundesmitteln nicht unerheblich erschweren können. Nicht zu übersehen ist im übrigen eine gewisse Wildwüchsigkeit beim Zuschnitt der Förderprogramme. Es ist deshalb nicht von der Hand zu weisen, daß die Schwerpunktsetzungen bei der Vergabe – mit Blick auf die Altlastenproblematik – eher zufällig erfolgen. Schließlich darf nicht unerwähnt bleiben, daß bedingt durch die konstruktionsmäßige Verankerung im Rahmen der Gemeinschaftsaufgaben nach Art. 91a GG bzw. der Finanzierungshilfen nach Art. 104a Abs. 4 GG eine alleinige Finanzierung durch den Bund nicht in Frage kommt. Gerade für struktur- und damit finanzschwache Länder, die nicht selten zugleich in besonderem Maße vom Altlastenproblem betroffen sind, kann sich die Notwendigkeit, einen eigenen Finanzierungsanteil zu erbringen, als ein nur schwer zu überwindendes Hindernis darstellen und möglicherweise diesen Finanzierungsweg auch ganz versperren.

Nach dem Scheitern bundeseinheitlicher Finanzierungslösungen Mitte der achtziger Jahre haben die meisten Länder damit begonnen, eigene kollektivrechtliche Finanzierungskonzepte zu entwerfen und teilweise auch zu praktizieren. Es ist hier nicht der Ort, die Ansätze im einzelnen

---

18 Dazu zusammenfassend KRAUTZBERGER, GuG 1990, S. 3 ff.

19 Ein Überblick findet sich bei KOOPMANN, in: Bielenberg/Koopmann/Krautzberger, Städtebauförderung, Band II, 1.2.

20 Als Anknüpfungspunkt kommt hier im wesentlichen allerdings nur der Ausbau von Abfallaufbereitungsanlagen in Betracht.

vorzustellen.[21] Vielmehr soll lediglich eine gewisse Einordnung der verschiedenen Konzepte versucht werden. Zwei Ansätze sind zu unterscheiden: Finanzierungsansätze auf gesetzlicher Grundlage und Finanzierungsmodelle, die auf einer Kooperation zwischen Staat und Wirtschaft beruhen.

Eine Vorbildfunktion besitzt bei letzterem die bereits 1986 zustandekommene rheinland-pfälzische Kooperationsvereinbarung.[22] Verhandlungen über derartige Kooperationslösungen hat es in den folgenden Jahren in Baden-Württemberg, Bayern, Berlin, Hessen, im Saarland und in Schleswig-Holstein gegeben, aber nur in Bayern ist es zu einer Lösung gekommen, die derjenigen in Rheinland-Pfalz weitgehend gleicht.[23] Daß bundesweit gesehen Kooperationslösungen bislang der große Durchbruch versagt geblieben ist und ein solcher sich auch nicht abzeichnet, dürfte allerdings weniger auf die damit möglicherweise verbundenen rechtlichen Schwierigkeiten zurückzuführen sein als auf „funktionale Schwächen der Kooperationsvereinbarungen".

Damit ist primär gemeint, daß der Finanzrahmen, der auf dem Verhandlungswege zu erreichen ist, sich bei weitem nicht in einer Größenordnung bewegt, die angesichts des sich abzeichnenden Finanzbedarfs für die Altlastensanierung namentlich in den Bundesländern angepeilt werden muß, die in stärkerem Maße von der Altlastenproblematik betroffen sind.[24] Im übrigen erscheint zweifelhaft, ob das mit Koopera-

---

21 Eine erste Beschreitung und Klassifizierung findet sich im Bericht der Arbeitsgruppe „Altlastensanierung" der Umweltministerkonferenz, Rechtliche, organisatorische und finanzielle Fragen der Altlastensanierung, 1986, 8 ff., 22 ff. Eine ausführliche Zusammenstellung der Finanzierungsansätze in den Bundesländern hat mit dem Stand Mai 1989 der Deutsche Industrie- und Handelstag unter dem Titel „Altlastensanierung und ihre Finanzierung in den Bundesländern" vorgelegt. Mittlerweile gibt es eine Fortschreibung mit dem Stand Januar 1991. Siehe nunmehr auch ESSING, Finanzierungsmodelle der Länder zur Altlastensanierung – Überblick, in: Handbuch der Altlastensanierung, Stand: 1992, Zif. 1.6.3.0.

22 Es ist dargestellt bei STRICKRODT, in: Handbuch der Altlastensanierung, Band 1, unter 1.6.3.4.; WAGENER, in: Altlasten, 1990, 189 ff.; DERSELBE, WUR 1990, 137 (137 f).

23 Sie ist beschrieben bei SCHARINGER, industrie + handel 11/89, 30 ff., und WAGENER, WUR 1990, 140 f.

24 Zweifel an der Leistungsfähigkeit der rheinland-pfälzischen Vereinbarung äußern BRANDT/LANGE, UPR 1987, 11 (17); BREUER, NVwZ 1987, 751 (759); WAGENER, in: Altlasten, 1990, 196 ff. bezogen auf die Kooperationsvereinbarungen generell WAGENER, WUR 1990, 141.

tionslösungen verfolgte Ziel, den regional und lokal vorhandenen Sachverstand über den Finanzierungsaspekt hinaus für die Bewältigung des Altlastenproblems einzusetzen, auf diese Weise wirklich erreicht werden kann.[25]

Nach alledem zeichnet sich jedenfalls bislang nicht ab, daß mit Hilfe von Kooperationsvereinbarungen das Problem der Finanzierung der Altlastensanierung auch nur ansatzweise gelöst werden könnte.

Von vornherein nicht als Prototyp für einen auch in anderen Ländern heranziehbaren Finanzierungsansatz, sondern als eine an den besonderen Bedingungen des Landes Nordrhein-Westfalen ausgerichtete Lösung[26] wird mit dem auf gesetzlicher Grundlage[27] erhobenen Lizenzentgelt versucht, einen finanziellen Beitrag zur Altlastensanierung zu leisten.[28] Das Aufkommen aus den Lizenzeinnahmen ist zweckgebunden für Maßnahmen der Abfallentsorgung und (zu mindestens 70 %) der Altlastensanierung. Angestrebt wird ein jährliches Aufkommen von ca. 50 Mio. DM.[29] Mittlerweile ist deutlich geworden, daß die tatsächlich erzielten Einkünfte aus der Lizenzierung unter diesem Betrag liegen.[30] Aber auch die angestrebten 50 Mio. DM würden den in Nordrhein-Westfalen Jahr für Jahr für die Altlastensanierung erforderlichen Finanzbedarf nur zu einem – eher geringeren – Teil decken können.

---

25 Vorbehalte meldet insofern auch WAGENER, WUR 1990, 141, an.

26 In diesem Sinne HOLTMEIER, in: Altlasten, 1990, 200 ff.

27 Es handelt sich einmal um das Abfallgesetz für das Land Nordrhein-Westfalen, zum anderen um das Gesetz über die Gründung des Abfallentsorgungs- und Altlastenentsorgungsverbandes Nordrhein-Westfalen, die Einzelheiten über die Erhebung der Lizenzentgelte sind in einer Rechtsverordnung vom 8.6.1989 (GVBl. Nordrhein-Westfalen 1989, 334) geregelt.

28 Ausgangspunkt der Konstruktion ist die Lizenzierungspflicht für die Behandlung oder Ablagerung bestimmter Abfälle. Wer danach Abfälle, die die entsorgungspflichtigen Körperschaften nach § 3 Abs. 3 AbfG von ihrer Entsorgungspflicht ausgeschlossen haben, in Nordrhein-Westfalen behandelt oder ablagert, braucht dafür eine Lizenz. Dafür wird ein Lizenzentgelt erhoben, dessen Höhe sich nach Menge und Gefährlichkeit der behandelten oder abgelagerten Abfälle bemißt. Einzelheiten bei HOLTMEIER.

29 Auch dazu HOLTMEIER, 200 ff.

30 DEUTSCHER INDUSTRIE- UND HANDELSTAG, 1991, 23 f.

Ob das nordrhein-westfälische Lizenzmodell verfassungsrechtlichen Anforderungen standhält, ist umstritten.[31]

Jedenfalls einige der genannten Bedenken wird man für so gravierend halten müssen, daß sie bei einer Entscheidung darüber, ob entgegen den Vorstellungen der Promotoren das nordrhein-westfälische Lizenzmodell doch als Grundlage für Finanzierungsregelungen in anderen Bundesländern dienen könnte, ernsthaft Berücksichtigung finden müssen.

Zu erwähnen ist schließlich noch der Versuch, zu einer Finanzierung der Altlastensanierung über die Heranziehung des Aufkommens aus Abfallabgaben zu gelangen.

Bei aller Unterschiedlichkeit im einzelnen[32] zielen die Entwürfe bzw. praktizierten Lösungen in Baden-Württemberg,[33] im Saarland,[34] und in

---

31 Siehe dazu vor allem FRIAUF, Altlastensanierung durch „Lizenzabgaben" auf die Sonderabfallentsorgung, 1987; KLOEPFER, Lizenzpflicht als Finanzquelle?, 1988; DERSELBE/FOLLMANN, DÖV 1988, 573 ff.; PEINE, NWVBl. 1988, 193 ff.; SALZWEDEL, Rechtsgutachtliche Stellungnahme zum Nordrhein-Westfalen-Modell: Sonderabfallentsorgung und Altlastensanierung, 1987; DERSELBE, in: Das neue Abfallwirtschaftsrecht, 1989, 159 ff.; DERSELBE, NVwZ 1989, 820 (823 ff.); STALLKNECHT, Lizenz und Lizenzentgelt – Verfassungsrechtliche Überlegungen zu §§ 10 ff. LAbfG NW, 1990. Weitere Nachweise bei KLOEPFER, Finanzierung der Altlastensanierung in Schleswig-Holstein, 1991, 32, Fn. 100 bis 102.

32 Siehe dazu die Auflistung des DEUTSCHEN INDUSTRIE- UND HANDELSTAGES, 1991, 3, 7 ff.

33 Dem baden-württembergischen Konzept (vgl. §§ 6 ff. des Entwurfs (Landtags-Drs. 10/4434)) liegt ein Rechtsgutachten zugrunde, in dem die Einführung einer Sonderabfallabgabe zu Lasten der Sonderabfallerzeuger empfohlen wird: JARASS, Verfassungsfragen der Sonderabfallabgabe und verwandter Gestaltungsformen, 1989.

34 Als Grundlage können insoweit mündliche Verlautbarungen aus dem Umweltministerium seit dem Herbst 1990 dienen, wonach zur Finanzierung die Einführung einer Abgabe auf Reststoffe vorgesehen ist. Dabei ist allerdings unklar, ob derartige Reststoffe lediglich Sonderabfälle sein sollen, oder – wie dies gelegentlich geäußert wird (vgl. die entsprechenden Ausführungen in DEUTSCHER INDUSTRIE- UND HANDELSTAG, 1991, 33) –, auch Hausabfälle, hausmüllähnlicher Gewerbeabfall, Bauschutt u.a.

Niedersachsen[35] darauf ab, eine eigenständige, neue Finanzierungsquelle zu installieren, die speziell auf die Finanzierung der Altlastensanierung zugeschnitten ist. Mit dem Einsatz des relativ neuen Instruments Sonderabgabe ist offenbar die Erwartung verknüpft, einen gerade auf Landesebene rechtlich gangbaren Weg zu finden und über die Erzielung von Finanzmitteln hinaus in stärkerem Maße auch Lenkungsaspekte zur Geltung zu bringen.

3. Insgesamt erweist sich, daß per se an Finanzierungsansätzen zwar kein Mangel ist, daß es aber angesichts der zahlreichen Variablen, die zu berücksichtigen sind, schwerfällt, zu befriedigenden Ergebnissen zu gelangen, die auch die erforderliche politische Akzeptanz finden. Allem Anschein nach bedarf es somit noch erheblicher Anstrengungen – wissenschaftlicher und politischer Art –, um hier diejenigen Fortschritte zu erzielen, die verhindern, daß gerade die Finanzierung zum Nadelöhr bei der Lösung des Altlastenproblems wird.

---

35 Gedacht ist an die Errichtung eines Altlastensanierungsfonds', der aus Sonderabgaben auf den Haus- und Sondermüll finanziert werden soll (DEUTSCHER INDUSTRIE- UND HANDELSTAG, 1991, 12). Die nach langwierigen Bemühungen 1990 zustandekommende Kooperationslösung wird im Hinblick auf das Aufkommen, das damit erzielt werden könnte, nicht für ausreichend gehalten (a.a.O.).

Dokumentation und Analyse

Wolfgang Selke

BMFT-Vorhaben Saarbrücken

I. Problembeschreibung und Ziele des kommunalen Umgangs mit Altlasten

Industriebrachen können wegen ihrer Nutzungsgeschichte dann bestimmte Probleme aufwerfen, wenn sie erneut zu anderen Zwecken wieder in Anspruch genommen werden sollen. Wurden im Produktionsprozeß boden- und grundwassergefährdende chemische Stoffe eingesetzt, ist ein Kontaminationsverdacht nach den bisherigen, praktischen Erfahrungen keineswegs auszuschließen. Dies gilt gleichermaßen für Dienstleistungsbranchen und für Infrastruktureinrichtungen.

In mehreren europäischen Ländern (Niederlande, Großbritanien, Frankreich, Belgien und Deutschland) wie in den USA ist in den letzten Jahren eine Vielzahl von spektakulären Bodenverseuchungen und aufwendigen Altlastensanierungen bekannt geworden. Häufig wurden Abfälle aus der Produktion, aber auch Hausmüll – aus heutiger Sicht – so unsachgemäß gelagert, daß Boden und Grundwasser erheblich verseucht wurden.

In vielen Fällen führten Einsatz oder Umgang mit entsprechenden chemischen Stoffen über Leckagen, Tropfverluste, Betriebsunfälle und sorglosen Umgang zu großflächigen Bodenkontaminationen.

Besondere Risiken resultierten aus diesen Belastungen besonders dann, wenn sensible Nutzungen wie Wohnen, Spielplätze oder Sportanlagen auf diesen hierfür ungeeigneten Böden errichtet worden sind oder noch gebaut werden sollen.

Aus den bisherigen Erfahrungen mit den geschilderten Defiziten und Risiken bietet es sich an, dem vorsorglichen Bodenschutz größere Aufmerksamkeit zu widmen.

Die umweltpolitische Dimension dieses Problems umfaßt mehrere Ebenen:

- die Gefahr mittel- und langfristiger Grundwasserverunreinigungen mit latenten Belastungsrisiken bzw. aufwendiger Trinkwasseraufbereitung;
- potentielle Gesundheitsrisiken, falls Menschen sich längere Zeit auf diesen Böden aufhalten;
- hohe finanzielle Entschädigungen für die Fälle, in denen Behörden vor Baugenehmigungen von Verseuchungen wußten oder hätten wissen müssen;
- erhebliche wirtschaftliche Nachteile, wenn gut erschlossene und verkehrsgünstig gelegene Industriegrundstücke wegen Bodenbelastungen nicht wiedergenutzt werden können;
- städtebauliche Probleme, wenn wegen der Wiedernutzungsverzögerungen neue, bislang land- oder forstwirtschaftlich genutzte Flächen in der freien Landschaft bebaut werden müssen;
- psycho-soziale Schädigungen von Menschen, deren Wohnungseigentum plötzlich wertlos wird und die sich nicht kalkulierbaren gesundheitlichen Risiken ausgesetzt fühlen.

Für die kommunal wie regional Verantwortlichen ergeben sich in Kenntnis dieser Probleme klare Konsequenzen insbesondere dann, wenn der umwelt- und wirtschaftspolitische Anspruch des Verursacherprinzips bei der Finanzierung von Bodensanierungen verwirklicht werden soll:

Das bislang vorherrschende Defizit – ex post – auf Bodenverunreinigungen zu reagieren, müßte in einen vorsorgenden Bodenschutz – ex ante – weiter entwickelt werden. Erst wenn allen Beteiligten die hohen Risiken von potentiellen Bodenbelastungen in der Gegenwart deutlich sind, kann das Problem in der Zukunft unter Kontrolle gebracht werden.

Entsprechend müßten die Hauptziele der Kommunen und Fachbehörden darin bestehen:

1. Risiken im gegenwärtigen Umgang mit boden- und wassergefährdenden Chemikalien in den entsprechenden Wirtschaftsprozessen zu verringern und zu vermeiden;
2. Gefährdungen auszuschließen, die dadurch entstehen, daß bereits

belastete Flächen für schadstoffempfindliche Nutzungen in Anspruch genommen werden;
3. diejenigen Standorte systematisch und flächendeckend zu ermitteln, an denen der Kontaminationsverdacht vorrangig aufzuklären ist.

II. Erfassung von kontaminationsverdächtigen Flächen und Konsequenzen für die Verwaltungspraxis

Die zuvor genannten Zielsetzungen erfordern es, gegenüber der heute noch vorherrschenden Praxis der Erfassung „altlastverdächtiger Flächen", den methodischen Ansatz zu erweitern. Die relevanten Branchen der Rohstoffgewinnung, Produktion, Weiterverarbeitung, des Handels, der Dienstleistungen und Infrastruktureinrichtungen sollten nicht länger erst nach Betriebsabschluß unter unvollständigen Informationen historisch erfaßt werden; vielmehr sollten alle aktuellen Aktivitäten, bei denen mit boden- und wassergefährdenden Chemikalien umgegangen wird, in einem Industrie-, Gewerbe-, Dienstleistung- und Infrastrukturbestandskataster ermittelt werden. Aus organisatorischen oder rechtlichen Gründen ist es auch vorstellbar, diese Daten vom eigentlichen „Altlastenkastaster/Verdachtsflächenatlas" getrennt zu führen. Auf diese Weise wäre die Voraussetzung dafür geschaffen, mit flächendeckenden und aktuellen Informationen die bisherigen Planungsfehler vorsorglich vermeiden zu können.

Das heißt, daß auf dieser Grundlage die Ziele zwei und drei leistbar sind: Bei Bauleitplanungen, Baugenehmigungen und darüber hinaus schon beim Grundstücksverkehr können zum einen Fehlentscheidungen und Abwägungsfehler ausgeschlossen werden. Zum anderen sind Untersuchungsprioritäten für schon eingetretene Fehler bestimmbar. Historische Standorte mit Nutzungskonflikten müssen nach Dringlichkeit nachträglich analysiert werden. Für die dann aktuellen Einzelstandorte hat der Stadtverband eine Methodik zur Ausarbeitung von Untersuchungskonzepten entwickeln lassen, die – gestuft aufgebaut – Kostenaspekte berücksichtigt. Praktische Erfahrungen zu diesem erweiterten Konzept liegen in den neuen Ländern der BRD, in den Kohlerevieren Nordfrankreichs, Belgiens und insbesondere an der Saar vor.

Vereinzelt verfügen deutsche Kommunen (z.B. Bielefeld, Bremen, Dortmund) über entsprechende Flächen. Der vorliegende Beitrag beruht auf den Ergebnissen des Forschungsvorhabens „Kommunales Handlungsmodell Altlasten". Der Stadtverband Saarbrücken hat mit finanzieller Unterstützung des Bundesministeriums für Forschung und Technologie und des Umweltministeriums des Saarlandes Methoden und Instrumente entwickelt und dokumentiert. Hierüber wurde an anderer Stelle ausführlich informiert[1]. Die Ergebnisse wurden in der kommunalen Praxis der Gemeinden des Stadtverbandes berücksichtigt. Darüber hinaus bildeten sie die Grundlage für mittelfristige, systematische Untersuchungsprogramme im Saarland. Es wurden hierbei induktiv, am Einzelstandort entwickelte Kenntnisse, sowie deduktiv und systematisch aufgebaute Konzepte zu Gesamtstrategien verbunden; der Aufwand bleibt für Folgeanwendungen zeitlich und finanziell vertretbar. Die vorliegenden Forschungsergebnisse basieren auf praktischen Anwendungen im regionalen Maßstab und können deshalb das Attribut „praxiserprobt" für sich in Anspruch nehmen.[2]

Gemeinsam mit dem Institut für Umweltinformatik werden die Ergebnisse mit Hilfe von Computerprogrammen im Landkreis Wittenberg, Sachsen-Anhalt, in einem weiteren vom Bundesumweltministerium finanzierten Pilotprojekt umgesetzt. Den beiden Hauptproblemen kann also auf wissenschaftlicher Basis mit praxiserprobten Ansätzen begegnet werden: Es können verläßliche Grundlagen für eine mittelfristige Finanzplanung in Kenntnis des gesamten Problemumfangs geschaffen werden: Latent vorhandene Irritationen durch spektakuläre Einzelprobleme können so in der Kommunalpolitik ausgeschlossen werden[3].

III. Thesenartige Zusammenfassung der Erfahrungen, wie in der Praxis mit Altlasten in den Bauleitplanungen und der Bauaufsicht umgegangen wird

An der abgeschlossenen Erfassung von kv-Flächen und den daraus resultierenden Konsequenzen für die Verwaltungspraxis lassen sich verschiedene Erfahrungen aufzeigen:

---

1 DORSTEWITZ, U./W. SELKE: Aufspüren und Handeln: Über das Modell des Stadtverbandes Saarbrücken zum Umgang mit Altlasten, in: Berichte vom 5. Altlasten-Seminar über Erkundung und Sanierung von Altlasten, Bochum, 29. März 1989.

2 Unveröffentlichte Manuskripte entsprechender Forschungsaufträge im Rahmen des vom BMFT geförderten Projekts „Handlungsmodell Altlasten", W. Selke, B. Hoffmann (Hg.), Altlasten und kommunale Praxis, Fachbuchreihe Praxis der Altlastensanierung, Band 1, Bonn 1992.

3 Zu den Ergebnissen vgl. im einzelnen: SELKE, W., Umfassende Strategien, in: ENTSORGA Sonderheft 1/91, 32-41.

1. Das technische Instrumentarium zur Erfassung und Bewertung von altlastverdächtigen Flächen steht heute zur Verfügung. Der zeitliche und personelle Aufwand sowie die Kosten sind vertretbar[4].

2. Unter Vorsorgegesichtspunkten ist es erforderlich, die Ermittlung auf Standorte, an denen *heute* mit boden- und wassergefährdenden Stoffen umgegangen wird, auszuweiten und sich nicht auf den rein historischen abgeschlossenen Bestand zu beschränken:

   131. „Gefahrenabwehr und Schadensbegrenzung bestimmen derzeit die Politik gegenüber Altlasten. Diese Aufgaben haben Priorität. Der Rat betont jedoch auch die Bedeutung präventiven Handelns zur Vermeidung zukünftiger neuer Altlasten, das im Hinblick auf den Schutz der Böden, des Untergrundes und des Grundwassers notwendig ist. Die systematische Erfassung und Prüfung aller stillgelegten Ablagerungen und Altstandorte ist Voraussetzung einer umsichtigen Umweltpolitik. Der Rat empfiehlt, parallel dazu auch die in Betrieb befindlichen Anlagen und Kanalisationen, bei denen sowohl in der Vergangenheit als auch in der Gegenwart und näheren Zukunft die Möglichkeit des Austritts von den umweltgefährdenden Stoffen in Böden und Untergrund besonders gegeben ist, zu erfassen. Hierdurch könnten in Form eines Katasters die problematischen von den unproblematischen Fällen unterschieden werden. Diese Phase der Erfassung dient nicht nur der Vorsorge, sondern ermöglicht auch die Anwendung des Verursacherprinzips. Es muß das Ziel sein, später möglichst nicht mehr auf zufällige Entdeckungen altlastenverdächtiger Flächen und die langwierige Suche nach ihren Eigentümern angewiesen zu sein." (Sondergutachten des Rates von Sachverständigen für Umweltfragen, 1989).

3. Soll gerade das vielzitierte „Verursacherprinzip" zum Tragen kommen, sind die Betrachtungen auf die in Betrieb befindlichen Dienstleistungen und die laufende Produktion auszudehnen. Wir sprechen dann von kontaminationsverdächtigen Standorten. Die häufig vorherrschende Beschränkung auf ein historisches Stichdatum verursacht i.d.R. sogar zusätzlichen Aufwand, um den aktuellen Besatz kontaminationsverdächtiger Branchen und Einrichtungen vom hi-

---

4 Vgl. hierzu GERDTS, D./W. SELKE, Leitfaden zur Erfassung und Bewertung kontaminationsverdächtiger Standorte, hg. beim Stadtverband Saarbrücken, Postfach 199, 6600 Saarbrücken 1; dort auch kostenlos zu beziehen.

storischen Bestand zu unterscheiden und abzugrenzen. Die ergiebigsten Datenquellen wie Ordnungsamtakten, gelbe Seiten, IHK-Listen müssen erst „historisch" und „aktuell" unterschieden werden, um die historische Einschränkung der Betrachtung überhaupt erst möglich zu machen.

4. Mittels eines Katasters und eines Atlanten kontaminationsverdächtiger Flächen und deren kontinuierlicher Fortschreibung ist es möglich, Planungsfehler in Zukunft mit großer Sicherheit auszuschließen. Neben den Verbesserungen des Flächennutzungsplanes, der Bebauungspläne und der Baugenehmigungspraxis ist der Grundstücksverkehr berührt. Die hier Beteiligten können über Verdachtsmomente informiert werden und Sachverhalte aufklären. Es sind relativ wenige Änderungen bzw. Ergänzungen im kommunalen/regionalen Verwaltungsablauf erforderlich, um eine Bebauung bzw. Inanspruchnahme von ungeeigneten Flächen in Zukunft zu verhindern.

5. Untrennbar mit dem Ziel der Umweltschutzvorsorge und der Vermeidung von Entschädigungsansprüchen verknüpft ist die vollständige Information über bereits verursachte Planungsfehler. Die Kenntnis über Wohnsiedlungen und Kinderspielplätze auf kv-Flächen müßte zu Untersuchungsprogrammen und Finanzierungskonzepten führen. Geschieht dies nicht, ist dieser Mangel kommunalpolitisch zu verantworten.

6. Der für die Typisierung unverzichtbare Datenumfang pro kontaminationsverdächtigem Standort läßt sich stark reduzieren. Um die Flächen zu bestimmen, die vorrangig zu untersuchen sind, bedarf es weniger Grunddaten wie Branchentyp der Firma/Einrichtung und heutiger und geplanter Nutzung[5].

7. Der Bewertungsansatz sollte qualitativen und vergleichenden Charakter haben. Quantitative Ansätze, die Risiken absolut abschätzen

---

5 Vgl. hierzu Anlage 1 und 2; dort wurden verfügbaren Quellen und eigene Ansätze gegenübergestellt, die versuchen, Nutzungsempfindlichkeit gegenüber Schadstoffen sowie Schadstoffpotentiale der einzelnen kontaminationsverdächtigen Branchen abzustufen.

wollen, können auf dieser Informationsebene nicht eingesetzt werden[6].

8. Das Kataster über Gewerbe, Betriebe und Einrichtungen, an denen mit boden- und wassergefährdenden Stoffen umgegangen wurde oder wird, kann den Einstieg in ein kommunales Umweltinformationssystem bedeuten oder fördern.

9. Die Öffentlichkeitsarbeit sollte vom Grundsatz der Transparenz und Mitwirkung ausgehen. Alle Versuche, unangenehme Tatsachen 'geheimzuhalten', haben sich als gefährlich erwiesen: mangelnde Offenheit führt nach vielfachen Erfahrungen dazu, daß Betroffene jegliches Vertrauen in die Behörden und Politiker verlieren.

10. Für die Sanierung von bewohnten Flächen sollten frühzeitig Haushaltsmittel bereitgestellt werden. Dies ist nur in Kenntnis der regionalen Gesamtproblematik möglich, wenn Sanierungsaufwand und Entschädigungen nicht von Fall zu Fall unterschiedlich, sondern nach Gleichheitsgrundsätzen entschieden werden sollen.

IV. Flächennutzungsplan und Kontaminationsverdacht

Speziell für das Thema Flächennutzungsplan und Kontaminationsverdacht werden beim Stadtverband folgende Überlegungen und Ansätze relevant:

Die vorgestellte Generalinventarisierung führte zu ca. 2.500 kv-Flächen mit ca. 4.200 Einzelnutzungen und zu einem kurzfristig nicht abarbeitbaren Untersuchungsaufwand.

Dieser bezieht sich auf
- zukünftig geplante, bislang noch nicht in Anspruch genommene Neubauflächen;
- Bebauungspläne mit umfangreichen Baulücken oder Reservegebieten;

6 Vgl. darüber hinaus zum Bewertungsansatz: HOFFMANN, B.: „Bestimmung von Untersuchungsprioritäten im Hinblick auf kommunale Handlungsmöglichkeiten", in: Tagungsmappe zur Veranstaltung „Kommunaler Umgang mit Altlasten" am 6.11.1990 in Saarbrücken beim Stadtverband.

- bereits eingetretene Planungsfehler an Standorten mit Nutzungskonflikten.

Im Stadtverband Saarbrücken beträgt diese Auswahl von untersuchungsbedürftigen Standorten - ohne diejenigen aus dem Aspekt des Grundwasserschutzes - über einhundert Fälle. Sie vollständig auf ihre Verdachtsmomente hin aufzuklären, wird Jahre dauern. Um dennoch gegenüber der Öffentlichkeit Verantwortungsbereitschaft und kommunalpolitische Priorität des Bodenschutzes zu dokumentieren, hat die Verwaltung des Stadtverbandes im Sommer 1990 dem Planungsrat die Kennzeichnung der 84 Fälle im derzeit aufzustellenden Flächennutzungsplan vorgeschlagen. Sie könnte am besten Konzept und Programmatik in der Altlastenproblematik im saarländischen Verdichtungsraum wiederspiegeln.

Die Flächen wurden mit wissenschaftlichen Methoden auf hohem fachlichen Niveau im Forschungsvorhaben Altlasten ermittelt. Der Stadtverband hat bereits dargelegt, warum ausgerechnet diese Flächen und nicht ganz andere oder weit mehr als 84 Flächen gekennzeichnet werden sollen[7].

Die Kennzeichnung von Flächen mit Untersuchungsbedarf würde nach dem Baugesetzbuch über die derzeitigen gesetzlichen Anforderungen an die Flächennutzungsplanung hinausgehen, wonach lediglich Siedlungsflächen mit erwicsenen Altlasten zu markieren sind. Der Planungsrat hat deshalb ein Rechtsgutachten zur Frage der Kennzeichnung eingeholt[8]. In dem Gutachten wird vertreten, daß die Kennzeichnung der 84 Flächen rechtlich zulässig ist. Darüber hinausgehend wird dem Planungsrat empfohlen, die Flächen mit Untersuchungsbedarf durch eine Kennzeichnung hervorzuheben.

Diese Empfehlung basiert auf der Überlegung, daß zum einen der Altlastenverdacht nicht ignoriert werden kann, zum anderen darauf, daß die Aufklärung aller Verdachtsmomente nicht abgewartet werden kann, ohne die Flächennutzungsplanung erheblich zu verzögern. Die jüngste Rechtsprechung bestätigt die im Gutachten vertretene Auffassung, wo-

---

7 BRANDT, E.: Die Kennzeichnung kontaminationsverdächtiger Standorte im Flächennutzungsplan, unveröffentl. Gutachten im Auftrage des Planungsrates beim Stadtverband Saarbrücken, 1990.

8 Ebenda.

nach die Kommunen grob fahrlässig handeln, wenn sie dem Altlastenverdacht in der Bauleitplanung nicht nachgehen. Zum gleichen Sachverhalt liegen seit geraumer Zeit Äußerungen eines in der Sache maßgebenden Richters am Bundesverwaltungsgericht vor[9]. GAENTZSCH hält es ebenfalls für rechtlich möglich und zulässig, „in Bauleitplänen auch auf Altlastverdachtsflächen hinzuweisen, wenn Anhaltspunkte für einen begründeten, aber derzeit noch nicht abschließenden aufzuklärenden Verdacht vorliegen ...“[10].

84 Flächen im Siedlungsraum des Stadtverbandes, auf denen durch Untersuchungen dem Verdacht auf Bodenverunreinigungen nachgegangen wird bzw. in absehbarer Zeit nachgegangen werden muß, sind eine überschaubare Aufgabe. Darunter sind Neubauflächen, die erst dann untersucht werden müssen, wenn diese Projekte realisiert werden. Dazu gehören einige Modellstandorte, die bereits in dem Forschungsprojekt des Stadtverbandes untersucht werden. Darunter sind außerdem 18 Kinderspielplätze, die in einem gemeinsamen Programm bereits untersucht worden sind.

Seit dem Sommer 1991 hat die Fachkommission „Städtebau“ der ARGEBAU einen Mustererlaß „Berücksichtigung von Flächen mit Altlasten bei der Bauleitplanung und im Baugenehmigungsverfahren“ abschließend beraten, der von der Ministerkonferenz im Mai zustimmend zur Kenntnis genommen wurde[11].

Danach besteht – entsprechend des höchstrichterlichen Urteils (BVerwGE 59, 87 (103) im Fall Osnabrück) – bei der Bauleitplanung eine generelle Nachforschungspflicht nach Altlasten (zunächst) nicht: „Was die Gemeinde nicht sieht und nach den gegebenen Umständen auch nicht zu sehen braucht, kann von ihr bei der Abwägung nicht berücksichtigt werden und braucht nicht berücksichtigt werden“ (Mustererlaß Punkt 2.1.2).

Allerdings wird eingeräumt, daß bei konkreten Bauleitplanverfahren, also z.B. bei der Aufstellung eines Flächennutzungsplanes, dem Alt-

9 GAENTSCH, Aufhebung der baulichen Nutzbarkeit von Altlastenflächen, BADK-Information 3/1990, 51 ff. und NKwZ 1990, 505 ff.

10 Ebenda, 52.

11 Mustererlaß „Berücksichtigung von Flächen mit Altlasten bei der Bauleitplanung und im Baugenehmigungsverfahren“ der Fachkommission der ARGEBAU, Ministerkonferenz) der ARGEBAU, 81 Sitzung, 27./28.6.1991.

lastverdacht nachzugehen ist, wenn konkrete Hinweise und Anhaltspunkte über mögliche Altlasten existieren. Als Beispiele werden aufgeführt:
- Altlastenkataster, Verdachtsflächenverzeichnisse,
- alte Kartierungen, Bauakten, Luftbilder,
- Hinweise aus der Bevölkerung, Anregungen und Bedenken,
- Stellungnahmen von Trägern öffentlicher Belange,
- Genehmigungsunterlagen der Gewerbeaufsichtsbehörden auf der Grundlage von §16 GewO,
- die frühere Nutzung der Flächen.

Bei positiven Befunden werden darüber hinaus Behördengespräche empfohlen, da zur Aufklärung von Verdachtsmomenten eine bloße Zusendung des Planentwurfs an die Träger öffentlicher Belange nicht ausreiche. Als Beispiele werden genannt:
- Geologisches Landesamt
- Abfallbehörde
- Wasserbehörde
- Wasserwirtschaftsamt
- Umweltbehörde.

Es wird weiter davon ausgegangen, daß die eingehenden Stellungnahmen der Fachbehörden nicht in jedem Fall ausreichen; vielmehr könnten von Fall zu Fall Gutachten von Sachverständigen nötig werden. Darin sollen u.a. die Auswirkungen der ermittelten Altlasten auf die beabsichtigten Nutzungen behandelt werden.

Spätestens an diesen Empfehlungen aus dem Mustererlaß, der sich eng an das o.g. Urteil anlehnt, wird deutlich, daß sich die Aussagen wohl eher an dem einzelnen Bebauungsplan orientieren als am Flächennutzungsplan. Offen bleibt, wann und wie Verdachtsflächenkataster aufzustellen und die zahlreichen Quellen systematisch auszuwerten sind. Befindet sich etwa die Kommune im Vorteil, die diese aufwendigen Recherchen unterläßt oder ist demnächst davon auszugehen, daß ein Verwaltungsrichter jahrelang Untätigkeit seitens der Verwaltung zum Anlaß nimmt, um derartige kommunale Defizite zu rügen?

Bei einer drei- bis vierstelligen Zahl von kontaminationsverdächtigen Flächen ist die Einbindung der genannten Fachbehörden administrativ kaum noch lösbar. Für derartige Fallzahlen gar noch Fachgutachter für Einzelfallbeurteilungen einzuschalten, sprengt jeden Zeitplan und die Haushalte.

In dieser Situation können nur beprobungslose Konzepte mit vergleichenden und nicht absolut auf den Einzelfall gültigen Methoden helfen, die Rangfolge für orientierende Untersuchungen zu bestimmen. Dazu sagt der Mustererlaß allerdings nichts aus.

Werden Verdachtsmomente nicht oder nur unzureichend aufgeklärt, kann dies zu Abwägungsmängeln und schließlich zur Nichtigkeit einzelner Flächendarstellungen bei der Neuaufstellung von Flächennutzungsplänen führen. Für rechtskräftige Flächennutzungspläne sind im Bedarfsfall Änderungsverfahren wegen Nutzungskonflikten aus Bodenbelastungen einzuleiten.

Da er aber für Dritte keine „Verläßlichkeitsgrundlage" i.S. von Nutzungsrechten und positiven Zulassungstatbeständen darstellt, reiche es daher „im allgemeinen aus sicherzustellen, daß nicht irrtümlich Bebauungspläne durch ein „Herausentwickeln" aus dem durch Altlasten insoweit fehlerhaften Flächennutzungsplan aufgestellt werden" (Musterelaß 2.2.4, 15). Danach erhält der Flächennutzungsplan einen entsprechenden „Warnvermerk", der nicht mit der Kennzeichnung nach §5 Abs. 3 BauGB identisch ist. Vielmehr verweist er auf die (mögliche) Fehlerhaftigkeit der im Flächennutzungsplan (noch) dargestellten Nutzung und die Änderungsabsicht, für die „ggf. weitere Untersuchungen erforderlich sein" können.

Nach alldem und den Erfahrungen mit dem FNP beim Stadtverband zeichnet sich ab, daß sich nach wie vor eine wie immer geartete „Kennzeichnung", ein „Warnvermerk" auch bei einem neu aufzustellenden Flächennutzungsplan empfiehlt, da mit ihnen folgende Aspekte abgedeckt werden können:

- Zeitverzögerungen durch die abschließende Aufklärung von Verdachtsmomenten an der Vielzahl von relevanten Fällen können bei der Aufstellung bzw. der Änderung von Flächennutzungsplänen vermieden werden;
- Abwägungsmängel können ausgeschlossen bzw. minimiert werden;
- fehlerhaftes Entwickeln von Bebauungsplänen kann verhindert werden;
- es wird der kommunalpolitische Programmcharakter des Untersuchungskonzeptes deutlich;
- die Einsichtnahme in das Kataster kontaminationsverdächtiger Flächen wird durch die Teilveröffentlichung datenschutzrechtlich unterstützt.

Bereits vor einer späteren Änderung des Mustererlasses bestehen ausreichend Argumente, von kommunaler Seite über die Empfehlungen des Mustererlasses hinauszugehen.

V. Altlastenverdacht, Altlasten und Bebauungsplanung

Die nachfolgenden Hinweise versuchen aus der Sicht des Praktikers auf einige Aspekte aufmerksam zu machen, die im Einzelfall abzuwägen und umzusetzen sind.

Die gesetzliche Grundlage für Regelungen zu diesem Thema liegt mit dem §9 Abs. 5 Nr. 3 BauGB in der Fassung vom Dezember 1986 seit längerem vor. Danach sind im Bebauungsplan „Flächen, deren Böden erheblich mit umweltgefährdenden Stoffen belastet sind", zu kennzeichnen.

Die Kennzeichnung beschränkt sich dabei nicht auf die „für bauliche Nutzungen vorgesehenen Flächen", wie beim Flächennutzungsplan, die ja zudem auch in einem umfassenden Sinn zu verstehen sind, d.h., daß z.B. Grünanlagen oder Kinderspielplätze selbstverständlich dem 'Umfeld' der baulichen Anlagen hinzuzurechnen sind.

In bezug auf den praktischen Umgang mit Altlasten oder Altlastenverdachtsmomenten empfiehlt cs sich, auch den §1, Abs. 5 Nr. 7 BauGB zu beachten, der im besonderen auf die „Belange des Umweltschutzes, des Naturschutzes und der Landschaftspflege, insbesondere des Naturhaushaltes, des Wassers, der Luft und des Bodens ..." anhebt.

Bekanntlich ist daneben als „Generalklausel" das Abwägungsgebot des §1 BauGB zu berücksichtigen. Schließlich kommt der vorliegenden Rechtsprechung erhebliche Bedeutung zu. Entsprechend eigener Erfahrungen und den Empfehlungen des 'Mustererlasses' läßt sich für den Bebauungsplan mit Nachdruck bestätigen, daß

- das Abwägungsmaterial sorgfältig zusammengestellt werden muß und besonders vorhandene Altlastenkataster und Hinweise aus der Beteiligung der Träger öffentlicher Belange beachtet werden;
- ein begründeter Anfangsverdacht über historische Intensivrecherchen und/oder über hinreichende chemische Analytik ausgeräumt wird;
- bei positiven Analysebefunden des Gefährungspotentials auch im Hinblick auf die planerisch vorgesehenen Nutzungen abgeschätzt und beurteilt wird.

Für das Gebot gerechter Abwägung bei der Berücksichtigung von Altlasten im Bebauungsplan erinnert der Mustererlaß an folgende Grundsätze:

- Im Bebauungsplan sind das Vorsorgeprinzip und der Grundsatz des vorbeugenden Umweltschutzes besonders zu beachten, d.h. daß Gefahrenmomente weit unterhalb des Gefahrenbegriffs der Polizeigesetze zu beachten sind.

- Sollten die Planungsabsichten im Vergleich zur Bodenbelastung Nutzungskonflikte auslösen, so darf der Bebauungsplan diese nach dem Gebot der planerischen Konfliktbewältigung nicht ungelöst lassen. Vielmehr muß der durch die Nutzungsabsicht ausgelöste Handlungs- bzw. Sanierungsbedarf technisch, rechtlich und finanziell möglich sein. Wesentlich erscheint die Empfehlung: „Im Bebauungsplan sind *die* Festsetzungen zu treffen, die zur Behandlung der Altlast nach §9 BauGB zulässig und *geeignet* sind“[12] (Hervorhebung v.V.). Hierbei kommen als Festsetzungen in Betracht
- überbaubare und nicht überbaubare Grundstücksflächen (§2, Abs. 1, Nr. 2 BauGB);
- besondere Nutzungszwecke von Flächen, die durch besondere städtebaulichen Gründe erforderlich sind (§9, Abs. 1, Nr. 9 BauGB);
- Flächen und ihre Nutzung, die von der Bebauung freizuhalten sind (§9, Abs. 1, Nr. 10 BauGB); - Flächen für Aufschüttungen und Abgrabungen (§9, Abs. 1, Nr. 17 BauGB);
- von der Bebauung freizuhaltende Schutzflächen und ihre Nutzung, Flächen für besondere Anlagen und Vorkehrungen zum Schutze vor schädlichen Umwelteinwirkungen i.S. des Bundes-Immissionsschutzgesetzes (§9 Abs. 1 Nr. 24 BauGB).

Nach dem ‘Mustererlaß’ bestehen keine Bedenken, wenn in den Bebauungsplan Hinweise aufgenommen werden, die für nachfolgende Genehmigungsverfahren von Bedeutung sind (z.B. Baugenehmigungsverfahren). Hiermit kann die „enge“ Interpretation der Kennzeichnung im Baugesetzbuch pragmatisch i.S. der „Warnfunktion“ auch unterhalb der Schwelle des „sicheren Nachweises von erheblichen Belastungen“ erweitert werden.

Mit diesen Handlungshilfen wird die an anderer Stelle von HENKEL

12 Ebenda.

betonte Bedeutung der Abwägung bestätigt[13]. Es lassen sich sinnvollerweise zunächst die drei Fallbeispiele aufführen, die in der Praxis im wesentlichen vorkommen:

Fall 1:
Es bestehen keine Verdachtsmomente für Kontaminationen. Für unsere Fragestellung der einfachste Fall, Fehlanzeige

Fall 2:
Es besteht ein begründeter Anfangsverdacht, der durch konkrete Hinweise gerechtfertigt ist; die tatsächliche Situation ist jedoch noch nicht aufgeklärt: Ist der Boden belastet und – wenn ja – mit welchen Stoffen und in welchen Konzentrationen?

Nach der Rechtsprechung des Bundesgerichtshofs genügt es für einen solchen aufklärungsbedürftigen Anfangsverdacht, wenn auf der betroffenen Fläche eine Mülldeponie betrieben wurde, auf der Industrieabfälle abgelagert wurden und/oder bereits die potentielle Gefährlichkeit einer Branche oder eines Betriebszweiges als begründeter Anfangsverdacht ausreichen, um eine nähere Aufklärung erforderlich zu machen[14].

Fall 3:
Nach orientierenden, analytischen Untersuchungen liegen positive Befunde vor. Umfang, Ausmaß der Belastungen und ihre Auswirkungen auf die Planung sind jedoch noch offene Fragen.

Es stellt sich hiermit eine Reihe ungelöster Rechtsprobleme: Welche Untersuchungen sind durchzuführen, um die Verwirklichung bestimmter Nutzungen abzusichern, welche Belastungsgrenzen sind gesundheits- und umweltpolitisch hinzunehmen, welche Sanierungsverfahren sind geeignet, um Belastungen zu reduzieren, welche Kosten entstehen?

Im Forschungsvorhaben des Stadtverbandes wurden und werden hierzu Lösungsbeiträge angestebt: Die mittlerweile vorliegende Metho-

---

13 M. HENKEL: Rechtsprobleme bei der Wiedernutzung kontaminierter Betriebsflächen in: Folgenutzungen kontaminierter Betriebsflächen unter besonderer Berücksichtigung der Sanierungsgrenzen, 18. wassertechnisches Seminar am 11.10.89 in Darmstadt, WAR-Institut Darmstadt 1990, Eigenverlag.

14 M. HENKEL, ebenda, 67.

dik zur Konzeption von Untersuchungsprogrammen[15] deckt den ersten Teil der Problematik ab. Bis zum Herbst 1992 ist ein Simulationsmodell „Integriertes Nutzungs- und Sanierungskonzept" projektiert. Damit wird ein Beitrag zur zweiten Fragestellung vorbereitet.

In diesem Zusammenhang stellt sich die Frage, in welchem Umfang die Aufklärung der Bodenbelastung Gegenstand der Stadtplanung sein sollte. Die Lösung aller Detailprobleme kann – und dies dürfte unstrittig sein – durch die Bauleitplanung nicht geleistet werden. Welche Beiträge sind also im Bebauungsplan sinnvoll, und welche Aufgaben sollten besser nachfolgenden Entscheidungen überlassen bleiben? Gewichtigen Einfluß auf diese Abgrenzung hat die Zuordnung der Kosten. Aufwendungen bei der Aufklärung des Kontaminationsverdachts im Vorfeld einer Bauleitplanung oder in einem rechtskräftigen Bebauungsplan hat die Kommune zu tragen. Entstehen diese Kosten im Rahmen eines Bauantrags im unbeplanten Innenbereich nach §34 BauGB, können sie auf den Antragsteller, Bauherrn oder Investor abgewälzt werden. Die kurzfristig erreichbaren Kostenvorteile sind allerdings nicht das einzige Entscheidungskalkül: Je nach Fall und städtebaulichem Planungserfordernis werden alternative Lösungen zum Zuge kommen. Für beide Haupthandlungsebenen – Bebauungsplan und Baugenehmigung – ist herauszustellen, daß Kennzeichnungen, Erläuterungen und Warnfunktionen der vorbereitenden Bauleitplanung spätestens im Bauschein nach Prüfung aller relevanten Informationen konkret in Auflagen umgesetzt werden müssen. Verschiedenste Schwerpunkte sind denkbar:

- Ein im Detail festgelegtes Untersuchungsprogramm klärt im Zuge der Geländearbeiten Kontaminationskonzentrationen und -mengen als Voraussetzung für deren sicheren Verbleib. (Hier wird leicht vorstellbar, daß ein allzu 'abgespecktes', orientierendes Untersuchungsprogramm in dieser Phase zu großen Überraschungen führen kann, die die bereits begonnenen Baumaßnahmen erheblich verzögern oder gänzlich verhindern können – mit allen damit verbundenen finanziellen Konsequenzen).
- Die Auflage, Abbruch- und Aushubchargen zu beproben, um die Ziele des Abfallgesetzes zu gewährleisten.
- Arbeitsschutzauflagen.

---

15 WAGNER: „Entscheidungsschlüssel zur systematischen Konzeption von Untersuchungsprogrammen auf kontaminationsverdächtigen Standorten, Veröffentlichung für das Frühjahr 1992 in Vorbereitung.

- Garantien zur Einhaltung der Auflagen durch Einschaltung von Fachbüros und Kontrollen durch persönliche Anwesenheit von Gutachtern.

Diese 'Regelungsauflagen' sind selbstverständlich nicht an Vorgaben und Kennzeichnungen im Bebauungsplan gebunden. Sie gelten gleichwohl für die Genehmigung der im Zusammenhang bebauten Ortslage nach §34 BauGB. Auch an die 'einfache' Baugenehmigung sind die gleichen Ansprüche und Erfordernisse wie an die Bauleitplanung hinsichtlich der Ausschaltung von Gefahrenmomenten zu stellen.

Darüber hinaus enthält der Mustererlaß eine Reihe zusätzlicher Gestaltungsmöglichkeiten und Sicherungen, die an dieser Stelle nur aufgezählt werden sollen: Baulasten, städtebauliche Verträge, zeitliche Verknüpfung zwischen Satzungsbeschluß über den Bebauungsplan, Baulast und städtebaulichen Vertrag.

Abschließend ist noch auf den Kontaminationsverdacht bei bestehenden, rechtskräftigen Bebauungsplänen einzugehen. Die mit dem Satzungsbeschluß eingegangenen Rechtsverbindlichkeiten verpflichten die Kommune zur Aufklärung auf 'eigene Kosten'. Verfahren zur Aufhebung, Änderung oder Ergänzung können die Folge sein. Es wäre allerdings unrealistisch, von der Gemeinde zu verlangen, alle Bebauungspläne gleichzeitig zu bearbeiten.

Als sachgerechtes Vorgehen charakterisiert der Mustererlaß für diesen Fall, daß die „Gemeinde - ein Konzept zur Überprüfung der betroffenen Bebauungspläne - Reihenfolge der zu überprüfenden Bebauungspläne unter Berücksichtigung insbesondere des möglichen Gefährdungsgrades der tatsächlichen oder ausgewiesenen Nutzung - erarbeitet und danach die Verfahren zur Überprüfung der Bebauungspläne einleitet“[16].

Um die Kommunen im Gebiet des Stadtverbandes hierzu in die Lage zu versetzen, konnte den Städten und Gemeinden bereits 1989 Listen der in Frage kommenden Bebauungspläne übergeben werden.

Zusammenfassend läßt sich für den angesprochenen Themenkomplex festhalten,

---

16 Mustererlaß, ebenda, Punkt 2.3.4.

- Kennzeichnungen für ausgewählte Standorte schon mit Kontaminationsverdacht sind sinnvoll;
- der Atlas kontaminationsverdächtiger (kv) Standorte stellt für die Bauleitplanung und Baugenehmigung die wesentliche Voraussetzung dar, um künftig Planungsfehler auszuschließen. Dies ist nur möglich,wenn die rein historische Altlastenbeschäftigung auf aktuelle Kontaminationspotentiale ausgedehnt wird;
- Untersuchungsprioritäten sind pragmatisch mit vertretbarem zeitlichem, personellem und finanziellem Aufwand kurzfristig zu ermitteln;
- Konzepte zur Aufstellung von Untersuchungsprogrammen liegen vor;
- die Umsetzungen dieser Bemühungen werden maßgeblich durch die Gestaltungsmöglichkeiten im Bebauungsplan und durch Auflagen im Bauschein unterstützt;
- zur Kontrolle und Einhaltung der Auflagen ist ein zusätzlicher Aufwand in den Kalkulationen zu berücksichtigen;
- die Einsichtnahme in das kv-Kataster nimmt schon beim Grundstücksverkehr eine Frühwarnfunktion wahr.

Judith Brandt

Die Bille-Siedlung in Hamburg: ein mühsamer Lernprozeß

I. Einleitung

Seit Jahren wird die Aufmerksamkeit der Bundesbürger zunehmend auf Bodenprobleme, Funde von Altlasten und Bodenvergiftungen gelenkt. Fast täglich werden neue Bodenverunreinigungen bekannt. Es gibt Meldungen über Cadmium-, Blei- und jetzt gehäufter über Dioxinfunde. Von Boden- und Gewässerverunreinigungen ist Hamburg – wie viele Ballungsgebiete – besonders betroffen. Hier gibt es über 2000 Verdachtsflächen, von denen 90 % noch nicht einmal umfassend untersucht worden sind.[1] Der Hamburger Senat hat in den letzten 10 Jahren über 200 Millionen DM für die Sanierung kontaminierter Flächen zur Verfügung gestellt und eine Prioritätenliste zur Flächensanierung erarbeiten lassen. Geplant ist ein flächendeckendes, computergesteuertes Meßprogramm, das zeigen soll, wo wieviele kritische Stoffe liegen.[2] Altlasten gelten für die zukünftige Umweltpolitik als eine der größten Herausforderungen. Bis heute fehlt ein Bodenschutzgesetz, in dem u.a. die Entsorgungsverpflichtungen der Hersteller und die Grenzwerte der Verunreinigungen festgelegt sind, ebenso wie die Anforderungen für die Vorsorge und für die Sanierung.

Im folgenden soll gezeigt werden, wie der Hamburger Senat und die im einzelnen beteiligten Behörden damit umgehen, wenn sich herausstellt, daß Menschen unwissentlich auf verseuchtem Boden gebaut und dort jahrzehntelang gelebt haben, Wie reagieren die Anwohner, wie die zu-

---

1 Siehe dazu HERRNRING, Die Hamburger Situation – quantitative und qualitative Analyse: Erfassungsstand, in: Altlasten, 1990, S. 58.

2 Eine Auflistung derartiger Stoffe findet sich bei SCHULDT, Einführung in die Gefährdungsabschätzung von Altlasten, in: Altlasten, 1990, S. 72.

ständigen Behörden auf eine solche Situation? Diese Frage soll am Beispiel der Bille-Siedlung untersucht werden.

Nicht vorrangig wird dargestellt, wie nach und nach das Ausmaß der Kontaminationen in der Siedlung deutlich geworden ist.[3] Die Aufdekkung der Belastungen und die von den Bewohnern daraufhin erhobenen Forderungen an die Behörden bilden allerdings den Hintergrund für die Analyse der hier primär interessierenden Punkte. Deshalb finden sich zu Beginn der einzelnen Abschnitte dazu einige wenige Bemerkungen. Es folgt dann eine Darstellung des behördlichen Verhaltens, und den Abschluß bildet eine knappe Bewertung.

Maßgebliches strukturierendes Element ist die historische Entwicklung. Damit orientiert sich die Studie an Vorgehensweisen, wie sie in der Vollzugsforschung weithin üblich sind.[4] Als Informationsgrundlagen dienen neben der schon erwähnten Chronik Erklärungen, Verlautbarungen usw. der verschiedenen beteiligten Behörden, Verlautbarungen der Bille-Siedler und ihrer Interessenvertreter sowie Presseberichte, schließlich Äußerungen im Rahmen des öffentlichen Anhörungsverfahrens zum Thema „Bille-Siedlung/Moorfleet" im Hamburger Rathaus sowie Äußerungen der bleibewilligen und der unentschlossenen Siedler während einer Informationsveranstaltung am 17.12.1991.

II. Die Entwicklungsstadien: 1. Die Entwicklung bis 1988

1.1 Erkenntnisse über die Bodenbelastungen

Bodenverunreinigungen in der Bille-Siedlung wurden dort erstmals 1956 beim Bau eines Hauses bekannt. In 1 m Tiefe fand sich soviel Altöl, daß die Baufirma ein Haus 8 m aus der Baulinie zurücksetzen mußte. Zwischen anderen Häusern wurde stark ölverunreinigter Boden ausgehoben und abgefahren. Selbst als 1971 bei Aufgrabungsarbeiten wieder Öl in diesem Wohngebiet gefunden wurde, sah keine Behörde eine Veranlassung, nähere Untersuchungen durchzuführen – trotz der Tatsache, daß Hamburg einen großen Teil seines Trinkwassers aus dem

---

3 Siehe dazu etwa die Chronik der Bille-Siedlung Moorfleet, in: 5. Grünbuch. Die Umweltbilanz für Hamburg, 1991, S. 35 ff.

4 Vgl. nur HUCKE/WOLLMANN, Altlasten im Gewirr administrativer (Un-)Zuständigkeiten, 1989, S. 86 ff., S. 173 ff.

nahegelegenen Brunnenschutzgebiet Kaltehofe bezog, das erst ein Jahr zuvor in Betrieb gegangen war. Es steht fest, daß der Baubehörde in Hamburg jedenfalls 1979 Unterlagen über Wasserproben vorlagen, die seit 1972 in der Nähe des Wasserwerkes Kaltehofe gezogen wurden. Diese Proben enthielten giftiges HCH.[5] Ergebnisse eines Forschungsauftrages des Hamburger Instituts für Bodenkunde machten Schwermetallbelastungen des Hamburger Ostens von z.T. 459 ppm Arsen im Boden deutlich. In einem behördeninternen Schreiben wurde 1985 festgestellt, daß die Arsenbelastung des Bodens im Osten Hamburgs „die Richt- und Orientierungswerte drastisch überschreitet".[6] Aufgrund der hohen Arsen-Belastung, für die die Norddeutsche Affinerie als Verursacherin gilt, bestand nach Übereinstimmung der Behörden grundsätzlich Handlungsbedarf. Die Presse sollte erst unterrichtet werden, wenn erste Handlungskonzepte vorlagen.[7] Doch bereits 1984, als beim Bau einer Wasserleitung in einem Meter Tiefe Öl, alte Fässer, Kanister und Stahlseile gefunden wurden, wurde die Siedlung in einem öffentlichen Schreiben des Senats als Altlastenverdachtsfläche deklariert. Da half es auch nicht viel, daß zuvor etwa 30.000 l Altöl abgepumpt, 25 m^3 öltriefende Erde abgefahren und neuer Boden herbeigeschafft worden war.

1.2 Behördliches Verhalten

Als Strukturschwäche, das von vornherein ein effektives und problemadäquates administratives Verhalten erschwerte, wenn nicht sogar ganz in Frage stellte, erwies sich die nicht oder nur unzureichend geklärte Regelung der Zuständigkeiten zwischen den verschiedenen beteiligten Behörden. Soweit ersichtlich, waren im Laufe der Zeit mit der Angelegenheit mindestens befaßt:

- das Bezirksamt Bergedorf,
- die Gesundheitsbehörde,
- der Kampfmittelräumdienst als Teil der Baubehörde,
- die Umweltbehörde,
- die Finanzbehörde
- der Senat,
- das Umweltbundesamt Berlin.

---

5 Chronik der Bille-Siedlung Moorfleet, S. 3.

6 Chronik, S. 5.

7 Aus: Die widersprüchlichen Aussagen der Behörden, gesammelt von der Arbeitsgruppe der Siedlergemeinschaft.

Auftretende Probleme in der Siedlung wurden schon 1985 von den einzelnen Behörden hin- und hergeschoben: Während die Gesundheitsbehörde allen Anwohnern Vorsorgeuntersuchungen im Hinblick auf Gesundheitsrisiken durch Arsen und Schwermetalle anbot, war die Umweltbehörde nach wie vor mit Bodenmessungen beschäftigt – fand hohe Belastungen durch Blei, Arsen und Cadmium – und empfahl schließlich eine Untersuchung der Nahrungspflanzen.

Vom Bezirksamt Bergedorf ging die Aufgabe auf die Umweltbehörde über, das genaue Gefahrenpotential auf einem bestimmten Grundstück zu ermitteln. Obwohl verschiedene Gemüsesorten stark mit Arsen und Cadmium belastet waren, sah die Gesundheitsbehörde keine Notwendigkeit für Anbauempfehlungen.

Da auf dem Gebiet eine Flakstellung gestanden hatte, nahm die Umweltbehörde die Siedlung in das Altlastenkataster auf. 1986 gab die Gesundheitsbehörde den Bewohnern als „vorbeugenden Verbraucherschutz" Anbauempfehlungen (kein Wurzelgemüse, kein Kohl, Salat und Spinat). Eine akute Gefährdung für die Bewohner wurde verneint. Diese Aussage widerrief auch niemand, als nur zwei Monate später bei weiteren Messungen wieder hohe Schwermetallkonzentrationen festgestellt wurden: 429 ppm Arsen, 2653 ppm Blei, 37 ppm Cadmium. Als „normal" gelten: Arsen = 20 ppm, Blei = 50 ppm, Cadmium = 1 ppm. 1988 und 1989 führte die Umweltbehörde weitere Messungen durch, und es bestätigten sich die hohen Werte von 1985. Neu waren erhöhte Arsenwerte in der Siedlung. Die Behörde entwickelte zu diesem Zeitpunkt ein Konzept für den Ölschaden.[8]

1.3 Bewertung

Nach Darstellung der Behörde gab es bis zum Jahr 1988 kein „Problem Billesiedlung", sondern lediglich einen „Ölschaden Vorlandring" und aus untergeordneter Sicht eine möglicherweise dadurch entstehende Wasserproblematik für das nahegelegene Brunnengebiet.[9] Da das Wissen und das Bewußtsein für Verdachtsflächen sehr dünn war, zeigte sich deutlich eine Unterschätzung des Ausmaßes und des Gewichts der

---

8 Gespräch mit Dr. KILGER, Amt für Altlastensanierung, Umweltbehörde vom 13.12.1991.

9 Ebenda.

Probleme bei den Behörden zu diesem Zeitpunkt. Hinzu kam eine nicht ausreichende Koordinierung der Behördenaktivitäten, da hier auch eine Erfahrung mit derartigen Vorkommnissen fehlte[10].

2. Die Entwicklung 1988/89

2.1 Intensivere Recherchen der Arbeitsgruppe

Erst als der Vertreter der Umweltbehörde, Staatsrat Vahrenholt, den Siedlern 1989 mittelte, man würde ihnen die Erbpacht auf Dauer erlassen, wurden die Bille-Bewohner mißtrauisch. Sie gründeten die Arbeitsgemeinschaft der Siedlung Moorfleet. Es begann das, was noch lange an der Tagesordnung bleiben sollte: Die Betroffenen veranlaßten Untersuchungen und stellten dem Hamburger Senat die Untersuchungsergebnisse zur Verfügung, nur, um die Verantwortlichen davon zu überzeugen, daß sie Hilfe brauchten.[11] Die Siedler verrichteten damit Arbeiten, die eigentlich von den Behörden zu leisten gewesen wären. Sie begannen, den Behörden Fragen zu stellen:

- Sie konnten nicht verstehen, daß die Ausarbeitung eines Sanierungskonzeptes so lange dauerte. Den Behörden war z.B. seit 1971 die Altölproblematik in der Siedlung bekannt.
- Sie meinten, die Stadt hätte sie darüber informieren müssen, daß sie auf einer Altlast wohnen und daß ihre Häuser nicht weiterverkauft werden dürfen.
- Sie wünschten sich Hinweise von der Behörde, wie sie Gesundheitsgefahren verringern oder beseitigen könnten.
- Sie wollten wissen, welchem Gesundheitsrisiko sie in den vergangenen 35 Jahren ausgesetzt waren, als sie sich von Obst und Gemüse aus ihren Gärten ernährt hatten.
- Sie wünschten eine Einschätzung, ob für die Familien in Zukunft ein erhöhtes Gesundheitsrisiko bestehe, auch wenn sie ihr eigenes Gemüse nicht mehr verzehrten.
- Und letztlich, ob sich aus der Summe aller gefundenen Schadstoffe, wie Öl, Arsen, Schwermetalle, Chemiemüll, Deponiegas und Luftbelastung ein Sanierungszwang ergebe und ob es möglich bzw. zumut-

10 Ebenda.
11 So die Aussage von Frau JOHN am 3.4.1991 im Öffentlichen Anhörungsverfahren zum Thema „Bille-Siedlung/Moorfleet" im Hamburger Rathaus.

bar sei, während der eventuellen Sanierung Häuser und Gärten weiter zu bewohnen.

2.2 Die Reaktion der Behörden

Bis Januar 1989 gab die Gesundheitsbehörde lediglich den Rat, besorgte Bürger sollten sich an das Umweltamt Bergedorf wenden.[12] Es folgte die Beteuerung, alle beteiligten Dienststellen wollten „zügig handeln".[13]

Von den Behörden handelte jedoch niemand anders, als ab und zu erneute Messungen durchzuführen und Vermutungen zu äußern, daß das Grundwasser möglicherweise durch Schwermetalle verunreinigt sei. Außerdem wurden einige Bewohner darauf hingewiesen, ihr eigenes Gemüse besser nicht zu verzehren. Noch immer gab es keine konkrete Hilfestellung. Vertreter der Umweltbehörde stritten sich auf Informationsveranstaltungen mit den Siedlern um Sanierungsgrenzwerte von Arsen. Während der Öffentlichen Anhörung am 3.4.1991 erklärten dann Abgeordnete der CDU den Bewohnern, daß die Bille-Siedlung im Hinblick auf die Schwermetallbelastung nicht einmal auf der Hamburger Prioritätenliste stünde (etwa 70 Flächen in Hamburg), wenn man im Januar 1991 nicht das Dioxin gefunden hätte. Daß man Dioxin fand, ist wiederum allein den Bemühungen und der Hartnäckigkeit der Arbeitsgruppe zu verdanken: Nachdem die Arbeitsgruppe der Bille-Siedler der Umweltbehörde Sorglosigkeit im Umgang mit der Gesundheit der Bevölkerung vorgeworfen hatte, recherchierte sie weiter: Boehringer-Vorstandsmitglied Eckard Schöndruve hatte der Presse im Mai 1989 gegenüber auf Anfragen zugegeben, es seien in den 50iger Jahren Produktionsrückstände in der Siedlung abgelassen worden, jedoch nicht von seinem Unternehmen allein.[14] Dagegen teilte Herr Vahrenholt im Jahre 1989 mit, wenn es Dioxin in der Siedlung gäbe, hätte man dieses auch gefunden.[15] Daß der jetzige Umweltsenator mit dieser Einschätzung irrte, erwies sich mit aller Deutlichkeit im Januar 1991. Die Arbeitsgruppe der Siedlung Moorfleet stellte im Mai 1989 zum ersten Mal fest, daß die Umweltbehörde nichts von den bisherigen Zusagen

---

12 Chronik der Bille-Siedlung, 6.
13 Ebenda.
14 Chronik der Bille-Siedlung, 8.
15 Aus: Einlassungen und Bewertungen des Senats zu den Problemen in der Bille-Siedlung, Anlage 1.

und Versprechungen eingehalten hatte, daß die dortigen Ansprechpartner auf Kontaktversuche einfach nicht reagierten. Sie gab auch von sich aus keine weiteren Informationen heraus, welche Vorgehensweise nun geplant war.[16]

2.3 Bewertung der Situation im Sommer 1989

Obwohl die Behörden nachweislich spätestens seit 1970 von den Bodenverunreinigungen wußten, begannen sie - sehr zögerlich - erst auf Anstöße, Bitten, Hinweise und auf Drängen der Bewohner der Bille-Siedlung tätig zu werden und Bodenproben zu nehmen. Für die in der Bille-Siedlung lebenden Menschen mußte der Eindruck entstehen, die von ihnen jeweils angesprochenen Behördenvertreter hätten dürftig, zurückhaltend, widersprüchlich bzw. beschwichtigend geantwortet und gehandelt. Die Darstellung der Behörde nach außen hin war auf Beruhigung aufgebaut. Es wurden immer neue Messungen und Informationsveranstaltungen versprochen, obwohl die bereits gemessenen Werte Maßnahmen und Handlungen erfordert hätten. Darüber hinaus bagatellisieren Behördenvertreter die Situation: Eine Gefahr bestehe nicht. Besonders drastisch wurde diese Verharmlosung, als es um das Dioxin-Problem ging. Bodenproben nahm die Behörde nur vereinzelt, auf Dioxin wurde zunächst gar nicht untersucht, obwohl die Bewohner bereits seit 1989 auf die mögliche Dioxin-Belastung hingewiesen hatten. Wie umfangreich die Mißstände in der Bille-Siedlung waren, wurde letztlich durch Aktivitäten der Bewohner ins Rollen gebracht und aufgedeckt.

2.4 Anforderungen an behördliches Tätigwerden und tatsächliches Verhalten

Da die Behörden aus der Sicht der Siedler ihre Befürchtungen nicht ernst nahmen, stellten sie selbst weitere Nachforschungen an und gaben Gutachten an unabhängige Experten in Auftrag. Diese Aufgabe hätte die Umweltbehörde übernehmen müssen. Doch hier bestanden divergierende Ziele zwischen den Bewohnern, die Aufklärung der vorhandenen Schadstoffbelastung wollten, und dem Verhalten der Behörde, das auf Beruhigung der Siedler und auf Hinhaltetaktik ausge-

16 Siedler-Echo, Ausgabe II vom 2.5.1989.

richtet war. Im September 1989 schrieb Senator Kuhbier: „Der Sanierungswert von 200 ppm Arsen wurde so festgelegt, daß unter ungünstigen Bedingungen keine akute Gesundheitsgefahr besteht und das chronische Risiko tolerierbar ist".[17] Das Umweltbundesamt in Berlin antwortete den Siedlern hierzu auf eine Anfrage im November 1989, der Sanierungswert für Arsen von 200 mg/kg sei ihnen „nicht bekannt und ... um ein Vielfaches zu hoch angesetzt".[18]

Zu diesem Zeitpunkt konnte für niemanden ein Zweifel mehr daran bestehen, daß die Bille-Siedler auf einer hochbelasteten Deponie lebten. Das Ziel und die Pflicht der Behörden hätten nun sein müssen,
- die tatsächliche Schadstoffbelastung in der Siedlung im Ober- und Unterboden festzustellen;
- die Bewohner über die bestehende Gesundheitsgefährdung mit Hilfe von unabhängigen Gutachtern aufzuklären;
- eine Gesundheitsuntersuchung für alle in der Siedlung lebenden Menschen zu veranlassen und eine Feststellung des Gesundheitszustandes bzw. der Schadstoffbelastung dieser Menschen treffen zu lassen;
- zügig eine für Anwohner und Gebäude gefahrlose Sanierung des Gases, des Ölschadens und der Chemieabfälle durchzuführen;
- bzw. eine sofortige Absiedlung der Bewohner aus Vorsorgegründen, auch aufgrund der vielen Unsicherheitsfaktoren.

Doch wie lief es tatsächlich ab?
Obwohl die Umweltbehörde bereits im Dezember 1989 an die Siedler-Arbeitsgemeinschaft geschrieben hatte, das Amt für Umweltuntersuchungen der Umweltbehörde habe „umfangreiche Untersuchungen" durchgeführt, um Art und Umfang der Schadstoffbelastungen in der Siedlung festzustellen[19], sah es auch ein Jahr später, im Dezember 1990, so aus, daß sich die Ermittlung einzelner Schadstoffe nur auf das Gebiet des Ölschadens beschränkte. Das übrige Gelände des Moorfleeter Spülfeldes galt als nicht untersuchungsbedürftig.[20] Während der öffentlichen Anhörung im April 1991 versteckte Senator Kuhbier sich hinter Äußerungen wie, ein weiteres (!) Meßprogramm mit den Siedlern sei abgestimmt, es solle Ende des Jahres fertig sein. Die Sanierung

---

17 Aus: Die widersprüchlichen Aussagen der Behörden. Gesammelt von der ARBEITSGRUPPE der Siedlung Moorfleet.
18 Brief des Umweltbundesamtes vom 12.12.89 an BERND LAUSE.
19 Brief der Umweltbehörde an GERHARD RAMSCH vom 11. Dezember 1989.
20 ÖKOPOL, Zustandsbericht Bille-Siedlung Dezember 1990, S. 24.

sei theoretisch möglich, aber man wisse nicht, wie; es fehle „eine exakte Durchleuchtung, ob und in welchem Umfang Sanierung nötig“[21] sei. Da war der Senator seit Oktober 1990 nicht viel weitergekommen. Ein halbes Jahr zuvor hatte er gesagt: „Wir geben uns die größte Mühe, aber wegen der Vielschichtigkeit der Problematik ist eine schnelle Sanierung z.Z. nicht möglich“.[22] Im April 1991 zeigte sich der Senator dann wieder zögerlich; ein Sanierungskonzept war immer noch nicht entwickelt: Ob Bodenreinigung oder Auskofferung in Frage komme, wisse er auch nicht. Bevor er ein Konzept entwickeln könne, müsse er alles durchröntgen. Das könne er jetzt noch nicht abschließend tun. Ihm fehlten noch Informationen ...[23] Daß es Herr Kuhbier wirklich an Informationen gefehlt haben sollte, ist aber nicht denkbar:

- Im März 1990 lagen die Gasvorkommen in einem Haus der Siedlung bei den Messungen über der Explosionsgrenze. Der Gasmeßtrupp verließ das Haus fluchtartig.[24] Im Mai 1990 hatte es die Umweltbehörde trotz einer Gasabsaugevorrichtung immer noch nicht geschafft, das Haus gasdicht zu machen.
- Im Mai bestätigte die Umweltbehörde auch, worauf die Siedler schon seit längerem hingewiesen hatten, daß die Fundamente der Häuser nicht standhalten würden, wenn man das Öl abpumpe. Die hydraulische Ölsanierung wurde deshalb verworfen.
- Im Juni 1990 gründete die Umweltbehörde zwei Arbeitskreise, die sich ausschließlich mit der Umweltproblematik in dieser Siedlung befassen sollte. Der Lenkungsgruppe stand der Umweltsenator selbst vor.

In einer Senatsmitteilung stand zu dieser Zeit, daß Arsen und alle in der Siedlung gefundenen Schwermetalle Elemente seien, die bereits in geringen Mengen schädliche Wirkungen auf die menschliche Gesundheit und die Umwelt hervorrufen könnten.[25] Herr Kuhbier bestätigte, daß niemand sicher sagen könne, ob sich die Wirkungen von Schwermetal-

---

21 Äußerungen von Senator KUHBIER während der Öffentlichen Anhörung im Rathaus am 3. April 1991.

22 Senator KUHBIER, Hamburger Abendblatt vom 11.10.1990.

23 Öffentliche Anhörung, 3.4.91.

24 Siedler-Echo, Hrsg. ARBEITSGRUPPE der Siedlung Moorfleet, Nr. 20 vom 8.5.1990.

25 Siedler-Echo, Nr. 22 vom 18. Juni 1990.

len gegenseitig verstärken, „da es keinerlei Untersuchungen darüber" gebe.[26]

- Zum Gasproblem äußerte sich der Senator, es sei „bisher total unterschätzt worden und bereitet große Probleme".[27] Es sollten weitere Untersuchungen erfolgen.
- Senator Kuhbier versprach, sich mit der Gesundheitsbehörde in Verbindung zu setzen, um die lange angekündigte Gesundheitsbewertung anhand der Krebsstatistik gemeinsam mit dem Bundesgesundheitsamt durchführen zu lassen.

Nach einer von den Siedlern erstellten Statistik stirbt in der Bille-Siedlung jeder Zweite an Krebs, im Hamburger Durchschnitt jeder Vierte.[28]

2.5 Gründe für die Verzögerungstaktik der Behörden

Den Behörden ging es offensichtlich ganz wesentlich darum, Zeit zu gewinnen. Zwei Probleme kristallisierten sich heraus:

- Das Gebiet war so verseucht, daß unsicher war, ob es überhaupt saniert werden konnte.
- Es würden beträchtliche Kosten auf die Stadt zukommen.

Diese beiden Punkte könnten die Ursache für die Verzögerung- und Hinhaltetaktik der Behörden sein, für immer neue Ankündigungen, noch weiter untersuchen lassen zu wollen. Bis zum heutigen Tag ist die Siedlung nicht umfassend untersucht worden.[29] Und nach Ansicht des früheren Senators Kuhbier „muß erst das Gasproblem gelöst werden, um überhaupt mit der Sanierung beginnen zu können."[30] Eine schnelle Beseitigung der Schadstoffe ist – auch wegen der mangelnden Erfahrung der Behörden mit bewohnten Altlasten – nicht möglich. Die Hilfe für die Betroffenen kann dann nicht in immer neuen Versprechungen für erneute Messungen liegen bzw. im Abstreiten der Probleme = „Für

---

26 Ebenda.
27 Verraten und verkauft. Das zerstörte Leben der Bille-Siedler, in: SENSE, Winter '90, 28.
28 Siedler-Echo, Nr. 22.
29 Telefongespräch mit Frau RAMSCH am 30.5.1991 und mit Herr JÖDE am 16.12.1991.
30 Verraten und verkauft, S. 34.

die etwa 1000 Bewohner ist kein akutes Gesundheitsrisiko erkennbar"[31]. Es hätte Geld zur Verfügung gestellt werden müssen, damit Bewohner von Altlasten sich, so schnell sie es wünschen, woanders hätten ansiedeln können.

2.6 Stellungnahme zu den behördlichen Aktivitäten bis zum Herbst 1990

Zusammenfassend seien noch einmal die Aktivitäten der verschiedenen Behörden erwähnt: 1988 begann ein Untersuchungsprogramm, das helfen sollte, den Ölschaden einzugrenzen. Die Analyse des Bodens ergab zu dem Zeitpunkt, daß die Siedlung höher als vermutet mit Arsen und Schwermetallen belastet war. Die Arbeitsgruppe Moorfleet, die sich gegründet hatte, um der gesundheitlichen Gefährdung der Anwohner entgegenzuwirken, bekam nur unzureichende Anbauempfehlungen für ihre Gärten. Diese Empfehlungen standen im Widerspruch zu Angaben des Bundesgesundheitsamtes. Die Bezirksamtsleiterin Frau Steinert, die sich um die Bewohner persönlich kümmern wollte, reagierte weder auf Bitten noch auf Anschreiben. Die Umweltbehörde beurteilte dann die Siedlung nach unzureichend durchgeführten Mischproben. Schwermetalle, Chemiemüll und das Deponiegas bleiben weitgehend unberücksichtigt. Der ausschließlich auf Arsen bezogene Sanierungswert wurde willkürlich festgelegt. Er wurde vom Umweltbundesamt als zu hoch angesehen. Nun erstellte die Gesundheitsbehörde ein toxikologisches Gutachten, wozu sie fast ein Jahr brauchte.[32] Dieses Gutachten war bei der Herausgabe durch neue Daten und Bekenntnisse bereits überholt. Es folgte eine Presse-Erklärung an die Medien. Daraus ging nicht hervor, daß es sich hier nur um eine vorläufige Bewertung handelte. Auf eine Anfrage bestätigte Gesundheitssenator Runde, daß die Bewertung aufgrund der im April 1989 vorliegenden alten Daten und Erkenntnisse vorgenommen worden sei. Die Gesundheitsbehörde hatte damit ein Zwischenergebnis geliefert, das keine aktuellen Daten berücksichtigte und das bereits am Drucktag überholt war.

Insbesondere wurden folgende Erkenntnisse und Probleme in diesem Gutachten entweder nicht angemessen berücksichtigt oder gar nicht erst erwähnt:

---

31 Gesundheitssenator ORTWIN RUNDE in „Die Welt" vom 12.11.1990.
32 Zusammenfassende gesundheitliche Bewertung der Schadstoff-Belastung in der Bille-Siedlung.

- die Giftigkeit des Öls und des Deponiegases;
- die Folgen für das Grundwasser;
- drastisch höhere Belastungswerte auf 20 Grundstücken, die bei einer Nachbeprobung gefunden worden waren;
- die hohe Dioxin-Belastung der Luft wurde nicht gemessen;
- eine Beprobung auf eventuelle Dioxin-Belastung unterblieb;
- die Untersuchung des Boden-Pflanzen-Transfers von Arsen und Schwermetallen in verschiedenen Obst- und Gemüsearten (sollte folgen);
- das Vorhandensein von Kampfstoffen;
- Überprüfung der erhöhten Krebssterblichkeit in der Siedlung (sollte noch folgen), obwohl die Gesundheitsbehörde seit September 1989 über die Problematik informiert war.[33]

Bei der für die Bewohner wichtigsten Frage – nämlich der Kombinationswirkungen der in der Bille-Siedlung vorkommenden Schadstoffe – machte die Gesundheitsbehörde einen Rückzieher: Eine Aussage dazu sei nicht möglich, „da das wissenschaftliche Datenmaterial nicht ausreichend“[34] sei. Obwohl also zahlreiche Fakten nicht berücksichtigt wurden, kam die Gesundheitsbehörde zu dem Schluß, es sei kein akutes gesundheitliches Risiko erkennbar, das die Bewohnbarkeit der Siedlung als ganzes in Frage stelle.[35] Nach Ansicht der Siedler bedeutete das: „Einige Teile unserer Siedlung sind nicht bewohnbar, ohne daß man Gesundheitsschäden befürchten muß“.[36] Daß auf dem Gebiet der Bille-Siedlung nach heutigen Erkenntnissen und Maßstäben tatsächlich nicht mehr gebaut werden dürfte, gab wenige Wochen später Dr. Kilger (Umweltbehörde) in der 34. Ortsausschußsitzung auf Befragen zu.[37]

2.7 Reaktionen der Behörden auf die Kritik unabhängiger Gutachter

In einem Gutachten nahm Dr. Karmaus, Epidemiologe der Universität Hamburg, Stellung in der gesundheitlichen Bewertung der Schadstoff-Belastung in der Bille-Siedlung zu der gutachterlichen Äußerung der

---

33 Siedler-Echo vom 27.12.1990, Nr. 28.
34 Zusammenfassende gesundheitliche Bewertung der Schadstoff-Belastung, 23.
35 Zusammenfassende gesundheitliche Bewertung der Schadstoff-Belastung in der Bille-Siedlung, Behörde für Arbeit, Gesundheit und Soziales, August 1990, 24.
36 Siedler-Echo vom 29. August 1990, Nr. 24.
37 Siedler-Echo vom 6. November 1990, Nr. 26.

Gesundheitsbehörde. Er kritisierte das Gutachten öffentlich und bezeichnete es als völlig unzureichend.[38] Von einer umfassenden Beurteilung der Belastung für die Anwohner und die Umgebung durch Schwermetalle, Arsen, Gas und Öl könne von Seiten der Behörden keine Rede sein: Keine in der Literatur vorhandenen Untersuchungen zu den gesundheitlichen Auswirkungen auf den Menschen seien berücksichtigt worden. Würden mehrere Giftstoffe gleichzeitig aufgenommen, so könne dies zu einer unerwarteten Wirkungsverstärkung führen. Es könne nicht davon ausgegangen werden, daß keine Gesundheitsgefahr vorliege![39]

Im Dezember 1990 waren sich das Umweltbundesamt und das Bundesgesundheitsamt darüber einig, daß die Richtwerte für Arsen gesenkt werden müßten.[40] Der Sanierungsgrenzwert sollte auf 100 ppm festgelegt werden.[41] Diese Herabsetzung auf 100 ppm Arsen in ganz Deutschland verbucht die Arbeitsgruppe Moorfleet als einen ihrer großen Erfolge[42]. Im Dezember 1990 bot die Stadt allen betroffenen Anwohnern den Ankauf ihrer Häuser an. Senator Kuhbier schrieb, neue Sanierungsmaßnahmen stünden kurz vor dem Abschluß. Die Umweltbehörde gab zu, wegen fehlender Erfahrung bei der Sanierung von Altlasten in der Vergangenheit zu „routiniert“ vorgegangen zu sein.[43]

3. Die Entwicklung in der ersten Jahreshälfte 1991

3.1 Die Situation nach den Dioxinfunden

Obwohl man Forderungen der Bille-Siedler nach Dioxinmessungen von der Behördenseite aus als nicht berechtigt ansah – „Die Bille-Siedlung ist das am umfangreichsten untersuchte Gebiet Hamburgs. Wenn dort Dioxin liegen würde, so hätten wir es gefunden“[44], entnahm die Behörde schließlich doch auf Drängen der Arbeitsgemeinschaft an einigen zuvor vereinbarten Stellen der Siedlung Bodenproben, die auf Dioxin untersucht wurden. Senator Kuhbier lud die Arbeitsgemein-

---

38 „Rückblick“ von GERHARD RAMSCH vom 12.9.1990.
39 Aus: Chronik der Bille-Siedlung Moorfleet, von GERHARD RAMSCH, 13.
40 Siedler-Echo vom 27. Dezember 1990, Nr. 28.
41 Chronik der Bille-Siedlung, 13.
42 Telefongespräch mit Herrn JÖDE vom 11.12.91.
43 Aus: Chronik der Bille-Siedlung, 17.
44 Staatsrat VAHRENHOLT (Umweltbehörde), 1989.

schaft am 7.1.1991 in die Umweltbehörde ein, um – zunächst nur vertraulich – über die Ergebnisse der Dioxin-Bodenproben zu berichten. Alle Proben enthielten im wesentlichen chlorierte Furane in Konzentrationen von 251 bis 4880 ng/kg.[45] Als obere Richtgröße des Bundesgesundheitsamtes gilt für Spielplätze 100, für Wohngebiete 1000 ng/kg.[46] Diese Zahlen sollte jedoch niemand als Grenzwerte mißverstehen, unterhalb derer Dioxinmengen unschädlich sind. So ist bekannt, daß die Krebsrate mit der Dioxin-Belastung steigt.

Einige Tage später gab die Stadt Hamburg eine Presse-Erklärung heraus, in der sie einen Maßnahmenkatalog des Senats vorstellte. Zunächst hieß es, es seien „jetzt unerwartet hohe Dioxinwerte im Boden festgestellt worden".[47] Nach dem jetzigen Stand der Diskussion sehe man das gesundheitliche Risiko als zu groß an, so daß man „unverzüglich" reagieren müsse.[48] Die Dioxin-Werte stellten insbesondere für Kleinkinder ... ein gesundheitliches Risiko dar. Eine umfassende umweltepidemiologische Untersuchung sei erforderlich. Bei einigen wenigen Siedlern sollten die Dioxingehalte im Blut festgestellt werden, um das Maß der Dioxin-Belastung abklären zu können. Als Entschädigung für die Betroffenen waren 100 Millionen DM veranschlagt, für gesundheitliche Beratungen und Untersuchungen 2,5 Millionen DM.

Außerdem beschloß die Stadt, den Siedlern bei der Beschaffung von Ersatzwohnungen bzw. Grundstücken zu helfen und alle Bewohner für ihre Häuser „angemessen zu entschädigen",[49] ein dehnbarer Begriff, wie sich bald herausstellen sollte. Weiter hieß es, in dem Sanierungskonzept, an dem die Umweltbehörde arbeite, seien lediglich die schon bekannten Belastungen berücksichtigt worden. Das Dioxinproblem komme als neuer Faktor hinzu. Das müsse zu einer Überarbeitung des Sanierungskonzeptes führen. Die Folgerung lautete: „Es ist daher derzeit nicht absehbar, wann das Konzept fertig sein wird. Vielleicht ist eine Sanierung nach den heutigen Möglichkeiten technisch sogar so problematisch, daß nach anderen Lösungen gesucht werden muß. Über

---

45 Aus: Chronik der Bille-Siedlung, 17.
46 FR vom 3. Juni 1991.
47 Freie und Hansestadt Hamburg, Staatliche Pressestelle „Hohe Dioxin-Belastung in der Bille-Siedlung", 15. Januar 1991.
48 Ebenda.
49 Freie und Hansestadt Hamburg, Staatliche Pressestelle, 15. Januar 1991 „Hohe Dioxinbelastung in der Bille-Siedlung", 1.

Zeiträume kann z.Z. noch nichts gesagt werden".[50] Den Bewohnern bot man Informationsgespräche über die toxikologische Bedeutung der gemessenen Daten an. Weiterhin sollten sie über den Fortgang der Untersuchungen und des Sanierungskonzeptes laufend unterrichtet werden. In einem Interview betonte Senator Kuhbier Ende Januar 1991, es sollten keine zusätzlichen finanziellen Belastungen für die Siedler entstehen.[51]

3.2 Welche Maßnahmen hätte die Stadt ergreifen müssen, und was geschah tatsächlich?

Zu den Pflichten der Stadt hätte es spätestens zu diesem Zeitpunkt gehört, folgende Sofortmaßnahmen zur Gefahrenabwehr und zur Gesundheitsvorsorge zu veranlassen:

- Bereitstellung von Ersatzwohnraum, vorzugsweise für Familien mit kleinen und schulpflichtigen Kindern,
- die sofortige Schließung/Sicherung des Kinderspielplatzes/weiterer Freiflächen, wobei diese, trotz zu hoher Schadstoffwerte, niedriger belastet waren als die Gärten,
- eine Neueinschätzung des gesundheitlichen Risikos und des Grades der Gefährdung, besonders für die dort lebenden Kinder,
- Feststellung des individuellen gesundheitlichen Schädigungsgrades,
- Vorsorgeuntersuchungen für alle Bewohner,
- Beratungen durch Sachverständige,
- eine toxikologische Bewertung der Gesamtsituation,
- den Siedlern Entschädigungen für sämtliche aus dieser Situation entstandenen Kosten zu leisten,
- die Siedlung für unbewohnbar zu erklären.

Statt dessen erläuterte die Gesundheitsbehörde Ende Januar 1991 eher zögerlich, wie es aus ihrer Sicht weitergehen sollte:

- Es sollten „alsbald Maßnahmen"[52] ergriffen werden.
- Eine realistische Einschätzung der Risiken sei notwendig. Ebenso
- eine Risikoabschätzung bezüglich der Dioxinbelastung.

---

50 Freie und Hansestadt Hamburg, Staatliche Pressestelle, 4.
51 Ebenda.
52 Aus: Chronik der Bille-Siedlung Moorfleet, 18.

- Es sollten Empfehlungen zur Nutzung der Grundstücke (Abdeckung des Bodens, Verhalten der Kinder, Anbau und Verzehr von Obst und Gemüse) und allgemein langfristige Verhaltensempfehlungen folgen.
- Ein umweltmedizinisches Gutachten war ebenso geplant wie Untersuchungen der Bewohner „zur Beweissicherung".
- Eine toxikologische Bewertung aller festgestellten Schadstoffe war vorgesehen.[53]

Von den Dingen, die die Gesundheitsbehörde angekündigt hatte, geschah kaum etwas. Zu diesem Zeitpunkt wurde nicht einmal an einem Sanierungskonzept gearbeitet.[54] Statt dessen gab die Behörde für Arbeit, Gesundheit und Soziales im Februar 1991 „Informationen über Dioxine" heraus. Diese Informationen waren an die Bewohner der Bille-Siedler gerichtet, die diese „aufgrund der hohen Gehalte an Dioxin im Boden der Bille-Siedlung (bis zu knapp 5000 ng TE/(BGA)/kg" zur Erläuterung bekamen. Aufgelistet war, was Dioxine sind, wie sie gemessen werden, wie sie in den Menschen gelangen, wieviel der Mensch aufnimmt und daß die Bedeutung der Anreicherung von Dioxinen im Menschen derzeit nicht abschließend beurteilt werden[55] könne. Als „Maßnahme" gegen die hohe Dioxinbelastung sah es die BAGS an:

- Bewohner der Bille-Siedlung bei der gewünschten Umsiedlung zu unterstützen,
- zu empfehlen, auf den Verzehr von selbst angebautem Obst und Gemüse sowie von selbst gezogenen Nutztieren zu verzichten.[56]

Die Behörde stellte fest, daß weiteres dauerhaftes Wohnen in der Bille-Siedlung „aus Vorsorgegründen nicht mehr zumutbar" sei.[57] Trotz dieser Einschätzung erwähnte die Behörde zweimal in dieser Informationsschrift, daß die in der Bille-Siedlung ermittelten Bodenbelastung mit Dioxinen keine akute Gesundheitsgefahr darstelle.[58] Langfristige Gesundheitsgefahren könnten jedoch wegen der be-

---

53 Ebenso, 19.
54 Aus dem Brief von RA MICHAEL GÜNTHER an Senator KUHBIER vom 29.1.1991.
55 Ebenda, 4.
56 Behörde für Arbeit, Gesundheit und Soziales, „Informationen über Dioxine", Februar 1991, 5.
57 Ebenda, 6.
58 Ebenda, 2 und 6.

schriebenen Kenntnislücken nicht befriedigend ausgeschlossen werden. Hier solle eine epidemiologische Untersuchung eine weitere Klärung bringen.[59]

3.3 Beurteilung durch unabhängige Experten

Professor Daunderer, Toxikologe aus München, kritisierte öffentlich, daß immer „Grenzwerte" diskutiert würden, die aber nach dem Umweltgutachten des Rates von Sachverständigen für Umweltfragen von 1987 nur für gesunde Menschen gelten, nicht jedoch für solche mit Vorschäden, für Kinder, Alte, Schwangere ...[60] Seiner Ansicht nach hätte der Senat sofort die Kinder, schwangere und gebärfähige Frauen und jüngere Menschen aus der Siedlung holen müssen und keine „schwachsinnigen Rechenexempel" aufstellen dürfen. Hier wolle man „die Verzögerungstaktik seit Jahren" weiterführen. Er selber rechne mit akuten Todesfällen. Die meisten hätten ihr ganzes Leben in der Siedlung verbracht. Genau genommen sei jeder Einzelne dort krank. Die durch das Gift hervorgerufenen Veränderungen an den Organen seien spätestens in 20 bis 30 Jahren erkennbar. Nach seiner Einschätzung sei „höchste Eile nötig".[61] Die Menschen müßten die Bille- Siedlung „aus ethischen und medizinischen Gründen sofort verlassen" – alles andere sei „unverantwortlich". Für die „irreversibel Geschädigten" gehöre ein exaktes Konzept erstellt. Im Grund hätte die Evakuierung spätestens nach den Arsenfunden stattfinden müssen. Jede weitere Messung sei eine Verzögerungstaktik. Aus den verseuchten Wohnungen dürften weder Teppiche noch Bücher oder Kleidung mitgenommen werden. In einer weiteren gutachterlichen Äußerung, vorgelegt vom Öko-Institut Freiburg[62], wurde davor gewarnt, „die Kinder frei im Gelände spielen zu lassen". Außerdem seien sich verstärkende Wechselwirkungen zwischen Dioxinen und anderen vorhandenen Schadstoffen möglich. In der Anhörung erklärte Frau Dr. Schmincke, die Verfasserin dieses Gutachtens, es sei nicht zumutbar, in der Bille-Siedlung zu leben.

Allen diesen Empfehlungen war die Stadt Hamburg bis etwa Mitte des Jahres 1991 nicht gefolgt.

---

59 Ebenda, 6.
60 Öffentliches Anhörungsverfahren vom 3.4.1991.
61 Öffentliches Anhörungsverfahren vom 3.4.1991.
62 Vorabbericht über die gesundheitliche Belastung der Bille-Siedler, S. 17.

4. Bewertung der Situation in der ersten Jahreshälfte 1991

Zur Zeit der Dioxinfunde lag es erst wenige Wochen zurück, daß die Senatoren Kuhbier und Runde verkündet hatten, die Bewohnbarkeit der Bille-Siedlung sei nicht in Frage gestellt, eine Gesundheitsgefährdung bestehe nicht. Hier waren Aussagen gemacht worden, bevor abschließende Untersuchungsergebnisse vorlagen. Es ist eher verwunderlich, daß das Dioxin so spät gefunden wurde, denn die Bille-Siedlung galt schon lange als Dioxin-Verdachtsfläche. „Unerwartet" können die Dioxinfunde für die Behörde deshalb nicht sein, zumal auch die Anwohner zwei Jahre lang einen solchen Verdacht geäußert hatten.[63] Da jedoch bis zu dem Zeitpunkt Herbst 1990 keine Behörde Bodenproben nach Dioxin untersucht hatte, fand man bis dahin auch nichts. Nach Meinung von Fachleuten ist anzunehmen, daß viele bzw. alle Bewohner der Siedlung durch die jahrzehntelange Aufnahme von Schadstoffen in ihrer Gesundheit stark vorbelastet sind. Hier wäre sofortiges Handeln erforderlich gewesen. Die Bewohner befanden sich in einer Notlage und hatten einen Anspruch auf Gefahrenabwehr. Die Gesundheitsbehörde hatte angesichts des Dioxins epidemiologische Untersuchungen zugesagt. Im Herbst 1989 war die Bitte der Bewohner danach mit dem Hinweis auf die zu geringe Bewohnerzahl der Siedlung zurückgewiesen worden.[64] Seit dem Sommer 1991 sind alle Siedler auf Schwermetalle untersucht worden. Auf Dioxin sind „aus Kostengründen"[65] nur 14 Erwachsene und 12 Kinder der Siedlung untersucht worden. Es fanden sich keine erhöhten Dioxinwerte im Blut der Untersuchten. Mehrfach hatten Besucher der Siedlung den Hamburger Senat zu einer eindeutigen Stellungnahme aufgefordert[66] und um Aufklärung

- über das gesundheitliche Risiko,
- den Grad der Gefährdung, besonders bei Kindern,
- zur weiteren Bewohnbarkeit der Siedlung,
- zur Sanierungsmöglichkeit,
- zur Frage des Schadensersatzes

gebeten.

---

63 Unter anderem in dem Brief der AG Moorfleet an die Umweltbehörde vom 8. Juni 1989.

64 Brief der AG Moorfleet an Bürgermeister Voscherau vom 28.1.1991.

65 Gespräch mit Herrn JÖDE vom 16.12.91.

66 Zum Beispiel: Offener Brief von Herrn LAUSE an Bürgermeister VOSCHERAU vom 26.2.1991 und während der Öffentlichen Anhörung am 3.4.1991.

Nicht nur die Schwermetallbelastung, auch das Dioxinproblem wurde von der Stadt Hamburg viel zu zaghaft und kompliziert angegangen.

Die Siedler des hochbelasteten Gebietes sind immer wieder in die Situation geraten, daß sie den Behörden gegenüber die Beweislast hatten, auf Gift zu leben. Richtig wäre es, die Verantwortlichen vor eine solche Problematik zu stellen: Sie müßten verpflichtet sein zu beweisen, daß man in einer solchen Siedlung noch wohnen kann, und zwar ohne gesundheitlichen Schaden für die Bewohner.

III. Das Behördenverhalten: Flucht aus der Verantwortung

Für das alles andere als problemadäquate Verhalten der Behörden lassen sich folgende Gründe anführen:

- eine Überforderung der Behörden mit der Altlastenproblematik;
- Kommunikations- und Kompetenzprobleme zwischen den beteiligten Behörden;
- keine aktiven, höchstens reaktive Handlungen,
- die Behörden verlassen sich weitgehend darauf, daß sie bei akuten Umweltbelastungen von der Öffentlichkeit informiert werden.

Eine erhebliche Rolle spielt auch folgender Punkt:
Da sich keine der beteiligten Behörden im Zusammenhang mit dem Problem Bille-Siedlung im positiven Sinne profilieren konnte und das Ganze sich als ein Konglomerat vom Einzelproblemen darstellte, hoffte jede Stelle, daß am Ende die Hauptverantwortung und damit auch die Hauptzuständigkeit bei einer anderen Behörde liegen würde. Ein Stillhalten in dieser Situation bot die Chance, daß neue Erkenntnisse ans Tageslicht kommen würden, die die Akzentsetzung veränderten. Die durchgängig zu beobachtende Passivität vieler Ämter hat gewiß hier ihre Ursache.

Erwähnt werden muß schließlich auch die Angst vor einem Präzedenzfall: Die Vermutung liegt leider nicht fern, daß detailliertere Recherchen noch weitere „Bille-Siedlungen" zu Tage fördern könnten. Als Maßstab wird dann mit Sicherheit das jetzige Behördenverhalten herangezogen werden. Diese Perspektive dürfte ebenfalls prägend für das vorsichtige, zögernde Vorgehen gewesen sein. Nicht zuletzt bei der Frage der Entschädigung, auf die im Rahmen dieser Untersuchung nicht einzugehen war, wurde die Befürchtung, möglicherweise einen

Präzedenzfall zu schaffen, zu einem bestimmenden Handlungsmoment.

6. Die Situation seit dem Sommer 1991

Seit dem Sommer 1991 hat sich nach Einschätzung des Rechtsanwaltes der Bille-Siedler[67] und nach Aussagen der AG Moorfleet[68] die Zusammenarbeit mit den Behörden gebessert. Dem Wunsch der Betroffenen, „ohne finanziellen Schaden aus der Siedlung wegziehen zu können"[69] kommen die Behörden unterdessen nach. Obwohl es bei der Grundstücksbewertung trotz der Spezialisten bei den Behörden noch „viel Kampf"[70] gibt und es „nicht so zügig abgelaufen ist, wie es nötig gewesen wäre"[71], sieht der Rechtsanwalt der Bille-Siedler im finanziellen Bereich „vernünftige Ergebnisse", ja sogar „ein positives Modell".[72] Seitdem gemeinsame Arbeitsgruppen, - sogenannte Beiräte - zwischen den Behörden und den Siedlern bestehen, ist der Kontakt besser geworden. Den „Hauptfehler" sieht ein Behördenvertreter denn auch darin, „nicht eher zu konfliktmittelnden Verfahren" gegriffen zu haben[73]. Von der Verwaltung sei das Problem unterschätzt worden, man habe gedacht, es aus eigener Kraft zu schaffen.[74] Aus ihren Fehlern hat die Behörde Lehren gezogen: In Zukunft will man Betroffene, die auf Gift leben, von vornherein

- bei Gesprächen und Planungen einbeziehen,
- ihnen erklären, um was es geht,
- ihnen das Wegziehen ermöglichen[75].

Auch der Kontakt zu den etwa 50 bleibewilligen Familien aus der Bille-Siedlung ist hergestellt.[76] Sie sollen bei der Planung der Teilsanie-

---

67 Gespräch mit Herrn GÜNTHER vom 12.12.1991.
68 Gespräch mit Herrn JÖDE vom 11.12.1991.
69 Gespräch mit Herrn RAMSCH vom 17.12.1991.
70 RA GÜNTHER, Gespräch vom 12.12.1991.
71 Ebenda.
72 Ebenda.
73 Gespräch mit Herrn Dr. KILGER vom 13.12.1991.
74 Ebenda.
75 Gespräch mit Dr. KILGER vom 13.12.1991.
76 Informationsveranstaltung für die Bleibewilligen und unentschlossenen Bewohner der Umweltbehörde mit dem Siedlerbeirat.

rung[77] ein weitgehendes Mitspracherecht – allerdings im Rahmen finanzieller Möglichkeiten – erhalten. Bei der Diskussion trat Umweltsenator Vahrenholt „für Wohnen und Grün" ein und sprach sich für Lösungen aus, „die in die nächste Generation hineindauern"[78]. 15 bis 20 Monate würde die Sanierungszeit nach seiner Einschätzung dauern.

IV. Ausblick

Bodenverunreinigungen und -vergiftungen werden Anwohner, Politiker, Behörden und viele andere Menschen zunehmend beschäftigen. Allzu sorglos sind in vergangenen Jahren und Jahrzehnten giftige Abfallstoffe produziert worden, für deren Entsorgung sich so richtig niemand zuständig fühlte. Gifte wurden abgelagert, aufgespült, vergraben, vergessen. Solange ein Betrieb nur mit der Schaffung von Arbeitsplätzen winkte oder mit ihrem Verlust drohte – je nachdem, drückte man bei Umweltvergiftungen von staatlicher Seite aus beide Augen zu. Das wird sich ändern müssen. In Zukunft wird man bei potentiellen Verursachern von Bodenverunreinigungen und bei umweltbelastenden Betrieben regelmäßig behördliche Kontrollen durchzuführen haben. Noch zu schaffende Einrichtungen sollten damit beschäftigt sein, zu beraten und mit politischen und behördlichen Mitteln Verbesserungen weltgruppen, Politik und gesunder Menschen- bzw. Unternehmerverstand müssen die Industrie dazu zwingen, die Umwelt nicht mehr so sorglos zu vergiften, wie es bisher üblich war.

Behördenzuständigkeit und -verantwortung werden mehr zusammenlaufen müssen, damit von Anfang an eine bessere Transparenz der Behördenarbeit erkennbar ist. Es kann nicht hingenommen werden, daß Behörden sich die Probleme gegenseitig zuschieben, scheinbar unmotiviert die Ansprechpartner wechseln, nicht reagieren oder nicht zuständig sind. Es ist auch nicht akzeptabel, daß die Ansichten der Behörden und ihr Handeln wie hier für die Siedler mehrfach „vollständig undurchsichtig"[79] geblieben sind. Bei der Dioxinproblematik ziehen Verantwortliche sich bis jetzt auf den Standpunkt zurück, daß etwa die Dimension der Gefährdung auf die Menschen noch überhaupt nicht ab-

---

77 Nach Ansicht eines Behördenvertreters der Baubehörde ist „Wohnen auf der Gesamtfläche nicht mehr vorstellbar", da 450.000 Kubikmeter Boden ausgetauscht werden müßten. So Baudirektor SCHNITTGER am 17.12.1991.

78 Ebenda.

79 ÖKOPOL, 26.

zuschätzen sei, daß erst noch weitere Untersuchungen abgewartet werden müssen ... Das ist eine Ausrede. Die Katastrophe im italienischen Seveso machte die Gefahren von Dioxin deutlich. Wer es wissen möchte, weiß, daß diese Gefahren in ihren langfristigen Wirkungen liegen. Krebs und/oder Mißbildungen bei Nachkommen sind sehr wahrscheinliche Folgen. Letztlich kann es deshalb nicht um Streitereien um „Richtwerte" gehen - wieviel Nanogramm, wieviele Zellen möglicherweise zerstören werden. Es muß darum gehen, die Wirtschaft auf Umweltverträglichkeit umzustellen und giftige Stoffe zu verbieten. Gift und Arbeitsplätze gegeneinander aufzurechnen, das darf es so nicht mehr geben.

Claus-Christian Wiegandt

Altlastensanierung und Wiedernutzung von Brachflächen – das Fallbeispiel Povel in Nordhorn

I. Einleitung: Altlastensanierung als Voraussetzung der Wiedernutzung von Brachflächen

Innerstädtische Brachflächen entstehen in der Folge wirtschaftlichen Strukturwandels. Ihre stadtentwicklungs- und regionalpolitisch erwünschte Reaktivierung wird in vielen Fällen durch Altlasten beeinträchtigt. Ehemalige gewerblich-industrielle Nutzungen haben vielfach zu Bodenverunreinigungen geführt, deren Beseitigung Voraussetzung für eine Wiedernutzung der Flächen ist.

Ziel des Beitrages ist es, Möglichkeiten, aber auch Grenzen der Wiedernutzung einer Brachfläche anhand der Fallstudie Povel in Nordhorn aufzuzeigen.[1] Für die seit Anfang der 80er Jahre ungenutzte innerstädtische Fläche ist mit Bekanntwerden der Altlast Ende 1985 eine Sanierungskonzeption entwickelt worden, die seit 1987 umgesetzt wird. Anfang 1992 sind die Sanierungsarbeiten für eine Teilfläche abgeschlossen. Eine Bebauung erfolgt derzeit. Weitere Maßnahmen der Altlastensanierung werden bis mindestens 1995 dauern.

---

1 Wesentliche Erkenntnisse des Beitrages gehen auf eigene Beobachtungen des Sanierungsablaufes und der Entscheidungsprozesse in Nordhorn seit 1985 zurück und finden sich ausführlich in WIEGANDT, Altlasten und Stadtentwicklung, Basel 1989. Für Hinweise zur aktuellen Entwicklung danke ich den Herren Pötter und Zwafelink, Stadtverwaltung Nordhorn. Das Sanierungsvorhaben ist in der Literatur inzwischen aus verschiedenen Perspektiven vielfach behandelt: vgl. vor allem STRASSER/HOLLAND/SCHULLER/RONGEN, Bewertungskriterien für die Folgenutzung eines Altstandortes am Beispiel des Sanierungsfalles Povel. Berlin 1989; auch: RONGEN, Identifikation kontaminierter Böden, Berlin 1989; SCHULLER/ZWAFELINK, Kriterien zur Bewertung von Altlasten hinsichtlich möglicher Folgenutzungen, Heidelberg 1988; WIEGANDT/ZWAFELINK, Städtebauliche Erneuerung in Niedersachsen, Hannover 1989.

Deutlich werden in der Darstellung die Vorteile der Verknüpfung von Altlastensanierung und Stadtentwicklung zur Reaktivierung der Brachfläche. Nicht die isolierte Betrachtung der Schadstoffsituation oder der Sanierungstechnologie, sondern die Einbeziehung stadtentwicklungspolitischer Vorstellungen haben in Nordhorn zum bisherigen Erfolg der Altlastensanierung beigetragen. Außerdem hat sich ein umfassendes, auf die Brachfläche bezogenes Sanierungsmanagement als vorteilhaft erwiesen, bei der es zu einer Kooperation aller am Sanierungsprozeß beteiligten Akteure kommt.

II. Povel – eine typische innerstädtische Brachfläche mit Altlasten

Nordhorn ist eine niedersächsische Mittelstadt mit ca. 50.000 Einwohnern im ländlichen Raum nahe der niederländischen Grenze. Traditionell ist die Stadt durch die Textilindustrie geprägt. Als Folge des Strukturwandels in dieser Branche wurde in Nordhorn 1979 das Unternehmen Povel, eines der drei großen Textilbetriebe der Stadt, geschlossen.

Es entstand eine innerstädtische Industriebrache unmittelbar an den Stadtkern angrenzend. Mit ca. 15 Hektar ist sie größer als der Stadtkern selbst (8 Hektar), der durch verschiedene Flußarme der Vechte als Insel klar abgegrenzt wird. Die Stadt Nordhorn kaufte 1979 die gesamte Brachfläche zu einem Preis von 40,00 DM/m^2 und ließ den überwiegenden Teil der ehemaligen Betriebsgebäude abreißen.[2] Größe und Lage der Fläche weisen auf die stadtentwicklungspolitische Aufgabe hin. Der Kauf wurde deshalb auch als „Jahrhundert-Chance für die Stadtentwicklung“[3] bezeichnet. Ein Verdacht auf Altlasten bestand 1979 nicht.

Die bundesweite Diskussion um bebaute Altlasten in Bielefeld und Dortmund führte Mitte der 80er Jahre in den Kommunen zu der Erkenntnis, daß bei einer Überbauung von Altlasten Schadensersatzansprüche an die Gemeinden gerichtet werden können. Deshalb wurde Ende 1985 eine erste Altlastenuntersuchung der Brachfläche in Nordhorn durchgeführt. Die Auswertung von Karten, Bauakten und Luftbildern sowie Gespräche mit ehemaligen Mitarbeitern wiesen auf die

2 Der sog. Povel-Turm, ein Treppenhaus der ehemaligen Spinnerei, ein Verwaltungsgebäude sowie einige Werkshallen bleiben erhalten.

3 Vgl. Grafschafter Nachrichten v. 11.5.1979.

möglichen Belastungen hin. Diese sogenannte historische Recherche bildete die Grundlage für 25 Bohrpunkte.

In teilweise hohen Konzentrationen bei Resten von Absetzbecken für Farbschlämme und Lagern von Chemikalien, aber auch in niedrigen Konzentrationen durch die Verschleppung der Stoffe beim Abbruch der Werksanlagen wurden Schwermetalle und organische Verbindungen (Phenole, Kohlenwasserstoffe und CKWs) festgestellt. Ihr Vorkommen bestätigte sich bei Bodenluftmesungen und weiteren Untersuchungen von Bodenmaterial, das aus Schürfgräben stammte.

Die Bodenverunreinigungen sind sowohl auf die Produktionsprozesse und die Energieerzeugung in dem Textilunternehmen als auch auf das Einbringen von Produktionsabfällen und Hausmüll in die Altarme und Uferbereiche des Flusses Vechte zurückzuführen. Bei dem Gelände handelt es sich also sowohl um einen Altstandort als auch um eine Altablagerung.

Statt die Fläche liegenzulassen und die städtebaulichen Vorstellungen aufzugeben, wurden in den Jahren 1986 und 1987 in Abstimmung mit dem Ziel, die Fläche entsprechend ihrer Lage zu nutzen, ein Sanierungskonzept entwickelt. Dieses Konzept verzichtet nach der intensiven historischen Analyse auf eine weitere Lokalisierung der Schadstoffe im Gelände durch Probebohrungen, weil einerseits dadurch die Gefahr der Perforation des Bodens entsteht und andererseits nach Abbruch der Produktionsstätten kein noch so feines Raster die Gewißheit über eine Nicht-Belastung des Bodens gibt.

III. Sanierungsgrundsätze – Sortieren, „vor Ort“ und „sanft“ sanieren

Ein erster Grundsatz der Sanierung ist es, die belasteten Materialien bereits vor dem Einsatz von Sanierungstechnologie so weit wie möglich nach Art und Intensität der Schadstoffe zu trennen.[4] Dazu wird das belastete Material mit einem Bagger ausgehoben und seitlich abgesetzt. Es folgt eine Beprobung und chemische Analyse in einem Feldlabor auf dem Gelände selbst. Je nach Schadstoffart und -konzentration wird das Material klassifiziert und getrennt. Ergebnis dieses Sortierprozes-

---

4 Vgl. ausführlicher dazu SCHULLER, Strategien zur Sanierung von Altstandorten, 1991, 41 ff.

ses sind eine große Menge nicht oder schwach belasteten Bodens, sowie kleine Mengen hoch und komplex belasteter Materialien.

Ein zweites Sanierungsprinzip ist es, den Boden möglichst auf der Fläche selbst zu reinigen. Damit soll verhindert werden, daß Schadstoffe aus dem Gelände gebracht und die Probleme räumlich verlagert werden. Allein für 600 Tonnen erheblich belasteten Materials ist inzwischen eine Deponierung als Sondermüll beantragt.

Nach einem dritten Sanierungsgrundsatz erfolgt die Reinigung des klassifizierten Materials entsprechend der Schadstoffart und -konzentration. Material, das mit organischen Verbindungen belastet ist, wird mikrobiologisch gereinigt, Schwermetalle werden in einem kombinierten physikalisch-chemisch-biologischen Verfahren aufkonzentriert. Von diesen beiden Verfahren zu trennen ist die Reinigung der Mischkontaminationen. Bei diesen Böden werden die beiden Verfahren kombiniert und nacheinander geschaltet. Mit diesen sogenannten „sanften Sanierungstechnologien“ wird versucht, aus dem belasteten Material auf dem Gelände selbst wieder Boden zu schaffen, der im Gelände eingebracht werden kann.

1987 wurde mit den Sanierungsarbeiten an den Zentren der Verunreinigung begonnen. Bis Anfang 1992 ist die Sanierung in einem ersten nördlichen Teilabschnitt abgeschlossen. Im südlichen Teil der Fläche werden die Sanierungsarbeiten in den nächsten Jahren fortgesetzt. Die ehemalige Hausmülldeponie ist einzukapseln, das CKW-Feld zu behandeln und belastetes Material, das derzeit in den ehemaligen Werkshallen gelagert wird, zu waschen. Der genaue Sanierungsablauf wird derzeit geplant. Außerdem wird weiterhin der Abbau von Schadstoffen in den sogenannten Biobeeten erfolgen.

Durch sukzessive Wiedernutzung des Povel-Geländes werden die Flächen für die Biobeete auf dem Gelände knapper. Mit der endgültigen Plangenehmigung zur Bodensanierung hat sich dieses Problem jedoch Ende 1991 entschärft, weil durch Anhebung der Schwellenwerte zur Bodenbelastung sich die zu sanierenden Bodenmassen reduzieren und ein größerer Teil des leicht belasteten Materials im Gelände direkt eingebaut werden kann.[5]

IV. Abstimmung von Stadtplanung und Altlastensanierung

Die Brachfläche grenzt unmittelbar an die seit den 70er Jahren sanierte Kernstadt und an ein attraktives innerstädtisches Erholungsgebiet (Vechtesee). Dies war ausschlaggebend für die intensive Beschäftigung der Stadtplanung mit dieser Fläche bereits seit Anfang der 80er Jahre. Vor Bekanntwerden der Altlast sollte die gesamte Fläche als Wohnbaufläche genutzt werden. Dies wurde zunächst ohne Berücksichtigung der Altlasten im Flächennutzungsplan festgeschrieben, für Teilflächen in Bebauungsplänen weiterentwickelt und in einem städtebaulichen Ideenwettbewerb umgesetzt. Um Landesmittel zu erhalten, entstanden 1982 an attraktiver Stelle auf der Fläche Altenwohnungen. Erst im Herbst 1986 kam der Altlastenverdacht auf. Trotz der ersten Hinweise hielt die Stadt an ihrer Absicht fest, die Brachfläche weiter als Wohnbaufläche zu nutzen. Die besondere Lage ließ diese grundsätzliche Entscheidung für eine Wohnnutzung auch nach Bekanntwerden der Altlast aus den Erfordernissen der gesamtstädtischen Entwicklung geboten erscheinen.[6]

Die Absicht der Wohnnutzung wurde in einem einstimmig vom Rat beschlossenen städtebaulichen Rahmenplan bekräftigt (vgl. Abb. 1). Mit dieser Entscheidung wurden Vorgaben und hohe Anforderungen an die Altlastensanierung gestellt. Es wurde der allgemeinen Forderung Rechnung getragen, daß Stadtplanung über eine Entscheidung zur zukünfti-

---

5 Vgl. Plangenehmigung gemäß S. 7 Abs. 2 AbfG zur Errichtung und zum Betrieb von Abfallbehandlungsanlagen (Biobeete) zur Bodensanierung (biologisches Verfahren) auf dem ehemaligen Betriebsgelände der Firma Povel in der Stadt Nordhorn, Landkreis Grafschaft Bentheim vom 28.08.1991 von der Bezirksregierung Weser-Ems, 4.

6 Vgl. Rahmenplan: Die Flächen des ehemaligen Povelgeländes sind für die weitere Entwicklung der Stadt Nordhorn von besonderer Bedeutung. Zum einen beeinträchtigt der gegenwärtige Zustand dieser Flächen die Stadtstruktur hinsichtlich der Nutzungszusammenhänge (Einbindung der Innenstadt in den übrigen Siedlungsraum und in den mit Erholungs- und Freizeitinfrastruktur ausgestatteten Landschaftsraum) und hinsichtlich der Wahrnehmbarkeit/Erlebbarkeit (stadtgestalterisches „Loch“, verödeter Innenstadtrand etc.). Zum anderen stellen die brachliegenden Flächen ein Potenial dar, das für die weitere Siedlungsentwicklung genutzt werden kann.

gen Nutzung die Voraussetzung für die Definition von Sanierungszielen zu schaffen habe.[7]

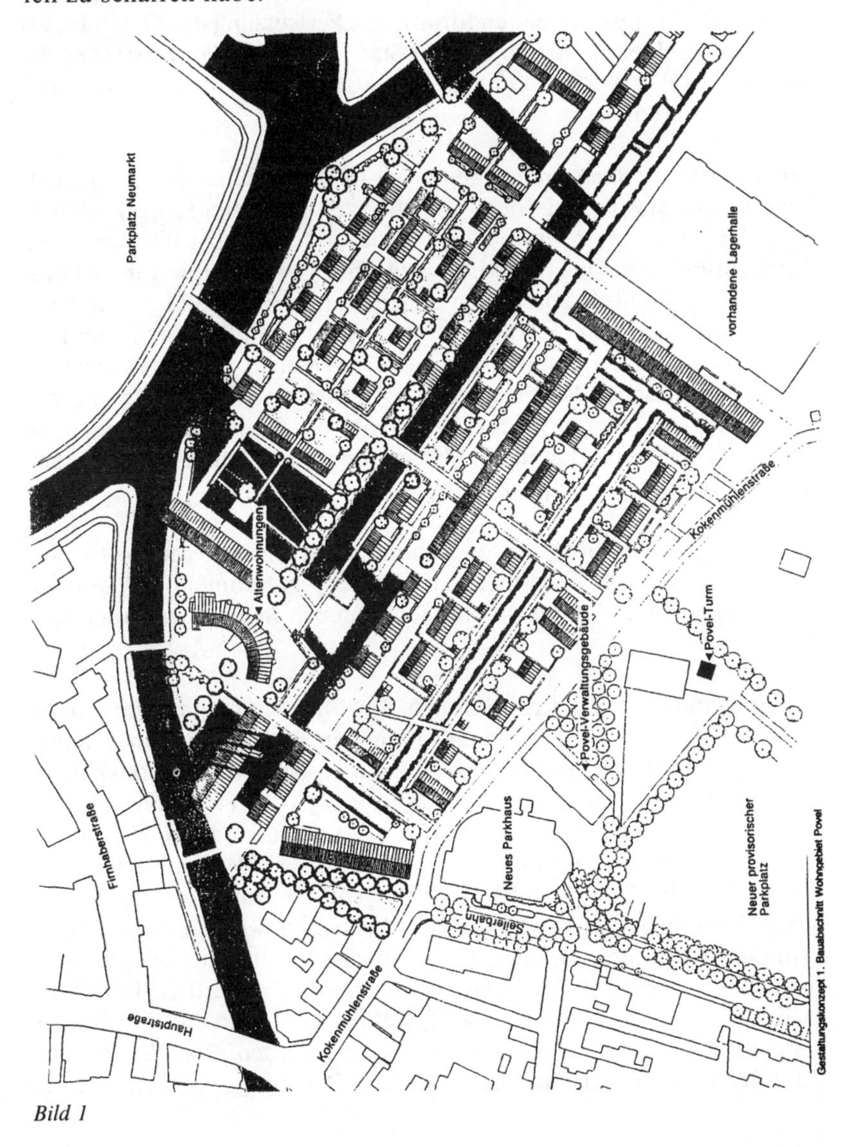

Bild 1

7 Vgl. LÜHR, Definition von Sanierungszielen als Voraussetzung für Sanierungsmaßnahmen, 1988, 253 ff.

Weiterhin wurde die Altlastensanierung in einer vorbereitenden Untersuchung als sogenannter „städtebaulicher Mißstand“ herausgestellt. Mit der daraus resultierenden förmlichen Festsetzung des Geländes als Sanierungsgebiet durch den Rat der Stadt wurde die Voraussetzung für die Bereitstellung von Städtebauförderungsmitteln durch Bund und Land geschaffen.

Seit Beginn der Sanierungsarbeiten im Herbst 1987 stellte sich jedoch heraus, daß die planerischen Vorstellungen bei gleichzeitiger Einhaltung des Sanierungsgrundsatzes, auf der Fläche selbst die Sanierung durchzuführen, nicht zu verwirklichen sind. Der Boden war in viel größerem Umfang als ursprünglich angenommen verunreinigt. Für seine Behandlung auf dem Gelände werden erhebliche Flächen für die Biobeete bzw. einen zu gestaltenden Berg mit Nutzungseinschränkungen (sog. „ökologischer Experimentalberg“) benötigt. Die Sanierungsanforderung, den Boden nicht außerhalb des Geländes reinigen zu wollen, führte dazu, daß die Stadtplanung ihre Nutzungsvorstellungen in Teilbereichen zurücknehmen mußte.

Eine flexible Reaktion der Stadtplanung auf diese Erkenntnisse war möglich, weil die städtebaulichen Ziele in einem Rahmenplan „nur“ informell, nicht aber bereits verbindlich in neuen Bebauungsplänen festgehalten waren.

Zur Bestimmung von Restriktionen der Flächennutzung wurden für das Povel-Gelände im Forschungsvorhaben des Umweltbundesamtes nutzungsspezifische Sanierungszielwerte in vier Restriktionsklassen entwickelt. Kann durch die Sanierung der A-Wert der sogenannten „Niederländischen Liste“ unterschritten werden, sind alle Nutzungen möglich. Führt eine Reinigung des Materials zu Werten zwischen A- und B-Wert der Niederländischen Liste, soll die Aufnahme der Schadstoffe über den Nahrungspfad ausgeschlossen werden. Öffentliches Grün ohne Kinderspielplätze, Forstwirtschaft, gemischte oder gewerbliche Nutzungen mit Auflagen sollen ermöglicht werden. Für Werte zwischen B- und C-Wert der Niederländischen Liste soll der Bodenkontakt durch eine Versiegelung verhindert werden. Bei Werten oberhalb des C-Wertes wird im Regelfall keine Nutzung zugelassen.[8] Ende

8 ARSU: Vgl. aber auch die Plangenehmigung Fn. 6, die zu einer Anhebung des Schwellenwertes für die Bodenbehandlung und damit zu einer Reduzierung der zu reinigenden Bodenmassen führt.

1989 bzw. Anfang 1991 sind für den nördlichen Teil des Povel-Geländes zwei Bebauungspläne als Satzungen beschlossen worden.[9] In den Begründungen wird gleichzeitig auf die Durchführung der Sanierungsmaßnahmen zur Beseitigung der Altlasten und die städtebauliche Konzeption eines innerstädtischen Wohngebietes am Wasser als Verbindung zwischen Innenstadt und Vechteaue hingewiesen. Flächen, deren Böden erheblich mit umweltgefährdenden Stoffen belastet sind (§ 5 Abs. 5 Nr. 3 BauGB), werden in den Bebauungsplänen nicht gekennzeichnet, weil durch die Sanierungsmaßnahmen die Kontaminationen zum Zeitpunkt der Realisierung der geplanten Nutzung soweit beseitigt sein werden, daß keine erheblichen Belastungen im Plangebiet mit der Folge der Nutzungseinschränkungen oder besonderen Schutzvorkehrungen vorhanden sein werden.

Eine Ausnahme der Nicht-Kennzeichnung bildet das bereits bestehende Altenwohnheim, da sich hier noch eine Rest-Kontamination aus Hausmüll, Bauschutt, Kesselaschen und Produktionsabfällen mit einem Volumen von ca. 600 cbm befindet.[10] Ohne Abbruch des Gebäudes ist die Beseitigung der Kontamination nicht möglich. Eine Gefahr der Ausgasung oder des Staubaustrages besteht aber nicht. Das oberflächennahe Grundwasser wird regelmäßig kontrolliert. Bis Anfang 1992 wurden keine überhöhten Werte gemessen.

Die Grundstücke im ersten Bauabschnitt sind verkauft, für über die Hälfte sind die Bauanträge bereits genehmigt. Es entstehen insgesamt fast 500 Wohnungen in zwei- bis dreigeschossiger Bauweise, ein kleiner Teil als private Eigenheime, ein großer Teil als Eigentums- und Mietwohnungen durch Baugesellschaften und andere Investoren sowie ein weiterer Teil als Appartements in einem Wohnstift für alte Menschen. Es werden Investitionen von insgesamt 200 Mio. DM auf der ehemals belasteten Fläche erwartet. Wohnungs- und Baulandknappheit sowie die gute Baukonjunktur beeinflussen die Bebauung der Povel-Fläche derzeit positiv.

Die öffentliche Diskussion um die Povel-Fläche hat sich in Nordhorn von Fragen der Sanierung Ende der 80er Jahre der städtebaulichen Ge-

---

9 Vgl. Begründung zum Bebauungsplan Nr. 15 „Vechteaue – Povel" v. 30.11.1989 mit Ergänzung der Begründung vom 6.12.1989; Begründung zum Bebauungsplan Nr. 15c „Vechteaue – Povel, II. Bauabschnitt" vom 7.3.1991.

10 Vgl. Ergänzung zur Begründung des Bebauungsplans Nr. 15 „Vechteaue – Povel".

staltung Anfang der 90er Jahre verlagert. Angesichts der zentralen Lage der Fläche beabsichtigt das Baudezernat, einen möglichst hohen Anspruch an städtebaulicher Gestaltung in dem Gebiet zu verwirklichen (vgl. Abb. 2). Dazu sind Gestaltungsvereinbarungen an den Verkauf der Grundstücke geknüpft. In Absprache mit den Bauherren werden Dachgestaltung und Farbgebung vorgegeben, der öffentliche Raum wird aufwenig mit Grachten und sog. „Wassergärten" versehen.

Bild 2

Zusammenfassend zeigt sich im Fallbeispiel Povel, daß stadtplanerische Vorstellungen zunächst Anforderungen an die Altlastensanierung vorgegeben haben. Im Sanierungsablauf ergaben sich jedoch neue, nicht zu erwartende Erkenntnisse zur Bodenbelastung, so daß die ursprünglichen Anforderungen technisch und finanziell nicht mehr einzulösen waren. Damit mußten die Planungsvorstellungen für Teilflächen revidiert werden. Für den Fortgang der Sanierung war dazu die kontinuierliche und flexible Abstimmugn zwischen Stadtplanung und Altlastensanierung von großem Vorteil.

V. Finanzierung – erhebliche staatliche Unterstützung

1987 wurden die Sanierungskosten auf ca. 6 Mio. DM geschätzt. Mit Beginn der Baumaßnahmen wurde jedoch unerwartet festgestellt, daß die Schadstoffe durch den Abriß der Werkshallen flächenhaft auf dem gesamten Gelände verteilt sind und sich damit die Kosten für die Sanierung erheblich erhöhen. Anfang 1992 wird deshalb trotz teilweise reduzierter Nutzungsvorstellungen mit Sanierungskosten von insgesamt 23,5 Mio. DM gerechnet.

In einer ersten Phase wurde die Sanierung aus einem Sonderprogramm der Städtebauförderung, dem „Experimentellen Wohnungs- und Städtebau", finanziert. Bis 1989 wurden dazu 6,5 Mio. DM aufgebracht, zur Hälfte vom Bund und jeweils zu einem Viertel vom Land Niedersachsen bzw. der Stadt Nordhorn. In einer zweiten Phase bis Ende 1991 erhielt die Stadt Nordhorn Mittel durch das Städtebauförderungsprogramm des Landes Niedersachsen. Zusammen mit den städtischen Mitteln wurden in dieser zweiten Phase 7,9 Mio. DM ausgegeben. Von 1992 bis 1994 werden in einer dritten Phase weitere 9,1 Mio. DM für die Sanierung bereitstehen, 3,45 Mio. DM vom niedersächsischen Sozialministerium, 1,15 Mio. DM aus dem städtischen Haushalt sowie 4,5 Mio. DM aus den Verkäufen der bereits sanierten Grundstücke.

Seit Mitte 1991 wird das Gelände in einem ersten Teilabschnitt bebaut. Anfang 1992 hat die Stadt aus Grundstücksverkäufen bereits 3 Mio. DM eingenommen. Für 1992 bis 1995 wird mit weiteren Einnahmen von 2 Mio. DM gerechnet. Daraus ergibt sich im ersten Bauabschnitt ein durchschnittlicher Quadratmeterpreis von ca. 150 DM, für eine WR-Nutzung zwischen 120 und 160 DM/mü, für eine WA- oder MI-Nutzung zwischen 150 und 600 DM/mü. Trotz dieser Erlöse aus den Grundstücksverkäufen wäre die Sanierung ohne Förderung durch Bund und Land für die Kommune nicht zu finanzieren gewesen.

VI. Sanierungsmanagement – zentrale Koordinierung notwendige Voraussetzung

Die Sanierung von Altlasten fällt in Deutschland in eine Zeit sich wandelnder gesellschaftlicher Wertvorstellungen. Allgemein wirken heute Modernisierungsrisiken und Gefahren als Produkt des industriellen Fortschritts global. Als Einzelner kann man sich, unabhängig von sozialer Schicht oder Klasse, diesen Risiken und Gefahren deshalb nicht entziehen. Risiken und Gefahren beeinflussen und verändern deshalb gesellschaftliches Handeln.[11]

Deutlich wird dies auch im Verwaltungshandeln zur Sicherung und Sanierung der Umwelt. Risiken und Gefahren stellen die durch Verwaltungshandeln zu gewährende staatliche Sicherheit in Frage. Als Folge stößt die „amtliche Konstruktion der Nichtgefährlichkeit"[12] in immer stärkerem Maße auf Skepsis und Zweifel der gefahrensensibilisierten Bevölkerung. Die Verantwortung für die Sanierung von Altlasten wird oft bei den Kommunen und weniger bei einer „Solidargemeinschaft Industrie" gesucht. Der Bürger erwartet von den Kommunen, daß ihm eine Planung offeriert wird, die so weit von allen Belastungen und Gefahren frei ist, daß sich keine Risiken für ihn ergeben.[13]

Dadurch kommt dem Aspekt der Akzeptanz bei Altlastensanierungen eine wichtige Rolle zu.[14] Vielfach gelingt es Kommunen nicht, diesen neuen Herausforderungen mit ihrem bewährten Instrumentarium zu begegnen.

Für die Fälle von bebauten Altlasten kann dies an einem idealtypischen Ablaufschema politisch-administrativer Reaktionsmuster bei der Konfrontation mit dem eigenen Versagen in der Vergangenheit gezeigt werden.[15] Einer ersten Phase der Abwehr der Thematisierung des Problems folgt eine zweite Phase, in der das Problem möglichst eng umgrenzt und versucht wird, es über routinemäßiges Verhalten zu behandeln. Verschärft sich das Problem wegen unangemessenem Verhaltens weiter, soll in einer dritten Phase über eine verbesserte Koordination und verstärkte Zentralisation eine verbesserte Außendarstellung erreicht werden. In einer vierten Phase werden verwaltungsexterne Akteure in die Problemverarbeitung eingebunden, um das Risiko der Fehlentscheidung möglichst breit zu streuen. Schließlich wird in einer

---

11 Vgl. BECK, Risikogesellschaft, 1986.

12 BECK, Die Selbstwiderlegung der Bürokratie, Merkur 1988, 630.

13 Vgl. WIESE-VON OFEN, Einführung in das Arbeitspapier „Altlasten" des Deutschen Verbandes für Wohnungswesen, Städtebau und Raumordnung 1988.

14 Vgl. Rat von Sachverständigen für Umweltfragen, Sondergutachten „Altlasten", 1990, Tz. 85 ff.

15 Vgl. BAUMHEIER, Muster kommunaler Problemverarbeitung in teilweise selbstverschuldeten Krisensituationen: Das Beispiel Altlasten, Verw.Archiv 1988, 167.

letzten Phase versucht, bei dem Verdacht, Gutachter und Verwaltung stecken „unter einer Decke“, über eine Änderung der Organisationsstruktur das Problem zu lösen.

Statt sich derart reaktiv zu verhalten, ist im Beispiel Nordhorn die Verwaltung in eher offensiver Weise mit dem Problem umgegangen. Mit dem Bekanntwerden der Altlast wurde einerseits offen und aktiv von der Stadtverwaltung über das Problem informiert, andererseits ein Konzept entwickelt, das über eine reine Gefahrenabwehr als Reaktion auf die Altlastensituation hinausgeht. Von Anfang an waren Natur- und Planungswissenschaftler der Universität Oldenburg in das Vorhaben eingebunden. Das Sanierungsvorhaben wurde durch ein Forschungsvorhaben des Umweltbundesamtes begleitet und als städtebauliches Modellvorhaben des Bundes finanziert.

Die offene Information durch die Verwaltung, die Beteiligung von wissenschaftlichem Sachverstand sowie die Finanzierung durch Bundes- und Landesmittel führten in der Öffentlichkeit, im Rat der Stadt und bei der lokalen Presse zu einem Klima des Vertrauens in die Sanierung. Ängste gegenüber den Bodenbelastungen und dem Sanierungsverfahren wurden während der inzwischen über fünf Jahre dauernden Sanierung nicht geäußert.

Zur Transparenz von Entscheidungs- und Bewertungsprozessen gehört ein Eingeständnis von Unkenntnis in Teilbereichen des Sanierungsablaufes und die daraus resultierenden Unsicherheiten. Diese lagen in Nordhorn in der Belastung des Bodens, die sich erst im Laufe des Sanierungsverfahrens in ihrem vollen Umfang ergab. Außerdem war das Sanierungsverfahren in großem Umfang noch nicht erprobt. Nur bedingt vorhandene Grenz- und Schwellenwerte führen ebenso wie fehlende Erfahrungen im Bereich der Bauleitplanung und der unterschiedlichen Genehmigungsverfahren zu weiteren Unsicherheiten im Planungsablauf. Schließlich fehlen exakte Kostenbestimmungen für die Sanierungsarbeiten.

Trotz dieser zahlreichen Unsicherheiten wurde 1987 in Nordhorn mit der Sanierung begonnen. Damit erhält das kommunale Verwaltungshandeln einen neuen Charakter. Es zeichnet sich dadurch aus, daß der Erfolg der Maßnahmen nicht genau vorherzubestimmen ist. Das Handeln kann sich nicht auf bereits gewonnene Erfahrungen und eingefahrene Routine stützen.

Von Vorteil für den Sanierungsablauf ist es, daß es mit dem städtischen Baudezernat eine Stelle gibt, in der zum einen ein Überblick über das gesamte Verfahren vorhanden ist, in der zum anderen Konzeptionen entwickelt werden, die den sich wandelnden Anforderungen an die Sanierung gerecht werden. Gleichzeitig hat das Baudezernat eine Vermittlerrolle zwischen den „tagespolitischen" kommunalen Anforderungen und den eher „wissenschaftlichen" Anforderungen des Sanierungsverfahrens und der Sanierungstechnik.

Von dieser zentralen Stelle wurde ein Arbeitskreis Altlasten eingerichtet, in dem alle an der Sanierung Beteiligten[16] regelmäßig ihre Interessen und das weitere Vorgehen bei der Sanierung abstimmen. Für jeden Teilschritt der Sanierung wird unter allen Beteiligten immer wieder ein Konsens herbeigeführt. Damit wird ein kontinuierlicher Fortgang der Sanierung ermöglicht, der wiederum zu einer Identifikation aller am Projekt Beteiligten führt. Gleichzeitig kommt der Fortgang des Vorhabens der persönlichen Profilierung zugute und bietet dem Einzelnen neue Wege für berufliches Fortkommen oder weitere Aufträge.

Die Sanierung der Brachfläche wird weiterhin als eine zentrale Aufgabe zur Gestaltung der Innenstadt aufgefaßt. Dazu ist es auch notwendig, in der Öffentlichkeit ein positives Klima für die Sanierung dieser Altlasten zu schaffen.

Deshalb wurde die Sanierung mit zahlreichen positiven Themen der Stadtgestaltung verbunden. Die Entwicklung der Brachfläche wurde in einem Wettbewerb zum „Natur im Städtebau" positiv in gesamtstädtische Zusammenhänge eingebunden, bereits frühzeitig wurden anspruchsvolle Planungen für ein Wohnen am Wasser entwickelt, eine Begrünung und weitere gestalterische Verbesserungen der Fläche erfolgten bereits in einem sehr frühen Stadium. In der noch vorhandenen Webereihalle und dem symbolträchtigen Povel-Turm soll ein Kulturzen-

---

16 Sanierungsbeteiligte sind Anfang 1992 u.a. das Baudezernat der Stadt Nordhorn als Koordinierungsstelle, die Arbeitsgruppe für regionale Struktur- und Umweltforschung ARSU (Oldenburg), die Arbeitsgemeinschaft Ökochemie und Umweltanalytik, Prof. Schuller (Oldenburg), die Gesellschaft für Umweltmanagement, Laboranalytik und Altlastensanierung GESUMA (Nordhorn), das Ingenieurbüro Lindschulte (Nordhorn), das Norddeutsche Altlastensanierungszentrum NORDAC (Hamburg), das Büro Prof. Graziolo (Berlin), das Büro Nordwestplan (Oldenburg), die Ingenieurbüros Wolf (Nordhorn) und die Erdbaufirma Knoll (Haren), sowie zahlreiche staatliche Fachbehörden.

trum mit Kreismuseum, Bücherei, städtischer Galerie und Kindermal- und Kunstschule entstehen, in das ehemalige Verwaltungsgebäude soll die städtische Musikschule einziehen.

Bewußt wird mit diesen Maßnahmen eine Imageverbesserung der Brachfläche angestrebt. Die Altlastensanierung wird mit einer wahrnehmbaren Qualitätsverbesserung der Fläche verbunden, die unabhängig von meßbaren Sanierungserfolgen zu einer Attraktivitätssteigerung der Fläche führen soll.

Gleichzeitig werden diese Aufgaben aber auch in eine gesamtstädtische Entwicklungsaufgabe eingebunden, durch die eine Verbesserung der qualitativen Lebensbedingungen mit Maßnahmen der Wirtschaftsförderung und der städtischen Profilbildung verbunden werden. Dazu gehört eine Darstellung des Modellvorhabens auch außerhalb Nordhorns in überregionalen Medien.[17]

VII. Übertragbarkeit

Bei der Altlastensanierung in Nordhorn handelt es sich um ein mehrfach gefördertes Modellvorhaben. Nicht alle Erkenntnisse und Erfahrungen dieser Fallstudie sind deshalb ungebrochen auf andere Sanierungsfälle übertragbar.

In Nordhorn ist es von Vorteil, daß sich die Gemeinde über einige Jahre auf die Sanierung „nur" einer großen Altlastenfläche beschränken konnte und sie nicht, wie in altindustrialisierten Räumen oder größeren Gemeinden, mehrere Altlastenverdachtsflächen zu bearbeiten hatte. Damit entfiel der oft schwierige Prozeß der Prioritätensetzungen bei der Sanierung. Es war deshalb möglich, die Aktivitäten im Altlastenbereich auf die Sanierung einer einzelnen größeren Fläche zu konzentrieren. Dieser Zustand wird in den meisten Gemeinden mit der zunehmenden Erfassung von Altlastenverdachtsflächen immer unwahrscheinlicher werden.[18]

---

17 So z.B. im Zeit-Magazin vom 7. September 1990.

18 Vgl. z.B. die Zusammenstellung der Altlastenverdachtsflächen für die 20 Untersuchungsgemeinden in der Studie von HENKEL/KEMPF/VON KODOLITSCH/PREISSLER-HOLL 1991, S. 100.

Vereinfacht wurde das Sanierungsverfahren dadurch, daß sich die Brachfläche im Eigentum der Stadt befindet. Auch dieser Zustand wird nicht in allen Sanierungsfällen vorliegen. In vielen Fällen werden Auseinandersetzungen mit anderen Grundstückseigentümern eine Sanierung erschweren und verzögern.

Weiterhin ist die finanzielle Unterstützung des Umweltbundesamtes und der Städtebauförderung durch den Bund und das Land Niedersachsen eine notwendige Voraussetzung für die Altlastensanierung gewesen. Ohne diese Mittel wäre die Stadt nicht in der Lage gewesen, die Sanierung zu tragen. Damit verbindet sich allgemein die Forderung, den Kommunen weitere Finanzierungsmöglichkeiten zur Sanierung des belasteten Bodens zu eröffnen.

Unabhängig von diesen besonderen Rahmenbedingungen der Altlastensanierung in Nordhorn kann aber allgemein festgestellt werden, daß eine Abstimmung der Altlastensanierung mit den Nutzungsvorstellungen für die Fläche notwendig und von Vorteil ist. Die technischen Möglichkeiten der Sanierung und die Planvorstellungen sind dabei flexibel im Planungsprozeß aufeinander abzustimmen. Die Erfahrungen zeigen, daß „fertige Lösungen" bei der Sanierung von Altlasten nicht helfen.

Eine solche Abstimmung zwischen Altlastensanierung und städtebaulichen Zielsetzungen wird durch ein zentrales projektbezogenes Sanierungsmanagement vereinfacht. Es zeigt sich, daß bei einem solchen Sanierungsmanagement nicht nur die Behandlung von technischen Fragen erforderlich ist, sondern auch städtebauliche, regionalwirtschaftliche, finanzielle, politische und soziale Aspekte einbezogen werden müssen. Wesentlich ist es, Entscheidungsprozesse transparent und nachvollziehbar zu gestalten, um damit auch eine soziale Akzeptanz im kommunalpolitischen Raum sowie in der allgemeinen Öffentlichkeit zu schaffen.

Ausweitung – neue Problemfelder

Frank Eisoldt

Die Altlastenproblematik in den neuen Bundesländern

Einführung

Die Dimension der Altlastenproblematik in der Bundesrepublik Deutschland hat sich mit der deutschen Vereinigung in besonderem Maße verschärft. Die umweltpolitische Ignoranz der früheren DDR-Regierung führt heute zu einer Erblast, die – wenngleich noch lange nicht in vollem Umfang erfaßt – zusätzliche Finanzierungslasten in ähnlicher Höhe nach sich ziehen wird, wie sie für die Altbundesrepublik bereits prognostiziert werden. Und dabei handelt es sich in der ehemaligen DDR ungleich stärker um Abwehrmaßnahmen gegen unmittelbare und teilweise akute Gesundheitsgefahren (am augenfälligsten ist hier sicher die Trinkwassersituation).

Der folgende Beitrag soll eine Bestandsaufnahme der Altlastenproblematik und -diskussion geben. Hierzu gebe ich zunächst einen Überblick über das Ausmaß der Altlastenprobleme in Ostdeutschland (I.); anschließend sollen die Rechtsgrundlagen einer Altlastenerkundung und -sanierung, insbesondere auch in den neuen Landesgesetzen, erörtert werden (II.); ein besonderes Kapitel behandelt die Freistellung von der Verantwortlichkeit für Altlasten (III.); zuletzt werde ich Probleme und Lösungsansätze der Finanzierung von Maßnahmen der Altlastensanierung in Ostdeutschland erörtern (IV.).

I. Dimension der Altlastenproblematik in Ostdeutschland

1. Eine systematische Erhebung des Ausmaßes der Altlastenprobleme in Ostdeutschland hat erst nach der „Wende" begonnen. Obwohl das Problem vielerorts buchstäblich ins Auge fällt, ist selbst im letzten Umweltbericht des DDR-Instituts für Umweltschutz (im Jahr 1989) noch

nicht eigenständig von Altlasten die Rede[1]. Noch vor der Länderbildung begannen die DDR- und die Bundesregierung im Rahmen eines „ökologischen Entwicklungs- und Sanierungsplanes“ mit einer Ersterfassung der Altlastenverdachtsflächen. Diese Erfassung wird nunmehr von den neuen Ländern fortgeführt. Ein mit Stand vom Oktober 1990 veröffentlichtes Zwischenergebnis weist in Ostdeutschland rund 28.500 Verdachtsflächen aus[2]:

Land	Anzahl	davon Altablagerg.	Altstandorte	großfläch. Kontamin.	Rüstungsaltlasten
Mecklenburg-Vorpommern	5.062	2.064	2.715	158	125
Sachsen	7.783	3.331	4.126	230	96
Sachsen-Anhalt	5.733	2.148	3.095	219	271
Thüringen	6.409	2.124	3.939	308	38
Brandenburg	3.361	1.350	1.731	138	142
Berlin	111	10	101	-	-
gesamt	28.459	11.027	15.707	1.053	672

Tabelle 1: Erfassung der Altlastenverdachtsflächen auf dem ehemaligen DDR-Gebiet/ Oktober 1990

Die in Tabelle 1 aufgeführten Zahlen geben einen Erfassungsstand von ca. 50-70 % an[3]. Aktuelle Zahlen aus Sachsen[4] lassen darauf schließen, daß eher 50 % oder weniger aller Verdachtsflächen von den Zahlen erfaßt werden. Bei einer vollständigen Erfassung ist demnach von einer Gesamtzahl von vermutlich weit über 50.000 Verdachtsflächen auf dem Gebiet der ehemaligen DDR auszugehen.[5]

2. Aus diesen ersten Zahlen über das Ausmaß der Altlastenproblematik lassen sich bereits zwei vorsichtige Bewertungen ableiten:

1 Institut für Umweltschutz, Umweltbericht der DDR, Berlin 1990.

2 LINDEMANN, Darstellung der Gesamtsituation der Altlastenproblematik für das Gebiet der ehemaligen DDR, Müll und Abfall 1991, S. 151.

3 Bei gleichen Zahlen divergieren die Aussagen zum Erfassungsstand: LINDEMANN, ebenda, 151, spricht von 70 %, MÜLLER, Altlastenerfassung in den neuen Bundesländern, Stand, Strategie und Perspektive, unveröffentlicht, 1991, 98, von 60 % und der Bundesumweltminister (BMU), Altlasten als ökologische Herausforderung, Umwelt 1991, Heft 12, 538, geht von 50-60 % aus.

4 Stand: November 1991 Altablagerungen: 6.075 Altstandorte: 7.780 Großflächige Bodenbelastungen: 1.313 Rüstungsaltlasten: 147 Quelle: Altlastenverdachtsflächen-Datei des Sächsischen Staatsministeriums für Umwelt und Landesentwicklung.

5 Die Schätzungen des BMU belaufen sich auf 60.000 Verdachtsflächen.

a) Obwohl die Fläche der ehemaligen DDR nur ca. halb so groß ist wie die der ehemaligen Bundesrepublik, nehmen die Altlastenprobleme quantitativ eine im Quervergleich ungleich größere Dimension ein[6].
b) Selbst wenn methodische Unterschiede und ein unterschiedlicher Erfassungsstand berücksichtigt werden, fällt das gegensätzliche Verhältnis zwischen Altstandorten und Altablagerungen in der Altbundesrepublik und der ehemaligen DDR ins Auge. Dieser Trend wird im übrigen von den neueren und methodisch sichereren Zahlen aus Sachsen[7] bestätigt. In den Altbundesländern überwiegt einzig im Saarland die Anzahl der Altstandorte, insgesamt ist dort das Verhältnis ca. 1:5 zugunsten der Altablagerungen. Demgegenüber überwiegen in Ostdeutschland, sogar im dünnbesiedelten Mecklenburg-Vorpommern, die Altstandorte deutlich. Diese beiden Tendenzen sind einerseits mit der unterschiedlichen Wirtschaftsstruktur erklärbar, andererseits mit dem extremen umweltpolitischen Niveauunterschied bei der industriellen Abfallverwertung, Emissionsvermeidung und -minderung. Altlasten in der ehemaligen DDR sind viel stärker als in der Altbundesrepublik ein Problem von industriellen Standorten.

Dies heißt jedoch nicht, daß Umweltprobleme durch Altablagerungen ein geringeres Gewicht hätten. Auch für eine geordnete Abfallwirtschaft fehlte in der ehemaligen DDR sowohl ein wirksames Instrumentarium als auch die nötigen Investitionsmittel z.B. der Kommunen; die Folge ist eine große Zahl von teilweise „wilden", größtenteils technisch völlig unzureichenden Deponien, die erst jetzt in einem ersten Schritt durch Fördermittel des Bundes und mit Hilfe neu aufgebauter Umweltbehörden der Länder und Kommunen stillgelegt und gesichert werden. Die entsorgungspflichtigen Körperschaften und die neuen Länder stehen vor der Situation, ihre Abfallwirtschaft von Grund auf neu aufbauen zu müssen.[8]

3. Eine Besonderheit der ostdeutschen Länder, hier Sachsens, Thüringens und Sachsen-Anhalts, ist weiterhin das Problem der (uran)bergbaulichen Altlasten. Die hier bisher erfaßten Verdachtsflächen haben eine Gesamtfläche von etwa 1.000-1.200 Quadratkilometer und umfassen Hunderte von Standorten ehemaliger oder bis vor kurzem aktiver

---

6 Vgl. auch den ersten Beitrag von HENKEL in diesem Band.
7 S.o. Fn. 4.
8 Vgl. BMU, Ökologische Entwicklung und Sanierung in den neuen Ländern, unveröffentlichter Bericht, Bonn 1991.

Bergbauanlagen, industrieller Absetzanlagen und Uranaufbereitungsanlagen sowie bergbauliche Abraumhalden und Restlöcher[9]. Eine Rekultivierung von Bergbaufolgelandschaften fand in der ehemaligen DDR nur in Ausnahmefällen statt. Darüber hinaus fielen sämtliche mit radioaktiver Strahlung zusammenhängenden Aktivitäten und Institutionen unter strengsten Geheimhaltungsschutz und wurden zentral von dem mit der Staatssicherheit eng zusammenarbeitenden Staatlichen Amt für Atomsicherheit und Strahlenschutz (SAAS) beaufsichtigt.

Die ehemalige Deutsch-Sowjetische Wismut SDAG, Betreiber des Uranbergbaus in Sachsen und Thüringen, stellte Ende 1991 ihren Betrieb ein und hinterließ eine erst rudimentär erfaßte Zahl von Altlasten, die aufgrund der Radon-Emissionen dringend sanierungsbedürftig sind.

Das Bundesamt für Strahlenschutz begann im Mai 1991 mit einer umfassenden Untersuchung über die „Istzustandsanalyse und Gefährdungseinschätzung von Bergbaualtlasten mit radioaktiver Kontamination“[10].

4. Schließlich sollen – ebenfalls als Sonderproblem sämtlicher neuen Bundesländer – die Altlasten auf den Liegenschaften der (ehemaligen) sowjetischen Armee nicht unerwähnt bleiben. Hierbei handelt es sich um insgesamt 1.000 Standorte mit 243.015 Hektar. Der Bund hat 70 Mio. DM für den Zeitraum von 1991-1994 bereitgestellt und die Firma Industrieanlagen-Betriebsgesellschaft (IABG) mit der Projektträgerschaft für eine umfassende Erfassung und Bewertung von Altlastenverdachtsflächen beauftragt. Ergebnisse über die Zahl von Verdachtsflächen liegen noch nicht vor[11].

II. Rechtsgrundlagen der Altlastensanierung und -erkundung

1. Bundesrecht und fortgeltendes DDR-Recht

a) Die Rechtsgrundlagen für Maßnahmen der Altlastensanierung und -erkundung im übergeleiteten Bundesrecht sind insoweit beschränkt, als diese sich nur partiell in das Instrumentengefüge und die Begriff-

9 KAUL, Bergbauliche Altlasten in den neuen Ländern, Umwelt 1991, Heft 12,

10 Vgl. zu den Aktivitäten des Bundes KAUL, a.a.O. und BMU, Sanierung der Uranbergbaugebiete Sachsen und Thüringen, Umwelt 1990, Heft 11.

11 In Tabelle 1 sind diese Verdachtsflächen wohl noch nicht enthalten.

lichkeit des Abfall-, Wasser-, Naturschutz- und Immissionsschutzrechts einfügen lassen. Dadurch können behördliche Maßnahmen auf bestimmte Einzelfälle der Altlastenproblematik gestützt werden[12], eine überwiegend einschlägige Rechtsgrundlage für die Anordnung von Sanierungsmaßnahmen gibt es jedoch nicht[13]. Dies führt dazu, daß in der Regel auf das allgemeine Polizei- und Ordnungsrecht der Länder zurückgegriffen wird. Da durch den Einigungsvertrag (EV) keine hier relevanten Neuregelungen der Altlastensanierung eingeführt wurden, entfällt das Bundesrecht als überwiegende Rechtsgrundlage auch für die neuen Länder.

b) Ein Teil des DDR-Rechts gilt gemäß Einigungsvertrag als Landesrecht fort (Art. 9 IV 2 i.V.m. Abs. 2 sowie Anlage II EV). Hierzu gehören im Umweltbereich u.a. das DDR-Wassergesetz von 1982, das Landeskulturgesetz von 1970 sowie das 1990 verabschiedete Umweltrahmengesetz (URG). Ohne dies näher zu erläutern, besteht kein Zweifel, daß keines dieser Gesetze eine über das Bundesrecht hinausgehende, speziellere Regelung zur Altlastensanierung und -erkundung liefert.[14] Notwendig ist vielmehr der Rückgriff auf das ebenfalls als Landesrecht fortgeltende Gesetz über die Aufgaben und Befugnisse der Deutschen Volkspolizei von 1968 (zuletzt geändert 1988), jedoch nur solange, bis die Länder eigene Polizeigesetze bzw. spezialgesetzliche Regelungen erlassen haben. Das Volkspolizeigesetz ist dem bundesrepublikanischen Musterentwurf eines einheitlichen Polizeigesetzes von 1976 nachgebildet[15] und enthält weitgehend ähnliche Eingriffsnormen.[16]

---

12 Z.B. die Duldungspflichten und Kostentragung von Besitzern stillgelegter Abfallentsorgungsanlagen gemäß § 11 AbfG.

13 Statt vieler vgl. den Beitrag von STAUPE/DIECKMANN in diesem Band.

14 Vgl. MICHAEL/THULL, Die Verantwortlichkeit für Altlasten in den fünf neuen Bundesländern – Möglichkeiten der Haftungsfreistellung, in: FRANZIUS/STEGMANN/WOLF, Handbuch der Altlastensanierung, Heidelberg 1991, Nr. 1.6.1.6., 2; DOMBERT/REICHERT, Altlasten in den neuen Bundesländern: Die Freistellungsklausel des Einigungsvertrages, NVwZ 1991, 744 f.

15 MICHAEL/THULL, a.a.O., 3.

16 Vgl. zur Anwendbarkeit des allgemeinen Polizeirechts auf die Problematik der Altlastensanierung statt vieler den Beitrag von STAUPE/DIECKMANN in diesem Band.

2. Spezielle landesrechtliche Regelungen

Aufgrund der in vielen Bereichen fehlenden Eingriffsermächtigungen und Regelungslücken haben die neuen Länder als eine Schwerpunktaufgabe im Jahr 1991 ein umfangreiches Gesetzgebungsprogramm auch des Umweltrechts durchgeführt. Hierzu gehören auch die neuen Landesabfallgesetze, die inzwischen mit Ausnahme von dem Mecklenburg-Vorpommerns[17] verabschiedet wurden. In allen diesen Landesabfallgesetzen befindet sich je ein gesonderter Abschnitt zu Altlasten bzw. zum Bodenschutz.

a) Brandenburg

Im Vorschaltgesetz zum Abfallgesetz für das Land Brandenburg (LAbfVG) vom 20.1.1992[18] sind im 6. Abschnitt Regelungen über Altlasten enthalten.

aa) § 25 enthält eine Definition von Altlasten (Altablagerungen und Altstandorte) sowie von Altlast-Verdachtsflächen (Abs. 1). Während bei Altlasten von einer Gefahr für die öffentliche Sicherheit auszugehen ist, besteht bei Altlast-Verdachtsflächen ein „hinreichender Verdacht", daß von ihnen „eine Gefahr für die öffentliche Sicherheit und Ordnung ausgeht oder künftig ausgehen kann" (Abs. 2). § 25 Abs. 3 und 4 definieren Altablagerungen und Altstandorte.

bb) Formuliert sind weiterhin Regelungen über die Ermittlung und Beratung bei Sanierungs- und Erkundungstechnologien, die das Landesumweltamt durchführt (§ 26), sowie über Erhebungen von Altlast- Verdachtsflächen (§ 27) und die Erstellung eines Katasters der Altlast-Verdachtsflächen (§ 29). Zuständig hierfür sind die unteren Abfallwirtschaftsbehörden (die Landkreise und kreisfreien Städte), die dann die Daten zur weiteren Verarbeitung und Kartierung an das Landesumweltamt liefert müssen.

cc) § 28 Abs. 1 ermächtigt die unteren Abfallwirtschaftsbehörden zu

---

17 Hier liegt ein Entwurf des Umweltministeriums vor, der sich noch in der Ressortabstimmung befindet, vermutlich jedoch noch 1992 verabschiedet werden wird.

18 GVBl. I, 6.

Maßnahmen, die eine Ermittlung und Feststellung der „Gefahrenlage“ bei Altlasten und Altlast-Verdachtsflächen ermöglichen[19] („Gefahrerforschungseingriff“).

dd) Zu Maßnahmen der Gefahrenabwehr bei Altlasten ist die untere Abfallwirtschaftsbehörde gem. § 28 Abs. 2 befugt, soweit eine Anordnung nicht nach § 10a oder 10 Abs. 2 AbfG getroffen werden kann. Dem Verantwortlichen (z.B. Grundstückseientümer, Anlagenbesitzer) kann die Vornahme von Untersuchungen „zur Festlegung des Umfanges der Maßnahmen“ auferlegt werden. Eine explizite Unterscheidung zwischen verschiedenen Maßnahmen der Altlastenerkundung und -sanierung gibt es nicht.

ee) Die Kostentragung wird in § 28 Abs. 4 i.V.m. § 21 geregelt. Gem. § 28 Abs. 4 findet bei Maßnahmen nach § 28 (Gefahrerforschung, Gefahrenabwehr) auch die Regelung des § 21 Anwendung; nach § 21 können die Kosten der Überwachung demjenigen auferlegt werden, der hierzu durch unbefugtes Handeln oder Nichterfüllung von Auflagen Anlaß gegeben hat. In diese Kosten sind auch die Gefahr- oder Schadensermittlung sowie die Ermittlung der Verantwortlichen einbezogen. Meines Erachtens verweist das Wort „auch“ in § 28 Abs. 4 darauf, daß hier nicht der Umkehrschluß gezogen werden kann, alle anderen Verantwortlichen aus der Kostentragung herausnehmen zu wollen. Vielmehr bietet im Gegenteil das Gesetz die Möglichkeit, die Kosten sowohl von Gefahrenabwehr- als auch Gefahrerforschungsmaßnahmen den Verantwortlichen aufzuerlegen. Eine Einschränkung der Kostentragung ist durch das Verhältnismäßigkeitsprinzip geboten.

b) Thüringen

Die umfangreichen Regelungen über Altlasten sind im Zweiten Teil des Thüringischen Gesetzes über die Vermeidung, Verminderung, Verwertung und Beseitigung von Abfällen und die Sanierung von Altlasten (ThAbfAG) vom 31.7.1991[20] enthalten. aa) § 16 Abs. 2 enthält zunächst eine Zweckbestimmung der Altlastensanierung. Dieser besteht in der Erfassung, der Untersuchung und Überwachung sowie darin, Altlasten

19 Bei Altlasten ist das – streng genommen – entbehrlich, da sie qua Definition (§ 25 Abs. 1) eine Gefahr beinhalten.

20 GVBl. 1991, 273.

zu sanieren und „damit zur nachhaltigen Sicherung der natürlichen Lebensgrundlagen beizutragen". Diese Bestimmung ist insoweit bemerkenswert, als sie über die Gefahrenabwehr hinausgeht und den Vorsorgegrundsatz ausdrücklich auf die Altlastensanierung anwendet.

bb) Eine Begriffsbestimmung der „altlastenverdächtigen Flächen" sowie der „Altlasten" findet sich in § 16 Abs. 2. Sie geht ebenfalls von den beiden Fällen, Altablagerungen und Altstandorten, aus. Begrifflich greifen, anders als im Brandenburgischen LAbfVG, die Definitionen nicht auf den Begriff der „Gefahr", sondern auf den der „wesentlichen Beeinträchtigung des Wohls der Allgemeinheit" zurück. Altlastenverdächtige Flächen begründen einen hinreichenden Verdacht darauf, bei Altlasten liegt eine solche wesentliche Beeinträchtigung vor.

cc) § 17 regelt die Erfassung und Untersuchung von altlastenverdächtigen Flächen. Die Entsorgungspflichtigen und die Gemeinden sind verpflichtet, der Landesanstalt für Umweltschutz Erkenntnisse hierüber mitzuteilen, die ihrerseits eine Verdachtsflächendatei erstellt (§ 17 Abs. 1). Darüber hinaus ist die obere Abfallbehörde befugt, Erstuntersuchungsmaßnahmen, insbesondere die Entnahme von Luft-, Wasser- und Bodenproben, durchzuführen (§ 17 Abs. 2). Sofern feststeht, daß von der altlastenverdächtigen Fläche wesentliche Beeinträchtigungen des Wohls der Allgemeinheit ausgehen[21] und die Erstuntersuchung das Ausmaß der Beeinträchtigung feststellen soll, können die Maßnahmen dem Verantwortlichen auferlegt werden (§ 7 Abs. 3).

dd) Ein weiterer Abschnitt regelt die Überwachung von altlastenverdächtigen Flächen und Altlasten (§ 18). Es werden Betretungsrechte und Duldungspflichten (§ 18 Abs. 2) sowie umfangreiche Auskunftspflichten (§ 18 Abs. 3) normiert. Weiterhin kann die obere Abfallbehörde von dem Verantworlichen bei Vorliegen des Altlasten-Tatbestands[22] eine Eigenüberwachung verlangen (§ 18 Abs. 4). Damit kann sowohl eine Erst- als auch eine kontinuierliche Bestandsaufnahme über mögliche Gefahren einer Altlast von dem Verantwortlichen verlangt werden.

---

21 Womit qua Definition eine Altlast vorliegt.

22 Die eigenständige Nennung von altlastenverdächtigen Flächen, bei denen die Voraussetzungen des § 17 Abs. 3 vorliegen, ist entbehrlich, weil sie unter diesen Voraussetzungen, nämlich dem Tatbestand der wesentlichen Beeinträchtigung des Wohls der Allgemeinheit, bereits nach § 16 Abs. 3 Altlasten sind.

ee) Die in § 19 geregelte „Behördliche Anordnung zur Sanierung einer Altlast“ ermächtigt die obere Abfallbehörde, den „Sanierungsumfang“ einer Altlast festzulegen und „die zur Sanierung der Altlast und der von ihr ausgehenden Umweltbeeinträchtigungen erforderlichen Maßnahmen“ zu treffen und diese zu überwachen (§ 19 Abs. 1). Durch den Begriff „Altlast“ ist der Tatbestand festgelegt, der zur Rechtmäßigkeit dieser Maßnahmen vorliegen muß, nämlich die wesentliche Beeinträchtigung des Wohls der Allgemeinheit. Neben den nicht näher differenzierten Maßnahmen kann die obere Abfallbehörde von dem Sanierungsverantwortlichen die Erstellung eines Sanierungsplanes verlangen (§ 19 Abs. 1), der sowohl Maßnahmen zur „Verhütung, Verminderung oder Beseitigung der Beeinträchtigungen“ als auch Maßnahmen der „Wiedereingliederung von Altlasten in Natur und Landschaft (Rekultivierungsmaßnahmen)“ enthält.

ff) Die Sanierungsverantwortlichkeit ist in § 20 geregelt. In § 20 Abs. 1 Nr. 1-5 sind alle Verantwortlichen aufgeführt, die auch nach der im allgemeinen Polizeirecht üblichen Systematik der Verhaltens- und Zustandsverantwortlichkeit herangezogen werden könnten. Die Auswahl der Verantwortlichen liegt im Ermessen der Behörde, diese kann auch mehrere heranziehen und die Kosten anteilmäßig geltend machen. Die Verpflichteten haben untereinander einen (privatrechtlichen) Ausgleichsanspruch; dieser hängt davon ab, inwieweit einzelne für den Schaden verantwortlich sind. Ausdrücklich ist erwähnt, daß die zu tragenden Kosten auch die Erstuntersuchung nach § 17 und die Überwachung nach § 18 (s.o. cc und dd) umfassen. Eine Sanierungsverantwortlichkeit besteht indessen nicht, wenn „der Verantwortliche im Zeitpunkt des Entstehens der Verunreinigung oder des Umgangs mit Abfällen oder Stoffen darauf vertraut hat, daß eine Beeinträchtigung der Umwelt nicht entstehen könne, und wenn dieses Vertrauen unter Berücksichtigung der Umstände des Einzelfalles schutzwürdig ist“. Diese Regelung betrifft im wesentlichen die Frage der Legalisierungswirkung früherer, nach DDR-Recht ergangener Genehmigungen und Duldungen. Sie kann z.B. dazu führen, daß die Betreiber von Abfallentsorgungsanlagen in der DDR bzw. diejenigen, die mit behördlicher Genehmigung oder Duldung Abfälle auf technisch unzureichende Deponien abgeladen haben, nicht mehr zur Sanierung herangezogen werden können. Im Falle der Altstandorte dürfte diese Regelung nach der überwiegenden Privatisierung der Unternehmen bzw. dem Verkauf oder der Rückübertragung der Grundstücke und damit dem Wegfall einer Verhaltensverantwortlichkeit keine große Bedeutung haben.

gg) Als zusätzliche Ermächtigung an die Landesregierung normiert das Gesetz eine durch Rechtsverordnung zu erhebende Abgabe zur Altlastenbeseitigungsfinanzierung (§ 21). Die entsorgungspflichtigen Körperschaften sowie der Träger der Sonderabfallentsorgung können zu einer Abgabe auf die „Menge der erzeugten Abfälle" herangezogen werden, wobei „der Abgabesatz nach der Schwierigkeit der umweltverträglichen Entsorgung, der Vermeidbarkeit sowie der Verwertbarkeit der Abfälle zu differenzieren ist". Das Aufkommen der Abgabe ist zweckgebunden, und zwar insbesondere für die „Erkundung und Bewältigung ökologischer Gefahren, Schäden und Folgelasten" durch Altablagerungen einzusetzen. Es soll hier weder über die politische Durchsetzbarkeit noch über die Zweckmäßigkeit oder über die Verfassungsmäßigkeit einer solchen Abgabe geurteilt werden; bemerkenswert ist immerhin, daß das Land Thüringen als einziges der neuen Bundesländer ein solches gesetzliches Finanzierungsinstrument für die Altlastensanierung formuliert. In der derzeitigen Situation sind jedoch bereits deshalb Zweifel am Effekt der Abgabe angebracht, weil die Kreise als entsorgungspflichtige Körperschaften überhaupt nur mit Hilfe von Fördermitteln des Landes und mittelbar des Bundes die riesigen Investitionssummen aufwenden können, die der Aufbau einer geordneten Abfallwirtschaft verschlingt. Ihnen noch eine Abgabe aufzubürden, hieße im Ergebnis, die Abgabe aus dem eigenen Topf zu finanzieren. Auch wird Thüringen m.E. kaum angesichts einer erwarteten und von den Bundesländern auf der 37. Umweltministerkonferenz 1991 in Leipzig unterstützten Abfallabgabe des Bundes den schwierigen Weg einer eigenen Abgabe gehen.

hh) Für die in der ehemaligen DDR in besonderem Maße wichtige Frage nach dem Wert eines durch Altlasten verseuchten Grundstücks, der durch eine Sanierung ggf. erheblich gesteigert wird, enthält § 22 eine Wertzuwachsregelung. Der Grundeigentümer, der von der Wertsteigerung profitiert, kann verpflichtet werden, den Differenzbetrag an denjenigen zu zahlen, der die Kosten der Sanierung getragen hat. Sofern er selbst hierzu herangezogen wurde, wird sein Kostenbeitrag zur Sanierung von dieser Kostenpflicht abgezogen.

c) Sachsen

Sachsen geht mit seinem Ersten Gesetz zur Abfallwirtschaft und zum Bodenschutz im Freistaat Sachsen (EGAB) vom 12.8.1991[23] einen etwas anderen Weg als Brandenburg und Thüringen. Die Regelungen über Altlasten sind in den Zweiten Teil („Bodenschutz") integriert, die Altlastenproblematik wird damit zu Recht als integraler Bestandteil des Bodenschutzes gesehen.

aa) § 7 formuliert die allgemeinen Ziele des Bodenschutzes[24] (Abs. 1) sowie allgemeine Verhaltenspflichten (Abs. 2) und Pflichten der Behörden, die Ziele des Bodenschutzes bei Verwaltungsverfahren zu berücksichtigen.

bb) Boden und Bodenbelastungen werden begrifflich in § 8 definiert. Boden ist demnach die „obere überbaute und nicht überbaute Schicht der festen Erdkruste einschließlich des Grundes fließender und stehender Gewässer, soweit sie durch menschliche Aktivitäten beeinflußt werden kann" (§ 8 Abs. 1). Bodenbelastungen liegen vor, wenn durch Veränderungen der Beschaffenheit des Bodens die „Besorgnis" besteht, daß dessen Funktionen als Naturkörper oder Lebensgrundlage für Menschen, Tiere und Pflanzen erheblich oder nachhaltig beeinträchtigt werden (§ 8 Abs. 2), § 8 Abs. 3 enthält einen Katalog von Tatbeständen, bei denen insbesondere eine solche Besorgnis besteht; hier u.a. bei „altlastenverdächtigen Flächen wie Altablagerungen und Altstandorten"[25]. Eine weitere Definition von altlastenverdächtigen Flächen sowie eine tatbestandliche Unterscheidung zwischen Altlast und altlastenverdächtiger Fläche liefert das Gesetz nicht.

cc) Maßnahmen des Bodenschutzes und damit Eingriffsermächtigungen enthält § 9. Die zuständige Behörde ist befugt, zum Schutz des Bodens Maßnahmen nach § 12 Abs. 2 zu treffen (§ 9 Abs. 1); § 12 Abs. 2 ermächtigt zu Maßnahmen der Überwachung, der Gefahrenabwehr und der Störungsbeseitigung u.a. bei Bodenbelastungen. Diese generalklauselartige Eingriffsbefugnis wird durch den Begriff „insbesondere" und einen Katalog von 5 Maßnahmearten konkretisiert:

---

23 GVBl. 1991, 306.

24 Erhalt des Bodens „als Naturkörper und Lebensgrundlage für Menschen, Tiere und Pflanzen in seinen Funktionen" und Schutz vor Belastungen.

25 Änderungen der Bodenbeschaffenheit durch eine „ordnungsgemäße Land- und Forstwirtschaft" fallen nicht unter Bodenbelastungen, § 8 Abs. 3 letzter Absatz.

- Anordnung von Untersuchungs- und Sicherungsmaßnahmen,
- Erstellung von Sanierungsplänen,
- Anordnung von Maßnahmen zur Beseitigung, Verminderung und Überwachung einer Bodenbelastung,
- Anordnung von Maßnahmen zur Verhütung, Verminderung oder Beseitigung von Beeinträchtigungen des Wohls der Allgemeinheit, die durch eine Bodenbelastung hervorgerufen werden,
- Verbot oder Einschränkung bestimmter Arten der Bodennutzung und den Einsatz bestimmter Stoffe bei der Bodennutzung (§ 9 Abs. 1).

dd) Ein weiteres Instrument ist das der Bodenbelastungsflächen (§ 9 Abs. 2), die zum „Schutz oder zur Sanierung des Bodens oder aus Gründen der Vorsorge für die menschliche Gesundheit oder zur Vorsorge gegen erhebliche Beeinträchtigungen des Naturhaushaltes" durch Rechtsverordnung ausgewiesen werden können. Auf den Bodenbelastungsflächen können dann Verbote, Beschränkungen und Schutzmaßnahmen getroffen werden. Während die Maßnahmen nach § 9 Abs. 1 überwiegend Gefahrenabwehr- und Gefahrerforschungsmaßnahmen sind, ist durch § 9 Abs. 2 die Möglichkeit gegeben, Neulasten z.B. in trinkwasserrelevanten Gebieten zu verhindern oder altlastenverdächtige Flächen, deren Auswirkungen noch nicht die Gefahrenschwelle überschreiten, wirkungsvoll gegen zusätzliche Beeinträchtigungen zu schützen.

ee) Die Heranziehung von Verantwortlichen orientiert sich im sächsischen Gesetz an dem klassischen ordnungsrechtlichen Instrumentarium (§ 10 Abs. 1). Erwähnt wird ausdrücklich die Möglichkeit der Ersatzvornahme (§ 10 Abs. 2). Pflichten der Verantwortlichen bestehen in der Anzeige von nicht unerheblichen Bodenbelastungen sowie in der Bereitstellung von Unterlagen (§ 10 Abs. 3) und in der Duldung von Aufgaben des Gesetzes (§ 10 Abs. 4). Die Kosten der Maßnahmen trägt der Verpflichtete, für Maßnahmen nach § 9 Abs. 2 EGAB (Ausweisung von Bodenbelastungsflächen) sowie für „sonstige Maßnahmen" jedoch nur dann, wenn diese zu einer Bodenbelastung i.S.d. § 8 Abs. 2 führen. Ausdrücklich erwähnt ist noch die Möglichkeit der Freistellung von der Verantwortlichkeit (s.u.)

d) Sachsen-Anhalt

Das Abfallgesetz des Landes Sachsen-Anhalt (AbfG LSA) vom 14.11.1991[26] enthält im Sechsten Teil Regelungen über Altlasten, es enthält jedoch im Gegensatz zu den oben erläuterten Landesgesetzen keine Eingriffsermächtigungen zur Altlastenerkundung oder -sanierung. Hierfür ist insoweit auf das allgemeine Polizeirecht zurückzugreifen.

aa) § 29 definiert altlastenverdächtige Flächen und Altlasten, wobei hinsichtlich des Gefahrentatbestandes die gleiche Systematik wie im Falle von Brandenburg und Thüringen zugrundegelegt wurde. Altablagerungen und Altstandorte werden in den Abs. 4 und 5 abschließend definiert. Ausgenommen sind militärische Altlasten (§ 29 Abs. 5).

bb) Die Erfassung von Altlasten und die Führung einer Altlastendatei werden in §§ 30, 31 geregelt. Zur Erfassung sind Personen, die Erkenntnisse über altlastverdächtige Flächen oder Altlasten haben, auskunftspflichtig. Nach dem gleichen Muster von Thüringen und Brandenburg wird eine Altlastendatei vom Landesamt für Umweltschutz geführt. Die für die Erfassung der einzelnen Verdachtsflächen zuständigen Behörden haben die Daten dem Landesamt zu übermitteln.

3. Zusammenfassung

Da weder durch den Einigungsvertrag noch durch fortgeltendes DDR-Recht spezielle Bestimmungen für die Altlastensanierung gegeben sind, gilt für die neuen ebenso wie für die alten Bundesländer, daß ohne eine landesrechtliche Spezialregelung auf das allgemeine Polizeirecht zurückzugreifen ist.

Spezielle Eingriffsnormen zur Erkundung und Sanierung von Altlasten sind in den neuen Abfallgesetzen von Brandenburg, Thüringen und Sachsen enthalten.

In allen drei Landesgesetzen sind Eingriffsbefugnisse sowohl für die Gefahrenabwehr als auch für die Gefahrerforschung vorgesehen. Begrifflich wird dieser Unterschied im LAbfVG (Brandenburg) und im

---

26 GVBl. 1991, 422.

ThAbfAB (Thüringen) durch die sinnvolle tatbestandliche Unterscheidung zwischen Altlastenverdachtsfläche und Altlast systematisiert. Die Ermächtigung zu behördlichen Maßnahmen der Gefahrerforschung ist vor allem deshalb wichtig, weil man in der ehemaligen DDR häufig vor Situationen gestellt sein wird, in denen man nichts anderes über eine Fläche weiß, als daß diese aufgrund der (früheren) Existenz einer Anlage oder einer Deponie altlastverdächtig ist. Andererseits dürfte es insbesondere bei hierfür notwendigen Gefahrerforschungseingriffen (z.B. der Entnahme von Grundwasser- oder Bodenproben) fraglich sein, ob das allgemeine Polizeirecht eine hinreichende Ermächtigungsgrundlage bietet.[27]

Darüber hinaus liefern die Gesetze einige weitere interessante Instrumente: sowohl das EGAB als auch das ThAbfAG ermächtigen zur Anordnung von Sanierungsplänen, im ThAbfAB (§ 10 Abs. 1) sind darin sogar Rekultivierungsmaßnahmen vorgesehen. Demgegenüber führt das sächsische EGAB als planerisches Instrument die Ausweisung von Bodenbelastungsflächen ein (§ 9 Abs. 2), die Ziele der Umweltvorsorge im Bodenschutz verwirklichen können. Das ThAbfAG ermächtigt die Landesregierung überdies, von den entsorgungspflichtigen Körperschaften eine Abfallabgabe zu erheben.

Hinsichtlich der Heranziehung von Verantwortlichen greifen alle drei Gesetze auf das polizeirechtlich entwickelte Gefüge von Verhaltens- und Zustandsverantwortlichkeit zurück, wobei das ThAbfAG einen konkreten Katalog der möglichen Verpflichteten enthält. Die Kostentragung der Maßnahmen kann den Verantwortlichen für die Gefahrenabwehr- wie für die Gefahrerforschungsmaßnahmen auferlegt werden. Eine Einschränkung der Kostentragung enthält das ThAbfAG im Falle der Legalisierungswirkung früherer Genehmigungen (§ 20 Abs. 2) und das EGAB im Zusammenhang mit der Ausweisung von Bodenbelastungsflächen (§ 10 Abs. 5).

III. Die Freistellung von der Verantwortlichkeit für Altlasten

Bei der in der ehemaligen DDR auftretenden Problemdimension der Altlasten, insbesondere der Altstandorte, schien es dem Gesetzgeber geboten, eine Regelung zu treffen, die potentielle Investoren von der

---

27 Vgl. den Beitrag von KOCH in diesem Band.

(finanziellen) Verantwortlichkeit für die Altlastensanierung freistellt. Das in der Praxis zumeist einschlägige Polizeirecht enthält für die Altlastensanierung insbesondere das Institut der Zustandsverantwortlichkeit, das eine Inanspruchnahme des jeweiligen Eigentümers einer Altlast erlaubt. Eine auf dessen Freistellung bezogene Regelung wurde noch von der DDR-Volkskammer in das Umweltrahmengesetz (URG) aufgenommen (Art. 1 § 4 Abs. 3). Diese „Altlasten-Freistellungsklausel" wurde dann durch Art. 12 des Gesetzes zur Beseitigung von Hemmnissen bei der Privatisierung von Unternehmen und zur Förderung von Investitionen (HemmnisbeseitigungsG) vom 22.3.1991 novelliert und hat die folgende, jetzt geltende Fassung:

> *„Eigentümer, Besitzer oder Erwerber von Anlagen und Grundstücken, die gewerblichen Zwecken dienen oder im Rahmen wirtschaftlicher Unternehmungen Anwendung finden, sind für die durch den Betrieb der Anlage oder die Benutzung des Grundstücks vor dem 1. Juli 1990 verursachten Schäden nicht verantwortlich, soweit die zuständige Behörde im Einvernehmen mit der obersten Landesbehörde sie von der Verantwortung freistellt. Eine Freistellung kann erfolgen, wenn dies unter Abwägung der Interessen des Eigentümers, des Besitzers oder des Erwerbers, der durch den Betrieb der Anlage oder durch die Benutzung des Grundstücks möglicherweise Geschädigten, der Allgemeinheit und des Umweltschutzes geboten ist. Die Freistellung kann mit Auflagen versehen werden. Der Antrag auf Freistellung muß spätestens innerhalb eines Jahres nach Inkrafttreten des Gesetzes zur Beseitigung von Hemmnissen bei der Privatisierung von Unternehmen und zur Förderung von Investitionen gestellt sein. Im Falle der Freistellung treten an Stelle privatrechtlicher, nicht auf besonderen Titeln beruhender Ansprüche zur Abwehr benachteiligender Einwirkungen von einem Grundstück auf ein benachbartes Grundstück Ansprüche auf Schadenersatz. Die zuständige Behörde kann vom Eigentümer, Besitzer oder Erwerber jedoch Vorkehrungen zum Schutz vor benachteiligenden Einwirkungen verlangen, soweit diese nach dem Stand der Technik durchführbar und wirtschaftlich vertretbar sind. Im übrigen kann die Freistellung nach Satz 1 auch hinsichtlich der Ansprüche auf Schadenersatz nach Satz 4 sowie nach sonstigen Vorschriften erfolgen; auch in diesem Falle ist das Land Schuldner der Schadensersatzansprüche."*

Mit dem Einigungsvertrag gilt die Freistellungsregelung als Landesrecht für die neuen Bundesländer fort.

1. Freistellungsberechtigte

a) Der Wortlaut „Eigentümer, Besitzer oder Erwerber" legt eine sehr weitgehende Auslegung der Gruppe der Berechtigten nahe. Erfaßt sind natürliche und juristische Personen. Abgrenzungsprobleme kann es bei Beteiligungen an Unternehmen geben, die z.B. als GmbH oder Aktiengesellschaft organisiert sind. Hier wird eine Freistellung dann zu bejahen sein, wenn die Beteiligung mehr als 50 % beträgt und damit eine substantielle Eigentümerschaft an dem Unternehmen vorliegt[28]. Zur Berechtigung ist es nicht erforderlich, daß eine Betriebsübernahme bereits vollzogen ist, der Begriff „Erwerber" in Verbindung mit dem Zweck des Gesetzes deutet vielmehr an, daß die (nachgewiesene) Erwerbsabsicht ausreichend für die Berechtigung zur Freistellung ist[29]. Der Erwerb kann z.B. an die Freistellung gekoppelt sein, umgekehrt kann die Freistellung den Erwerb eines Betriebes zur Bedingung haben.

b) Der Begriff der „Anlage" greift auf den des Immissionsschutzrechts (§ 3 Abs. 5 BImSchG) sowie den des Abfallrechts (§ 4 Abs. 1 AbfG) zurück und umfaßt alle genehmigungs- und nichtgenehmigungsbedürftigen Anlagen. Freigestellt werden können auch Besitzer oder Erwerber von Grundstücken. Für Anlagen und Grundstücke gilt der Vorbehalt, daß diese gewerblichen Zwecken dienen oder im Rahmen wirtschaftlicher Unternehmungen Anwendung finden. Trotz dieser Begrenzung sind damit alle Formen wirtschaftlicher Anlagen- und Bodennutzung von der Freistellungsregelung eingeschlossen[30]. Nicht freistellungsfähig sind demgegenüber Erwerber von Grundstücken, die zumindest in absehbarer Zukunft keiner wirtschaftlichen Nutzung dienen sollen. Gleiches gilt auch für Abfallentsorgungsanlagen, die zu DDR-Zeiten betrieben, nun jedoch stillgelegt und zukünftig nicht weiter abfallwirtschaftlich oder anders genutzt werden.

---

28 KLOEPFER/KRÖGER, Haftungsfreistellung für „Altlasten" in den neuen Bundesländern, DÖV 1991, 989 (991); DOMBERT/REICHERT, a.a.O. (Fn. 14), 746; CONRAD/WOLF, Freistellung von der Altlastenhaftung, Bonn 1991, 14; MICHAEL/THULL, a.a.O. (Fn. 14), 7.

29 Vgl. die Nachweise in Fn. 28; BMU, Hinweise zur Auslegung der sog. „Freistellungsklausel für Altlasten" im Einigungsvertrag, Umwelt 1991, Heft 10, 430 (430), im folgenden als BMU, Auslegungshilfe, bezeichnet.

30 Vgl. den Katalog in BMU, Auslegungshilfe, 431.

2. Umfang der Freistellung

a) Es kann nur von Schäden freigestellt werden, die vor dem 1. Juli 1990 verursacht worden sind. Hierbei kommt es auf den Zeitpunkt der Bodenkontamination (der Verursachung) an, unabhängig davon, ob auch nach dem 1.7.1991 weitere Schäden von der Schadensquelle verursacht wurden.[31]

b) Freigestellt wird zunächst von der öffentlich-rechtlichen Verantwortlichkeit. Diese betrifft die mögliche Inanspruchnahme nach dem allgemeinen Polizeirecht, für die Länder Thüringen und Sachsen nach den jeweiligen Spezialregelungen der Verantwortlichkeiten für die Altlastensanierung (§ 20 ThAbfAG, § 10 EGAB). Obwohl der Gesetzgeber des URG vorwiegend die Zustandsverantwortlichkeit im Blick hatte, kann und sollte die Freistellungsklausel dahingehend ausgelegt werden, auch die Verhaltensverantwortlichkeit einzubeziehen, wenn der Erwerber einer Anlage oder eines Grundstücks in die Gesamtrechtsnachfolge eintritt. Abgrenzungsprobleme wird es nur für den Fall geben, in dem der Rechtsnachfolger oder verbleibende Besitzer eigene Verursachungsbeiträge zur Schädigung durch Altlasten geliefert hat.

c) Aus dem Wortlaut der Freistellungsklausel könnte entnommen werden, daß lediglich bereits eingetretene „Schäden" freistellungsfähig sind, nicht aber Gefahren. Eine solche Auslegung widerspräche jedoch dem Zweck des Gesetzes, da gerade im Falle von Altlasten eine Erkenntnissicherheit über das Vorliegen von Schäden selten vorliegen wird und insofern überwiegend Gefahrentatbestände gegeben sind. Um dennoch den angestrebten investitionsfördernden Effekt zu erzielen, ist es zwingend, den Begriff „Schäden" nicht streng polizeirechtlich zu definieren und in diesem Sinne bei „Gefahren" oder ggf. bei Risiken unterhalb der Gefahrenschwelle ebenfalls freizustellen.[32]

d) Zusätzlich zur öffentlich-rechtlichen Verantwortlichkeit erlaubt die novellierte Freistellungsklausel eine Freistellung von privatrechtlichen Ansprüchen, sofern diese nicht auf besonderen Titeln, z.B. einem Vertrag, beruhen. Hierzu treten anstelle der privatrechtlichen Abwehransprüche etwa eines Grundstücksnachbarn Ansprüche auf Schadenersatz. Diese können in die Freistellung einbezogen werden und gehen

31 CONRAD/WOLF, a.a.O. (Fn. 28), 17.
32 DOMBERT/REICHERT, a.a.O. (Fn. 14), 747.

dann in die Haftung des Landes über. Die explizite Erwähnung der nach der Systematik logisch folgenden Freistellung von Schadenersatzansprüchen deutet darauf hin, der Behörde hier einen breiten Spielraum über Umfang und Bedingungen der Freistellung von privatrechtlichen Ansprüchen einzuräumen[33]. Um die finanziellen Folgen privatrechtlicher Ansprüche abzumildern, ermächtigt die Freistellungsklausel zur Anordnung von Vorkehrungen zum Schutz benachteiligender Einwirkungen, wenn diese nach dem Stand der Technik durchführbar und wirtschaftlich vertretbar sind.

3. Abwägung

Die Entscheidung über die Freistellung ist eine Ermessensentscheidung, in die vier ausdrücklich genannte Abwägungskriterien einzubeziehen sind (Satz 2). Lediglich der Zweck des Gesetzes, insbesondere des Hemmnisbeseitigungsgesetzes, erlaubt eine besondere Herausstellung struktur- und arbeitsmarktpolitischer Interessen der Allgemeinheit, nicht jedoch der Wortlaut der Abwägungsklausel. Dies bedeutet, daß ein Ergebnis keineswegs vorweggenommen und auch Nicht- oder Teilfreistellungen möglich und rechtmäßig sind[34].

4. Verfahren, Form der Freistellung, Rechtsnachfolge

a) Die Anträge auf Freistellung werden mit geeigneten Unterlagen an die zuständige Behörde gestellt, die ihrerseits im Einvernehmen mit der obersten Abfallbehörde über die Freistellung entscheidet.

b) Der Freistellungsbescheid kann mit Nebenbestimmungen, Bedingungen oder/und Auflagen versehen werden; auch eine Teilfreistellung ist im Rahmen der Ermessensentscheidung möglich. Häufig wird die Freistellung auf die öffentlich-rechtliche Verantwortlichkeit beschränkt bleiben, oder es werden (kontinuierliche) Untersuchungsmaßnahmen als Auflagen angeordnet.

c) Fraglich ist, ob die Freistellung auch rechtsnachfolgefähig ist. Dagegen könnte sprechen, daß die Interessen des Antragstellers in die Ab-

---

33 KLOEPFER/KRÖGER, a.a.O. (Fn. 28), 997.
34 KLOEPFER/KRÖGER, a.a.O. (Fn. 28), 998.

wägung miteinzubeziehen sind und sich die tatbestandlichen Voraussetzungen der Freistellung im Zuge der Rechtsnachfolge ändern können. Demgegenüber überwiegt jedoch die Erwägung, daß die Reduktion auf den jeweiligen Eigentümer den Wert der Freistellung erheblich vermindern und einen Wiederverkauf im Einzelfall erschweren oder verhindern würde; daraus folgt, daß die Freistellung auch auf den Rechtsnachfolger übergehen sollte[35]. Es bietet sich für die zuständige Behörde an, für den Fall der Rechtsnachfolge einen Zustimmungs- oder Widerrufsvorbehalt in den Bescheid mitaufzunehmen, um eine ggf. veränderte Abwägung vornehmen zu können[36].

5. Vollzugsprobleme der Freistellung

Die Altlastenfreistellung wirft für die neuen Länder in mehrerer Hinsicht erhebliche Probleme auf. Inzwischen sind Tausende von Anträgen bei den zuständigen Behörden eingegangen, beschieden ist erst ein geringer Prozentsatz. Auch bei einem unbürokratischen Verfahrensgang bedarf es zum Freistellungsbescheid einer fachlichen Prüfung insbesondere der in Zukunft zu erwartenden (finanziellen) Sanierungslasten. Der Freistellungsbescheid macht die Notwendigkeit von Gefahrenabwehrmaßnahmen nicht entbehrlich, sie regelt lediglich die Verantwortlichkeit. Ohne daß dies ausdrücklich mit der Freistellungsklausel verbunden wäre, treten zumindest bis zu einer bundeseinheitlichen Regelung die Länder in die finanzielle Haftung für Abwehrmaßnahmen und ggf. Schadenersatzansprüche ein. Darüber hinaus fehlte den neuen Ländern in den zuständigen Behörden in großem Maße Personal, um diese Aufgabe in angemessen kurzer Frist bewältigen zu können. Es ist zu berücksichtigen, daß qualifiziertes Personal im Altlasten- und Abfallbereich aus ehemaligen DDR-Einrichtungen gar nicht oder viel zu wenig zur Verfügung steht. Als besonderes Problem kommt hinzu, daß in gewissem Umfang Personal sowohl in den zuständigen Behörden (z.B. Bezirksregierungen) als auch in der obersten Abfallbehörde vorgehalten werden muß. Andererseits laufen lange Bearbeitungszeiten – ähnlich der Problematik der Rückübertragung von Grundstückseigentum – dem Zweck der Regelung, der schnellen Beseitigung von Investitionshemmnissen zuwider.

---

35 MÜGGENBORG, Immissionsschutzrecht und -praxis in den neuen Bundesländern, NVwZ 1991, 735 (740); KLOEPFER/KRÖGER, a.a.O. (Fn. 28), 1001; MICHAEL/THULL, a.a.O. (Fn. 14), 12; BMU, Auslegungshilfe a.a.O. (Fn. 29), 432.

36 Dies empfiehlt das BMU, Auslegungshilfe, a.a.O. (Fn. 29), 432, ausdrücklich.

IV. Finanzierung

Auf dem derzeitigen Kenntnisstand der Altlastenerkundung ist es verfrüht, ein Finanzierungsvolumen für die Altlasten in der ehemaligen DDR anzugeben. Nicht zuletzt schwanken die Zahlen auch für die alte Bundesrepublik je nach Erhebungsmethodik und politischer Intention in einer erheblichen Bandbreite.[37] Sicher ist angesichts der o.g. Befunde über die Dimension der Altlastenproblematik (s.o., I.), daß auch für die Sanierung der Altlasten in der ehemaligen DDR zweistellige Milliardenbeträge angenommen werden müssen.

Dieser Problematik steht die Tatsache gegenüber, daß die öffentlichen Haushalte der Länder und Gemeinden ihre derzeitigen Investitionsmittel zu dem ganz überwiegenden Teil aus Fördermittel des Bundes und der alten Länder nehmen und mit eigenen Steuereinnahmen kaum Handlungsspielraum haben. Die Kommunen sind in ihrer finanziellen Not teilweise dazu übergegangen, aus den investiven Fördermitteln ihren Verwaltungshaushalt mitsamt dem Personal zu finanzieren. Hier tritt erschwerend hinzu, daß sowohl in den Ländern als auch in den Kommunen – im Quervergleich zu den alten Ländern – immer noch ein relativ größerer Personalkörper durch die Übernahme von DDR-Einrichtungen im öffentlichen Dienst beschäftigt ist.

Mit der Altlastenfreistellung tritt darüber hinaus faktisch die Situation ein, daß Private zu einem überwiegenden Teil nicht in die Finanzierung der Altlastensanierung einbezogen werden können, da sie als Grundeigentümer, Erwerber oder Besitzer von Anlagen von der Verantwortlichkeit freigestellt werden. Finanzierungsmodelle sind in den neuen Ländern folglich entweder durch Umschichtungen von Geldern der öffentlichen Haushalte (z.B. Fördermittel des Bundes, Landeszuschüsse für kommunale Investitionen) oder durch zusätzliche Finanzierungsinstrumente wie Sonderabgaben zu bilden. In diesem Zusammenhang ist zu erwähnen, daß der BMU mit Unterstützung der Landesumweltminister[38] zwei Abgabeinstrumente plant, die auch der Altlastensanierung in den neuen Ländern zugute kommen sollen: eine Deponieabgabe auf Sonderabfälle und eine Abfallabgabe[39]. Von der Abfallabgabe sollen

---

37 Vgl. den Beitrag von BRANDT (Finanzierungsbedarf und Finanzierungsansätze) in diesem Band.

38 Auf der 37. Umweltministerkonferenz in Leipzig.

39 Vgl. BMU, Altlasten als ökologische Herausforderung, a.a.O. (Fn. 3), 539.

40 %, nach Schätzungen 2 Mrd. DM, für diesen Zweck verwendet werden. Ohne daß dies an dieser Stelle weiter erörtert werden sollte, sind sicherlich noch Zweifel an der zumindest kurzfristigen politischen Realisierbarkeit der Abgaben angebracht.

V. Zusammenfassung

Die Altlastenproblematik in der ehemaligen DDR ist durch umweltpolitisches Nichthandeln sowie durch strukturelle Bedingungen der DDR-Wirtschaft und Gesellschaft zu einer Erblast besonderen Ausmaßes sowohl quantitativ als auch qualitativ geworden. Nach derzeitigem Kenntnisstand ist von über 50.000 Altlastenverdachtsflächen auszugehen, die sich in weitaus höherem Maße als in der Alt- Bundesrepublik aus Altstandorten zusammensetzen.

Als rechtliche Grundlage für die Altlastensanierung und -erkundung bieten weder der Einigungsvertrag noch übergeleitetes DDR-Recht über das allgemeine Polizeirecht hinausgehende Ermächtigungen. Die Länder Brandenburg, Thüringen und Sachsen haben in ihren neuen Landesabfallgesetzen spezielle Regelungen zur Altlastensanierung eingeführt. Diese Regelungen, von denen insbesondere die Thüringens sehr weitgehend und ausführlich ist, bieten eine Rechtsgrundlage für alle wesentlichen Maßnahmen der Gefahrenabwehr, aber auch der Gefahrerforschung im Zusammenhang mit Altlasten. Sie regeln darüber hinaus die Heranziehung von Verantwortlichen.

Eine Freistellung von der Verantwortlichkeit für Altlasten sieht die durch das Hemmnisbeseitigungsgesetz des Bundes novellierte Freistellungsklausel des Art. 1 § 4 Abs. 3 URG vor, die als Landesrecht für die neuen Bundesländer fortgilt. Dadurch besteht die Möglichkeit, Grundstückseigentümer oder -erwerber, Anlagenbesitzer oder -erwerber teilweise oder vollständig von der öffentlich-rechtlichen sowie privatrechtlichen Verantwortlichkeit für Schäden durch Altlasten freizustellen.

Hinsichtlich der Finanzierung der Altlastenproblematik in der ehemaligen DDR kommt auch aufgrund der Freistellungsregelung auf die öffentlichen Haushalte in den kommenden Jahren eine große Belastung zu. Da dies nicht oder nur ansatzweise von den neuen Ländern oder deren Kommunen selbst bewältigt werden kann, ist eine großzügige Förderung durch Mittel des Bundes und der alten Länder auch zukünftig für diese Aufgabe notwendig.

Wolfram König/Ulrich Schneider

100 Jahre rüstungsindustrielle und militärische Altlasten

Die verwüsteten Felder des Ersten Weltkrieges, das bombenzertrümmerte Gesicht der Städte am Ende des Zweiten Weltkrieges, die mit Giftgas entlaubten Wälder Vietnams, die Tagfinsternis der brennenden Ölquellen am Golf – alle Kriege bedrohen und zerstören Leben und Lebensgrundlagen über das Kriegsende hinaus. Diese Bedrohung überdauert auch noch die Beseitigung der sichtbaren Kriegsfolgen. Mit der Umstellung vom Schwarzpulver auf die wirkungsvolleren, nitrierten Sprengstoffe und Pulver gegen Ende des vorigen Jahrhunderts, mit der militärischen Nutzung naturwissenschaftlicher Revolutionen und der Industrialisierung des Kriegshandwerks, begann eine Entwicklung, an deren vorläufigem Ende die Friedenssicherung und der Abbau militärischer Potentiale zu einer Überlebensfrage der Menschen geworden ist. Die Wahrnehmung einer Bedrohung durch Militärpotentiale konzentrierte sich in den letzten Jahrzehnten der Ost-West Konfrontation fast ausschließlich auf den möglichen Waffengang im „heißen Krieg". Weitgehend unbeachtet blieb die alltägliche Zerstörung der Umwelt durch das Militär auch während der sogenannten Friedenszeiten, ungehört das Ticken ökologischer Zeitbomben im Boden militärisch oder rüstungsindustriell genutzter Flächen. Allenfalls Blindgänger erinnerten regelmäßig an umweltbedrohliche Erblasten vergangener Kriege. Die Zeitbomben in den kontaminierten Böden der Rüstungsstandorte aber haben keinen Initialzünder, der mutig und gekonnt zu entschärfen wäre. Diese Bomben bersten nicht, sie schleichen.

I. Kontinuitäten

Seit etwa 15 Jahren findet eine umweltpolitische Diskussion über Altlasten statt, deren Ableger – die Debatte über Rüstungsaltlasten – nicht viel älter als vier Jahre ist. Warum ? Das Verstecken und die Geheimhaltung gehört zur „inneren Logik" der Rüstungsproduktion und der Waffenübungen, deren Folge – die Umweltzerstörung – nicht gesehen werden sollte, durfte, konnte. Versteckt hinter Militärdraht und Werkszäunen blieb jede Enttarnung mit Schußwaffengebrauch bedroht. Die historische Kontinuität blieb gewahrt auch im Verdrängen der nachhaltigen Umweltverseuchung vor, während und nach beiden Weltkriegen. Bereits vor dem Ersten Weltkrieg waren sich die Rüstungsplaner in Industrie und kaiserlicher Armee durchaus der besonders giftigen Wirkung der Produktionsabwässer in Pulver-, Spreng- und Kampfstoffanlagen bewußt, wie im zeitgenössischen Schriftum mannigfach belegt ist. Konsequenzen für den Bau der Produktionsanlagen aber wurden einzig aus der Erfahrung gezogen, daß Betriebsteile nahezu jeder Pulver- und Sprengstoffabrik während des Krieges mindestens einmal in die Luft geflogen waren. Schon im ökonomischen und militärischen Eigeninteresse sollten die Streubauweise der Anlagen extensiviert und der Abstand zu Wohnsiedlungen noch vergrößert werden. Die Umweltverseuchung wurde billigend in Kauf genommen und setzte sich fort in der Praxis der Delaborierung und Munitionsvernichtung nach der Niederlage der kaiserlichen Armee.

In vielem liest sich die Nachkriegsgeschichte des Ersten als – wenn auch anders dimensionierter – Vorlauf zur Nachkriegsgeschichte des Zweiten Weltkrieges. Schon beim hastigen Rückzug der Armeen und Räumung der Munitionslager, die dem Feind nicht in die Hände fallen sollten, kam die Munition größtenteils ohne jede Ordnung mit und ohne Zünder auf Lagerplätzen an, für die sie eigentlich gar nicht bestimmt waren. Im Chaos fehlender Transportkapazitäten und dem aus militärischer Sicht völligen Versagen jeglicher Disziplin während der Demobilmachung kamen z.B. die chemischen Kampfstoffe zunächst nicht wie vom Kriegsministerium angeordnet an der zentralen Sammelstelle in Breloh an. Sie lagen verteilt in den verschiedensten Munitionslagern Deutschlands, sofern sie nicht als undichte Gasmunition – wie häufig schon während des Krieges – an Ort und Stelle vergraben worden waren.

Munitionbestände, Pulver und Sprengstoffe sollten, soweit sie von der Interalliierten Kontrollkommission nicht zum Verkauf freigegeben worden waren, vernichtet werden. Doch fehlte es nicht an Versuchen, die Beschränkungen und Kontrolle der alliierten Siegermächte zu umgehen. Der Dynamit Nobel Konzern, eine beständige Größe in der Geschichte der deutschen Rüstungsindustrie, machte sich beispielsweise 1920 in Absprache mit dem Reichsverwertungsamt auf die Suche nach einem Binnensee, in dem das Pulver heimlich versenkt werden sollte, um es später wieder zu heben und wirschaftlich nutzbar zu machen.

Die große Masse der Pulver-, Spreng- und Kampfstoffbestände aber wurde auf insgesamt 51 Verbrennungsplätzen unter freiem Himmel verbrannt.

Mit der Delaborierung der Munition waren private Unternehmer beauftragt, die an den entsprechenden Zerlegestellen nicht selten ein ökologisches Desaster hinterließen. So berichtet beispielsweise im Juli 1921 der Minister für Handel und Gewerbe: Es „lassen einige Entlade-Unternehmer die letzten Reste des Entladebetriebes, soweit sie ihnen wertlos erscheinen, einfach liegen; soweit sie sie mit Nutzen verkaufen können, ziehen sie diesen Weg vor .... Um das vielfach stark mit Sprengstoffen durchtränkte Erdreich unter den Ausdüse- und Auslaugestellen und in deren Nähe kümmert sich erst recht niemand." Und in weiser Kenntnis der Rüstungsaltlastenprobleme schloß der Minister die Forderung an: „Auch das mit Sprengstoffen oder Giften durchtränkte Erdreich sowie Fußbodenbeläge, auch solche aus Zement, Lehm und dergleichen, müssen – ebenfalls unter sachverständiger Aufsicht – ungefährlich gemacht werden."

Bevor die Altlasten des ersten Krieges beseitigt waren, entstanden die Neulasten des zweiten. Heinrich Schindler war Chefingenieur der Dynamit Nobel AG und Schöpfer zahlreicher Sprengstoffabriken, die im Reichsauftrag seit Mitte der 30er Jahre von der Dynamit Nobel AG gebaut und dann von der Nobel-Tochter Gesellschaft zur Verwertung chemischer Erzeugnisse mbH betrieben wurden, später übernahm er den Vorsitz im „Sonderausschuß Sprengstoff" des Rüstungsministeriums. Dieser Fachmann bekannte im Nürnberger IG-Farbenprozess, man habe bei den Neuanlagen der forcierten Aufrüstung u.a. auf Fragen der Abwasserbeseitigung keine Rücksicht nehmen können. Erst als zumeist im Vergleichsweg erstrittene Entschädigungszahlungen für Abwasserschäden die kalkulierte Unkostengröße weit überschritten, fand man sich an einigen Standorten bereit, die Fabriken mit Neutralisationsanlagen nachzubessern, ohne daß an irgendeinem Standort das Abwasserproblem bis Kriegsende befriedigend gelöst werden konnte.

Festzuhalten bleibt, daß das Wissen um die Umweltverseuchung an Rüstungsstandorten stets latent vorhanden, von Zeitgenossen bezeugt und in Archiven allgemein zugänglich war. Das öffentliche Verdrängen dieser „Kriegsfolgelasten" ganz eigener Art ist nicht allein mit dem allgemeinen Verdrängen der NS-Zeit erklärbar. Auch das Erwachen aus dem selbstverordneten jahrzehntelangen „Heilschlaf" der bundesdeutschen Nachkriegszeit brachte zunächst andere, in der Regel durch Jubiläumsdaten rund gewordene Themen in die Medienöffentlichkeit. Nahte ein durch die Zahl 10 teilbares Jubiläumsjahr – so 1985 das 40jährige Kriegsende – setzte die Erinnerung ein. Ausgespart blieb eine öffentliche Dikussion der ökologischen Folgelasten rüstungsindustrieller Produktion und militärischer Nutzung. Der Verdacht liegt nahe, daß mit der aus historischer Erfahrung abgeleiteten Kritik an den ökologischen Folgelasten die gesellschaftliche Akzeptanz militärischer Rüstung überhaupt zu sinken drohte. Dies galt es zu verhindern. Heute ist die Erkenntnis, daß aus der Geschichte nicht nur politische Verantwortlichkeiten und sozialpsychologische Erblasten überkommen sind, nicht mehr aus der Welt zu schaffen.

II. „Keine akute Gefährdung"

Nachdem 1977 ein Kind auf dem Gelände der Rüstungsfabrik „Stoltzenberg" in Hamburg beim Spielen mit Kampfstoffresten ums Leben gekommen war, beauftragte die Bundesregierung das Bundesarchiv über die „Fertigung, Lagerung und Beseitigung chemischer Kampfstoffe" zu berichten. Aufgrund dieses Berichtes kam die Regierung zu dem Ergebnis, „daß keine akute Gefährdung durch Reste chemischer Kampfstoffe vorliegt." Dieses Urteil zitierte die Bundesregierung 1990 in Beantwortung einer großen Anfrage und unterschlug, daß die Berichterstatter des Bundesarchivs seinerzeit sehr viel vorsichtiger eine Bewertung der Gefährdungslage „erst nach einer Durchsicht auch der einschlägigen Bestände der zuständigen Landesbehörden(archive) sowie der ehemaligen Besatzungsmächte Großbritannien und Frankreich" für möglich gehalten hatten. Ausdrücklich aber hatten die Berichterstatter darauf hingewiesen, „daß es in einigen Fällen gelang, so konkrete Hinweise aus damals entstandenen Archivalien zu gewinnen, daß heutige Nachforschungen vor Ort geboten erscheinen." Wie es dem Auftraggeber gelang, daraus die genannte Schlußfolgerung zu ziehen, bleibt schleierhaft, jedenfalls ließen die Untersuchungen auf sich warten.

III. Erste Untersuchungen

Nach der ersten systematischen Untersuchung eines ehemaligen Rüstungsstandortes, mit der 1987 am Beispiel einer ehemaligen Sprengstoffabrik in Hirschhagen bei Hessisch Lichtenau die fortdauernde Trinkwassergefährdung durch Produktionsrückstände aus der Zeit des

Dritten Reiches nachgewiesen worden war, wurde der Bund für Umwelt und Naturschutz e.V. initiativ und veröffentlichte eine erste Erhebung, die 109 ehemalige chemische Rüstungsfabriken auflistete, davon 72 auf dem Gebiet der BRD und 37 auf dem der DDR.

Da nach geltendem Recht die Altlastensanierung in die Verantwortung der einzelnen Länder fällt, begann 1988 das Land Niedersachsen ein bis heute laufend fortgeschriebenes Erfassungs- und Untersuchungsprogramm speziell zum Thema Rüstungsaltlasten. Andere Erhebungen folgten in den alten Bundesländern oder sind im Aufbau begriffen.

Entsprechend der Dauer des Untersuchungszeitraumes, Breite des Untersuchungsansatzes bzw. Definition der „Rüstungsaltlasten" und abhängig von den gewählten Untersuchungsmethoden zeigen die einzelnen Ländererhebungen im Ergebnis so hohe Qualitätsunterschiede, daß sie sich unmöglich zum Gesamtbild der Rüstungsaltlastenproblematik im Gebiet der alten Bundesrepublik addieren lassen. Nicht immer ist eine in ihren methodischen Schritten klar ausgewiesene historische Recherche mit den Erkenntnissen technisch-naturwissenschaftlicher Erkundung so verknüpft, daß eine Bewertung des Gefährdungspotentials im Ansatz möglich wird. Viel erscheint als archivalischer Zufallsfund. Die Masse verdeckt den Aussagewert der einzelnen Information. Folge ist, wie in der Erhebung des Landes Nordrhein-Westfalen, ein gewaltiges Zahlenspiel eingesehener Akten und aufgelisteter Ortsnamen ohne konkrete Standortinformationen.

Hier scheint die Statistik von der Hilfswissenschaft zum Endzweck verkommen. Entsprechend vorsichtig ist die im folgenden abgedruckte Tabelle aus dem Raumordnungsbericht 1991 der Bundesregierung zu lesen, denn die statistische Zusammenfassung der eruierten Standorte ist von einem beschränkten Aussagewert, da die einzelnen Standorte nach unterschiedlichen Kriterien erfaßt und bewertet wurden. Völlig unsinnig ist, aus dieser statistischen Zusammenfassung eine Hitparade der am meisten belasteten Länder abzuleiten.

Land	Rüstungsaltlasten		Stand
	gesamt	davon in Betrieb	
Mecklenburg-Vorpommern	110	61	Oktober 90
Brandenburg	142	96	Oktober 90
Sachsen-Anhalt	217	59	Oktober 90
Thüringen	38	17	Oktober 90
Sachsen	96	69	Oktober 90
Baden-Württemberg	40		Ende 90
Bayern	18		April 91
Berlin	k. A.		Februar 91
Bremen	k. A.		31. Dezember 88
Hamburg	ca. 70		31. Dezember 88
Hessen	k. A.		Februar 91
Niedersachsen	352		November 90
Nordrhein-Westfalen	337		31. Dezember 89
Rheinland-Pfalz	30		1. Januar 89
Saarland	2		Herbst 90
Schleswig-Hostein	k. A.		14. September 88

Anmerkung:
Für das Land Bremen wird der Anteil der Rüstungsaltlasten auf 5 bis 10 % der erfaßten 74 Altablagerungen sowie 169 Altstandorte veranschlagt. Im Land Schleswig-Holstein werden in 8 regionalen Schwerpunktbereichen des Landes und 7 küstennahen Seebereichen "Kriegsfolgelasten" vermutet.

Übersicht 1: Altlastenverdachtsflächen
Quelle: Bundestagsdrucksache 12/1098; Auszug der Tabelle 11.2

IV. Erkenntnisstand

Die ersten Erhebungen und Standortuntersuchungen hatten das Augenmerk besonders auf die Rüstungsproduktion in der Zeit des Dritten Reiches und die unmittelbare Nachkriegsgeschichte gelenkt. Gleichzeitig war das Schadstoffpotential der Rüstungsaltlasten im Vergleich zu den übrigen Altlasten als anders geartet erkannt worden. Zu den wichtigsten Schadstoffen wurden nunmehr neben den in ihrer Gefährlichkeit seit der Zeit des Ersten Weltkrieges bekannten chemischen Kampfstoffen (Giftgase) auch alle Sprengstoffe und Treibmittel (Pulver) gerechnet. Es handelt sich in der Regel um sogenannte Nitroverbindungen wie z.B. der militärische Universalsprengstoff Trinitrotoluol, bekannt unter der Abkürzung TNT. Des weiteren mußten auch Zündstoffe sowie Brand-, Nebel- und Rauchmittel als stark wasser- und bodengefährdende Substanzen eingestuft werden. Auf militärisch genutzten Flächen kamen weitere Stoffgruppen hinzu: z.B. Lösungsmittel, Treibstoffe, Dekontaminierungs- und Enteisungsmittel.

Das ökologische Gefährdungspotential erwies sich dadurch potenziert, daß die gängigen Standarduntersuchungen – wie z.B. in der Trinkwasserverordnung vorgesehen – in vielen Fällen die rüstungsspezifischen Stoffe und deren Zersetzungsprodukte nicht erfassen. Unerläßlich ist seitdem in der Nähe von Rüstungsstandorten eine gezielte Analyse insbesondere des Trinkwassers mit einer laufend verfeinerten Methode.

Zu den wichtigsten Erkenntnissen der ersten Untersuchungen gehörte die Tatsache, daß Rüstungsproduktion und militärische Aktivitäten bis in die jüngste Zeit die Umwelt durch Ablagerungen von Abfallstoffen belasten. Besonders augenfällige Beispiele bieten hier defekte Kanalisationssysteme und Neutralisationsschlammhalden der ehemaligen Sprengstoffabriken etwa in Stadtallendorf, Hirschhagen bei Hessisch Lichtenau, Clausthal- Zellerfeld oder Elsnig bei Torgau. Nicht weniger bedroht oder belastet eine ökologisch rücksichtslose Abwasserversikkerung bzw. -versenkung z.B. an den Standorten Clausthal-Zellerfeld, Dragahn oder Geesthacht-Krümmel die Trinkwasserversorgung. Eine ähnliche Gefahr stellt die Versickerung flüssiger Stoffe z.B. auf dem britischen Militärflughafen Gütersloh oder auf der Rhein-Main-Air-Base der amerikanischen Streitkräfte dar. Es zeigte sich, daß die Geschichte nahezu aller Pulver-, Sprengstoff- und Kampfstoffabriken sowie Munitionlager und Munitionsanstalten geprägt ist durch eine Kette produktionsbedingter Explosionen und mitunter auch Bombentreffern, bei denen nicht selten das umliegende Erdreich verseucht wurde.

Ein übriges taten – ähnlich wie bei den Kasernen – die hektischen und nur von der Furcht vor der näherrückenden Front bestimmten Aktionen der letzten Kriegswochen, bei denen Vor-, Zwischen- und Endprodukte der Pulver-, Spreng- und Kampfstoffindustrie sowie große Munitionsladungen in Wäldern, Flüssen, Kanälen und Seen „entsorgt“ wurden. Sowohl der Rüstungsminister Speer als auch Rüstungsindustrielle der IG-Farben hielten sich in Nürnberger Prozessen zugute, Hitlers sogenannte Nero-Befehle zur „Verbrannten Erde“ nicht befolgt und die Fabriken vor totaler Zerstörung bewahrt zu haben. Die Erde war tatsächlich nicht verbrannt und doch auf weite Strecken verseucht.

Die Reihe der Ursachenfaktoren setzte sich in der Nachkriegszeit fort mit einer unsachgemäßen Demontage bei nahezu allen Rüstungsfabriken und Munitionslagern. Reste chemischer Stoffe aus Rührkesseln der Sprengstoffproduktion wurden beispielsweise einfach vor die Tür gekippt, bevor die Kessel als Reparationsgüter abgebaut wurden. Oder Produktions- und Lagerstätten wurden vor ihrer Sprengung im Zuge der Demilitarisierung gar nicht oder nur unzureichend von Produktionsrückständen gereinigt.

Eine solche Demontagepraxis wird mitunter in der Diskussion der Rüstungsaltlastenproblematik funktionalisiert, um von der Gesamtheit der Ursachenfaktoren abzulenken. Mit einer einseitigen Gewichtung dieses Aspektes wird den „Siegermächten" zur Entlastung der deutschen Industrie und Armee eine zumindest historisch-moralische Verantwortlichkeit für die ökologischen Spätfolgen der Rüstungsproduktion zugeschanzt. Dabei findet die unsachgemäße Demontagepraxis bis heute ihre Fortsetzung in einer Praxis der Delaborierung, die – nicht ohne historische Vorläufer nach den beiden Weltkriegen – Munition ohne geeignete Entsorgungseinrichtungen vernichtet, wie noch zu zeigen sein wird.

Auf Besatzung und Demontage folgte vielerorts eine Umnutzung der ehemals rüstungswirtschaftlich oder militärisch genutzten Flächen. Sofern von den Besatzungsmächten und späteren „Gaststreitkräften" freigegeben und nicht für eigene Zwecke requiriert oder seit 1955/56 von der Bundeswehr für den vormaligen Zweck reaktiviert, siedelten vor allem Füchtlinge an ehemaligen Rüstungsstandorten. Freizeitanlagen wurden gebaut, und zum Teil entstanden ganze Städte auf dem Gelände ehemaliger Rüstungsfabriken, so im hessischen Stadtallendorf, im bayrischen Geretsried oder im nordrhein-westfälischen Espelkamp.

Schadstoffe im Boden der Rüstungsaltlastenstandorte können sich besonders durch Ausspülungen in Grund- und Oberflächenwasser ausbreiten und haben, wie neueste Untersuchungen belegen, ihren Ursprung nicht nur in der Zeit des Zweiten Weltkrieges, sondern sind ebenso virulent auch noch aus der Zeit des Ersten Weltkrieges.

Einzelne Untersuchungen auf ehemaligen Rüstungsstandorten haben Schadstoffe nachgewiesen, die in einem erheblichen Umfang die Gesundheit der Bewohner nicht nur des unmittelbar umgenutzten Geländes gefährden. Im Fall Stadtallendorf wurde erkennbar, wie sich das Gefährdungspotential ehemaliger Rüstungsproduktion zur Bedrohung für eine ganze Region – hier für 300 000 Menschen – auswachsen kann. Alte Wassergewinnungsanlagen von Rüstungswerken werden bis heute zur Trinkwasserversorgung genutzt.

Bis heute sind keine nennenswerten Sanierungsmaßnahmen im Bereich rüstungsbedingter Altlasten erfolgt. Allenfalls können Sicherungsmaßnahmen wie die Grundwasserreinigung mittels Aktivkohle oder die Zwischenlagerung kontaminierter Böden angeführt werden.

V. Bundesweite Erhebung

Die Bundesregierung sah sich 1990 nach einer Großen Anfrage gezwungen, zum Problem der Rüstungsaltlasten Stellung zu nehmen (Deutscher Bundestag, Drucksache 11/6972). In Anerkennung der durch die ersten Untersuchungen erweiterten Problematik zählte die Bundesrepublik nunmehr „alle Boden-/Wasser- und Luftverunreinigungen aus konventionellen und chemischen Kampfstoffen" zu den Rüstungsaltlasten und damit alle chemischen Kampfstoffe, Sprengstoffe, Brand-, Nebel- und Rauchstoffe, Treibmittel, chemische Kampfstoffzusätze, alle produktionsbedingten Vor- und Abfallprodukte sowie Rückstände aus der Vernichtung konventioneller und chemischer Kampfmittel. Als verdächtige Standorte werden genannt: ehemalige Produktionsstätten, Munitionslagerstätten, Entschärfungsstellen, Spreng- und Schießplätze, Delaborierungswerke sowie Zwischen- und Endlagerstätten.

Ungenannt bleiben in der Antwort der Bundesregierung militärische Anlagen wie Flugplätze, Kasernen, Truppenübungsplätze und Tanklager. Hier kann Rücksicht auf die noch aktuellen Bedürfnisse der Bundeswehr oder alliierter Streitkräfte vermutet werden. Nach der historisch gewachsenen Erfahrung kann angesichts der zur Zeit fast wöchentlich gemeldeten kerosinverseuchten Böden auf Flugplätzen der ehemaligen sowjetischen Weststreitkräfte nicht blanco von größerer Sorgfalt der reichs-, bundesdeutschen oder alliierten Luftwaffe ausgegangen werden. Ein Blick in die Geschichte zeigt auch, daß gerade in der Nähe von Kasernen in den letzten Wochen des Zweiten Weltkrieges unter Abwandlung des Führerbefehls zur „Verbrannten Erde" Munition vergraben wurde. Gerade aber bei Truppenübungsplätzen scheint das Motto 'Landesverteidigung geht vor Landschaftsschutz' ungebrochen. Eine Vielzahl dieser zwischenzeitlich und teilweise landwirtschaftlich oder zu Siedlungszwecken genutzten Gebiete war 1955/56 für den vormaligen Zweck reaktiviert worden.

Gleichfalls 1990 gab das Bundesumweltministerium ein Forschungsprojekt zur bundesweiten Erhebung der Verdachtsflächen im Bereich Rüstungsaltlasten in Auftrag. Der historisch akzentuierte Untersuchungsansatz umfaßt den Zeitraum vom Ende des 19. Jahrhunderts bis zur Gegenwart. Mit Recherchen in allen Bundes- und Staatsarchiven, mit Literaturstudien sowie einer computergestützten Verarbeitung der gewonnenen Informationen soll zum Thema Rüstungsaltlasten, das von der Bundesregierung als eigenständiger Teil der Altlastenproblematik gesehen wird, eine möglichst breite Ausgangsinformationsbasis sowohl für die einzelnen Bundesländer als auch für die Zusammenarbeit Bund/Länder auf diesem Gebiet geschaffen werden.

Dem weitgefaßten Untersuchungszeitraum entspricht eine erweiterte Definition der Rüstungsaltlasten. Prinzipiell zählen zu den verdächtigen Standorten alle Produktionsanlagen für Kampfmittel, deren Ausgangsstoffe und Zwischenprodukte. Eine zweite Großgruppe bilden die Lager, Umschlag- und Entsorgungsplätze der Kampfmittel. In der dritten Gruppe werden stationäre militärische Anlagen erfaßt, soweit sie nicht den Bereichen Produktion und Lager zugeordnet wurden. Dazu gehören militärisch genutzte Flugplätze, Forschungs- und Versuchsanlagen, Festungs- und Bunkeranlagen, Kasernen, Truppenübungs- und Schießplätze. Unter Sonstiges werden Flächen subsumiert wie ehemalige Flakstellungen, gesprengte Bunker und Fundstellen von Kampfmitteln, die keiner der oben genannten Gruppen zugeordnet werden können.

In der Beschreibung der einzelnen Standorte konzentriert sich das Forschungsprojekt neben allgemeinen Angaben auf eine möglichst präzise Standortbeschreibung. Versucht wird die Produktions- bzw. Nutzungsgeschichte mit Schwerpunkt „altlastenverdächtige Nutzung" zu rekonstruieren, wobei allerdings sämtliche auch nicht altlastenverdächtige Stoffe erfaßt werden sollen, die an dem betreffenden Standort verarbeitet, hergestellt oder gelagert wurden.

Ein solch umfassendes Untersuchungsprogramm stößt in der alltäglichen Recherche nicht nur auf die Schwierigkeit, daß die Zuständigkeiten im militärischen Bereich weit gestreut liegen. Auch der Forschungsauftrag des Bundes ist kein automatischer Türöffner, häufig ist der Informationszugang zu Beständen der Provenienz Bundeswehr bzw. Oberfinanzdirektion erschwert oder bleibt wahlweise im Interesse der Landesverteidigung und des Datenschutzes gänzlich verwehrt.

VI. Die Bundeswehr sucht auch

1989 begann die Bundeswehr mit einer eigenen Erhebung der Altlastenverdachtsflächen auf Liegenschaften der Bundeswehr, die nach der deutsch-deutschen Vereinigung auf ehemalige Standorte der Nationalen Volksarmee ausgedehnt wurde. Durch den laufenden Abbau des Militärpotentials werden daneben zur Zeit große militärische Areale frei. Die wöchentlichen Meldungen von geräumten Standorten der Westgruppe der sowjetischen Armee, dazu die deutsch-sowjetische Auseinandersetzung um die Kostenhöhe der Naturreparatur lassen das Ausmaß der militärischen Umweltzerstörung erahnen, wobei die Konzentration der Medienöffentlichkeit auf Liegenschaften in der ehemaligen DDR politisch gewollt zu sein scheint.

Es bleibt darüber hinaus grundsätzlich zu fragen, inwieweit eine Erhebung von Altlasten durch die Verursacher bzw. deren Rechtsnachfolger ohne öffentliche Kontrolle eine lückenlose Aufklärung gewährleisten kann.

VII. Verbrennung und Entsorgung

Neben den genannten Erhebungen fördert die Bundesregierung seit 1990 Forschungsprojekte, die umweltgerechte Sanierungstechniken zu den spezifischen Stoffen der Rüstungsaltlasten entwickeln und erproben wollen. Für den Standort Stadtallendorf ist ein kombiniertes Bodenwaschverfahren mit nachgeschalteter Verbrennung projektiert, für Clausthal-Zellerfeld und Hessisch Lichtenau-Hirschhagen soll die Möglichkeit einer mikrobiologischen Bodenreinigung getestet werden. Bei Stoffen, die nicht nur im Rüstungsbereich eingesetzt werden, wie chlorierten Kohlenwasserstoffen, Schwermetallen, Treibstoffen u.a. kann daneben auf konventionelle Sanierungstechniken zurückgegriffen werden.

Ein Problem eigener Art wiederum stellt die umweltgerechte Entsorgung der Kampfmittel dar, insbesondere die der chemischen Kampfstoffe. Selbst spezielle, für diesen Zweck errichtete Anlagen wie zum Beispiel in Munster brachten und bringen nicht den erwarteten und angepriesenen Erfolg. Dennoch forderten die Chefs der Länderregierungen auf ihrer Konferenz noch im Oktober 1990, „neben der geplanten zweiten Verbrennungsanlage in Munster eine weitere, größere Anlage zu errichten."

Bis heute wird im Alltag der Kampfmittelräumdienste der Länder bei der „Entsorgung" die umweltbelastende aber 'bewährte' Methode, die delaborierten Stoffe unter freiem Himmel zu verbrennen, angewandt. Dieselbe Methode hatten staatliche Gesellschaften zur Erfassung von Heeres- und Rüstungsgütern nach dem Ersten wie nach dem Zweiten Weltkrieg einsetzen lassen, soweit die verbliebenen Pulver- und Sprengstoffe sich nicht im Inlands- oder Auslandsgeschäft absetzen ließen.

Nichts ist so alt wie die Rüstungstechnologie und -produktion von gestern. Durch Abzug fremder Truppen in West und Ost entstehen derzeit permanent Neulasten durch die weitgehend unkontrollierte „Entsorgung" von ausgemusterten Rüstungsgütern, deren Masse durch die riesige Menge von 300 000 Tonnen Munition aus den Beständen der Nationalen Volksarmee für eine enorme Vernichtungsaufgabe noch vergrößert wurde.

Der Bund für Umwelt und Naturschutz Deutschland e.V. hat im Februar 1992 das Verfahren der offenen Verbrennung ohne jede Filtertechnik öffentlich angeprangert. Bei diesem Verfahren bilden sich Stickoxide, die mitverantwortlich sind z.B. für den sauren Regen oder die Entstehung des Reizgases Ozon. Außerdem enthalten viele Kampfmittel chlorierte organische Verbindungen, bei deren Verbrennung Dioxine entstehen können oder Schwermetalle freigesetzt werden wie z.B. Quecksilber aus Zündsätzen.

Die Einheit Deutschlands und die veränderte militärpolitische Weltlage bedingen auf dem Gebiet der Kampfmittelbeseitigung und der geplanten Konversion von Rüstungsstandorten eine neue Dimension des Rüstungsaltlastenproblems. Vor diesem Hintergrund begrüßte die bereits zitierte Länderkonferenz der Regierungschefs im Oktober 1990 die von der Bundesregierung in Auftrag gegebene „einheitliche, umfassende, lückenlose Bestandsaufnahme aller Verdachtsflächen aus Rüstungsaltlasten" und forderte geeignete Entsorgungseinrichtungen sowie ausreichende Zwischenlagerkapazitäten in zentraler Verantwortlichkeit der Bundesregierung. Die Länderchefs selbst kündigten eine

Gesetzesinitiative zur Problematik der Rüstungsaltlasten an, die in der Vergangenheit unter „Kriegsfolgelasten" subsumiert und in ihrer Eigenart von der Gesetzgebung nicht adäquat gewürdigt war. Dabei ergibt sich mit Blick auf die Militärstandorte eine besondere Problematik dadurch, daß auch eine fortschrittliche Umweltgesetzgebung hier nicht greifen kann, solange sich die Bundeswehr selbst konzessionieren kann und die „Gaststreitkräfte" Ost und West sich an keine bundesdeutsche Genehmigung gebunden sehen.

VIII. Haftung und Finanzierung

Wesentlich erschwert wird eine gesetzliche Neuregelung durch Fragen der Haftung und Finanzierung, bei denen Bund und Länder unterschiedliche Positionen einnehmen. Dabei ist der Finanzbedarf bislang noch unabsehbar, Schätzungen liegen inzwischen im Bereich dreistelliger Milliardenbeträge.[1]

Die Frage, wer für altlastenverdächtige Standorte verantwortlich zeichnet, ist nach Nutzung und Eigentum zu unterscheiden zwischen ehemaligen Rüstungsfabriken, ehemals militärisch genutzten Flächen im Besitz von Ländern und Gemeinden und militärisch genutzten Flächen im Besitz des Bundes. Bei den ehemaligen Rüstungsfabriken hatte die Industrie vorgesorgt. Die chemischen Rüstungsbetriebe waren in der Mehrzahl reichseigene Werke, die privatwirtschaftlich betrieben wurden. Die der Produktion zugrundeliegende Rechtskonstruktion war so gestaltet, daß die Produzenten bzw. Verursacher heute in der Regel nur schwer oder gar nicht zur Verantwortung zu ziehen sind. Die Finanzierung der Altlastensanierung müssen deshalb in diesem Bereich die neuen Eigentümer bzw. die Länder übernehmen, solange sich die Bundesregierung der Länderforderung verweigert, zentral die Zuständigkeit für Rüstungsaltlasten zu übernehmen, bei denen kein Verursacher mehr haftbar zu machen ist.

Bei den militärisch genutzten Flächen im Besitz des Bundes ist für Flächen der Bundeswehr das Bundesverteidigungsministerium und für Flächen ausländischer Truppen das Bundesfinanzministerium zustän-

---

1 Hierzu und zum folgenden siehe auch den ersten Beitrag von HENKEL sowie die Beiträge von STAUPE/DIECKMANN, E. BRANDT UND EISOLDT in diesem Band.

dig. Bei den zur Zeit freiwerdenden Flächen ist die Bundesregierung bestrebt, eine Übereignung an Länder und Gemeinden mit der Verantwortungsübertragung der Kosten für eventuell notwendig werdende Sanierungsmaßnahmen zu koppeln. Damit wird den Ländern und Gemeinden ein häufig unkalkulierbares Finanzrisiko aufgebürdet.

Da aber die anstehenden Aufgaben und der Finanzbedarf im Bereich der Rüstungsaltlastensanierung zunehmend Kontur gewinnen, begegnen die Länder verständlicherweise diesem Problem eher zögerlich. Sie müssen befürchten, mit der Sanierungsfinanzierung allein gelassen zu werden. Das giftige Erbe einer mit Beginn der Industrialisierung stetig gewachsenen und in historischen Sprüngen explodierenden Hochrüstung, die ökologischen Spätfolgen zweier Weltkriege und die Hinterlassenschaften einer jahrzehntelangen kalten militärischen Konfrontation in der Mitte Europas zwingen zum Handeln. Notwendig sind Wege, die umweltfeindliche und unerträgliche Entsorgungspraxis zu beenden und ein umfassendes Forschungs- und Sanierungsprogramm aufzustellen. Dies gilt es finanziell so abzusichern, daß eine einseitige Belastung der Länder vermieden wird. In einer solchen Situation erscheint eine Forderung der Umweltverbände diskutabel, die auf Schaffung einer von Bund und Ländern getragenen zentralen Gesellschaft drängt. Die Gesellschaft hätte die Rüstungsabfälle nach bundeseinheitlichen Maßstäben zu behandeln, notwendige Forschungsvorhaben in diesem Bereich zu koordinieren, Abfallfabriken zu errichten und zu betreiben. In den Fabriken sollten Munition und Rückstände aus der Pulver-, Spreng- und Kampfstoffindustrie sowie die kontaminierten Böden aus Standortsanierungen aufbereitet und beseitigt werden. Zur Vermeidung historischer Fehler wären diese Anlagen nach Abfallrecht unter Beteiligung der Öffentlichkeit zu genehmigen.

Stephan Schwarzer

Umgang mit Altlasten in Österreich

I. Daten zum Altlastenproblem in Österreich

In Österreich sind die Altlasten erst seit wenigen Jahren ein Thema der Umweltpolitik[1]. Die alsbald beabsichtigten Interventionen des Gesetzgebers zur Regelung der Finanzierung der Sanierung und der Sicherung der Altlasten konnten sich freilich nur auf eine völlig unzulängliche Datenbasis stützen. Systematische Erhebungen der Altlasten und des Finanzmittelbedarfs der öffentlichen Hand fehlten.

In der Regierungsvorlage zum Altlastensanierungsgesetz vom April 1989[2] wurde die Notwendigkeit dieses Gesetzes damit begründet, daß es rund 3000 aufgelassene Deponien gebe, von denen ein Teil dringend gesichert oder saniert werden müsse. Die Sanierungs- und Sicherungskosten wurden für einen Zeitraum von 7 - 10 Jahren mit mindestens 10 Milliarden Schilling angegeben.

Drei Jahre danach sind die Informationen über den Umfang des Altlastenproblems nicht viel vollständiger und genauer geworden. Nach der Regierungsvorlage für eine Novelle des Altlastensanierungsgesetzes vom Mai 1992[3] gibt es derzeit 3200 gemeldete Verdachtsflächen, von

---

1 Auch die wissenschaftlichen Veröffentlichungen zu den Altlasten setzten um diese Zeit ein. Vgl. Umweltbundesamt, Luftbildgestützte Erfassung von Altablagerungen (1987), Magistrat der Stadt Wien, Die Sanierung der Altlasten in Wien (1987), PIRKER, Die Finanzierung der Altlastensanierung, Informationen zur Umweltpolitik, H 45, hrsg vom Institut für Wirtschaft und Umwelt des österreichischen Arbeiterkammertages (1987), und BRANDT/SCHWARZER, Rechtsfragen der Bodensanierung. Verwaltungs- und finanzverfassungsrechtliche Aspekte des Altlastenproblems in Österreich und in der Bundesrepublik Deutschland (1988).

2 898 BlgNR, 17. Gesetzgebungsperiode.

3 534 BlgNR, 18. Gesetzgebungsperiode.

denen 61 als Altlasten in den Altlastenatlas eingetragen wurden. (Stand vom 13.4.1992)

Angaben über die Gesamtzahlen der Verdachtsflächen, der Altlasten und des Finanzierungsaufwandes werden in diesem Entwurf - offenbar in Ermangelung einschlägiger Daten - nicht vorgelegt. Nach wie vor muß man sich mit der - plausiblen - Annahme begnügen, daß von den rund 3000 aufgelassenen kommunalen Deponien ein gewisser Anteil sanierungs- oder sicherungsbedürftig sein dürfte und darüber hinaus bei stillgelegten oder noch bestehenden Standorten einiger Betriebsarten mit Bodenkontaminationen zu rechnen ist. Hinzu kommen noch kontaminierte Umschlagplätze, mit Abfällen aufgefüllte Schotter- und Kiesgruben und Kriegsaltlasten. Für die zu erwartenden Kosten gibt es nicht einmal grobe Anhaltspunkte. Aus den bisher vorliegenden 19 Sanierungs- und Sicherungsprojekten, für die vom BMUJF Mittel im Ausmaß von 642,5 Mio. Schilling zugesichert wurden, lassen sich keinerlei Prognosen ableiten.

II. Das Altlastensanierungsgesetz von 1988

Wenngleich der erste spektakuläre Altlastenfall - die Kontamination der Mittendorfer Senke durch konsenswidrige Abfallablagerungen - schon Ende der siebziger Jahre bekannt war[4], wurde das Altlastenproblem von der Umweltpolitik erst relativ spät aufgegriffen. Das Arbeitsprogramm der Bundesregierung für die 17. Legislaturperiode (1987-1990) vom 16.1.1987 schenkte ihm erstmals Beachtung, ohne ihm besondere zeitliche Priorität zuzumessen. Die Ausarbeitung von Finanzierungsmodellen für die Altlastensanierung wurde (ohne konkrete Terminisierung) als Vorhaben der 17. Gesetzgebungsperiode verankert.

Nachdem aber deutlich geworden war, daß im erwähnten Altlastenfall ein kostenträchtiges staatliches Engagement nicht zu umgehen war, und sich abzeichnete, daß es sich um keinen Einzelfall handelte, begann das Altlastenproblem sehr schnell eine starke politische Dynamik zu entwickeln. Nach ersten Sondierungen über mögliche Finanzierungsmodelle in der ÖVP im März 1988 wurde im folgenden Frühjahr im Umweltministerium das Konzept einer für die Altlastensanierung zweckgebundenen Deponieabgabe ausgearbeitet. Im Sommer 1988

4 Ausführlich zur „Mega-Altlast der Nation" A 3-umWelt 1989, H1/2, 11 ff.

wurden erste Referentenentwürfe diskutiert. Politischer Widerstand regte sich vor allem bei den Ländern und beim Finanzministerium. Die Länder wandten sich gegen die Einführung der Deponieabgabe als ausschließliche Bundesabgabe und die damit verbundene Ertragshoheit des Bundes. Das Land Wien verlangte die Abgeltung seiner bisherigen Leistungen auf dem Gebiet der Altlastensanierung. Das Finanzministerium befürchtete einerseits die Belastung des Bundesbudgets im Zuge einer breit durchgeführten Sanierung der bestehenden Altlasten, andererseits Konflikte mit den Finanzausgleichspartnern.

Nach kontroversen Verhandlungen zwischen den beiden Regierungsparteien wurde Ende 1988 ein Ministerialentwurf[5] fertiggestellt. Er sah die Errichtung eines Altlastenverbandes vor, der die Altlastenerhebung von Amts wegen durchführen bzw. koordinieren und für die erhobenen Altlasten entsprechend ihrer Dringlichkeit Sanierungs- und Sicherungsprojekte in Auftrag geben sollte.

Um eine einvernehmliche Beschlußfassung in der Bundesregierung zu ermöglichen, verzichtete die Regierungsvorlage[6] vom April 1989 auf Wunsch der SPÖ auf die Schaffung eines eigenen Rechtsträgers und gliederte die Vergabe der finanziellen Mittel in die Förderungsverwaltung des bestehenden Umwelt- und Wasserwirtschaftsfonds ein. Um auszuschließen, daß die Abgabenerträge bloß einem Land oder wenigen Ländern zugutekommen, verlangten die Länder einen auf einen fünfjährigen Zeitraum bezogenen Verwendungsschlüssel.[7] Das Land Wien drohte bis zuletzt mit einer Anfechtung des Gesetzes beim Verfassungsgerichtshof[8] . Die Interessenvertretung der Wirtschaft erklärte sich mit dem Gesetz im wesentlichen einverstanden und konzentrierte

---

5 Zi 08 3523/5-I/8/88.

6 898 BlgNR, 17. Gesetzgebungsperiode.

7 Vgl. § 12 Abs. 5 Wasserbautenförderungsgesetz 1985, BGBl. 1985/148 idF BGBl. 2989/299 (Bindung der regionalen Verteilung der verwendeten Mittel im fünfjährigen Durchschnitt nach dem Aufkommen des Altlastenbeitrages für Hausmüll und hausmüllähnlichen Gewerbemüll des jeweiligen Bundeslandes).

8 Diese Anfechtung ist bis heute nicht erfolgt.

sich auf die Vermeidung von Doppelbelastungen und die Eingrenzung der steuerpflichtigen Tatbestände[9].

Am 7. Juni 1989 wurde das Altlastensanierungsgesetz vom Nationalrat mit den Stimmen der Regierungsparteien verabschiedet. Nach der Kundmachung des Gesetzes am 29. Juni 1989 trat es am 1. Juli 1989 in Kraft. Für den abgabenrechtlichen Teil wurde eine Legisvakanz bis 1.1.1990 vorgesehen.

1. Die Deponieabgabe als Instrument zur Finanzierung der Altlastensanierung

Kernstück des Altlastensanierungsgesetzes ist die Erhebung einer ausschließlichen Bundesabgabe, deren Erträge für die Sanierung von Altlasten zweckgebunden sind (sog. Altlastenbeitrag).[10] Der Abgabepflicht unterliegen das Deponieren, das Zwischenlagern und die Ausfuhr von Abfällen. Bemessungsgrundlage ist die Masse des Abfalls. Der Tarif differenziert wie folgt nach der Abfallart: Bei gefährlichen Abfällen sind 200 S, bei sonstigen Abfällen (das sind insbesondere die nicht gefährlichen Wirtschaftsabfälle und der Hausmüll) 40 S, jeweils pro angefangener Tonne, zu entrichten.[11]

Gewissermaßen den Haupttatbestand der Abgabepflicht stellt das Deponieren von Abfällen dar, das als „langfristige Ablagerung von Abfällen" in einer zu diesem Zweck errichteten Anlage definiert wird. Die

---

9 Insbesondere Einschränkungen für den Abgabentatbestand des Zwischenlagerns von Abfällen sowie die Ausnahme der Altstoffe von der Beitragspflicht wurden – abgesehen von den relativ geringen Abgabentarife – von der Wirtschaft durchgesetzt. Erfolgreich bekämpft wurden von der Wirtschaft auch Bestrebungen der SPÖ, zusätzlich zur Ablagerung auch die Abfallerzeugung mit einer Abgabe zu belasten. Vgl. dazu auch den Ausschußbericht 979 Blg 17. Gesetzgebungsperiode.

10 § 11 Abs. 1 ALSG, dazu SCHWARZER, Das Altlastensanierungsgesetz, WBl. 1989, 266, und THOMASITZ, Das Altlastensanierungsgesetz, ÖZW 1990, 8, und MOOSBAUER, Kommentierung der §§ 1 - 9 des Altlastensanierungsgesetz, in: SCHWARZER (Hrsg.), Abfall- und Altlastenrecht (1992, in Vorbereitung).

11 Gegen diese (eindimensionale) Bemessungsgrundlage, die Abfälle mit geringem spezifischen Gewicht gegenüber Abfällen der Bauwirtschaft stark begünstigt, haben FUNK und RUPPE am Grazer Symposion zum Abfall- und Altlastenrecht vom April 1991 verfassungsrechtliche Bedenken erhoben. Sie fordern aus gleichheitsrechtlicher Sicht eine komplexere Bemessungsgrundlage.

beiden anderen Tatbestände, das Zwischenlagern und das Exportieren, sollen ein zeitliches oder räumliches Ausweichen aus der Abgabepflicht vermeiden. Das – erstmalige[12] – Zwischenlagern ist beitragspflichtig, wenn es ein Jahr überschreitet. Kein Unterschied besteht hinsichtlich der Beitragspflicht zwischen Deponien (bzw. Zwischenlagern) für eigene Abfälle und Deponien (Zwischenlagern) für fremde Abfälle. Die drei abgabenpflichtigen Tatbestände können prinzipiell hintereinander verwirklicht werden und führen diesfalls zu einer Belastungskumulation. Von der Beitragspflicht ausgenommen sind die sogenannten Altstoffe, das sind Materialien, die einer stofflichen Verwertung zugeführt werden.

Die Tarife wurden bewußt niedrig angesetzt, um den Anreiz zu illegalen Entsorgung gering zu halten. In einer anläßlich der Beschlußfassung des Altlastensanierungsgesetzes gefaßten Entschließung stellte der Nationalrat jedoch eine Erhöhung der Tarife für den Fall in Aussicht, daß das Aufkommen die Erwartungen nicht erfüllen sollte[13].

2. Zur Altlastendefinition im Altlastensanierungsgesetz

§ 2 Abs. 1 ALSG enthält eine recht weite, zeitlich offene Legaldefinition des Altlastenbegriffes: Altlasten sind demnach „Altablagerungen, Altstandorte sowie durch diese kontaminierte Böden und Grundwasserkörper, von denen – nach den Ergebnissen einer Gefahrenabschätzung – Gefahren für die Gesundheit des Menschen oder die Umwelt ausgehen". Diese Definition stellt nicht auf den Zeitpunkt der Verunreinigung ab. Auch nach dem Inkrafttreten des Altlastensanierungsgesetzes entstehende Kontaminationen können grundsätzlich Altlasten darstellen. Für sie besteht allerdings keine Förderungsmöglichkeit.[14]

Nach der Auffassung des BMUJF tritt die Altlasteneigenschaft einer

---

12 SCHWARZER, Das Altlastensanierungsgesetz, WBl. 1989, 268.

13 Diese Erwartungen wurden mit rund 390 Millionen Schilling angesetzt, vgl. den Entschließungsantrag des Nationalrates. Zur geplanten Erhöhung der Abgabentarife vgl. unten V.

14 Siehe unten FN 26.

Liegenschaft durch den konstitutiven Akt der Eintragung in den Altlastenatlas ein[15]. Gründstücke, die durch Deposition von Schafstoffemissionen (z.B. schwermetallhaltiger Staub) einer benachbarten Anlage kontaminiert wurden, sind keine Altlasten im Rechtssinne.

3. Erhebung der Altlasten

Das Altlastensanierungsgesetz fordert die systematische Erhebung der Verdachtsflächen bzw. der Altlasten und richtet sich an Bundes- und Landesbehörden: § 13 ALSG verpflichtet die Landeshauptmänner zur Bekanntgabe der Verdachtsflächen an den BMUJF. Der BMUJF hat die bundesweite Erfassung, Abschätzung und Bewertung der Verdachtsflächen gemeinsam mit dem BMwA und dem BMLF zu koordinieren, erforderlichenfalls sind ergänzende Untersuchungen zu veranlassen.

Der BMUJF hat beim Umweltbundesamt einen Verdachtsflächenkataster und einen Altlastenkataster zu führen. Der zweite ist für jedermann ohne Nachweis eines Interesses einsehbar.

Um die Altlastensuche zu erleichtern, gestattet § 16 Abs. 1 ALSG den Behörden das Betreten möglicher Verdachtsflächen und die Probennahme auf solchen Grundstücken auch ohne Einwilligung des jeweiligen Verfügungsberechtigten. Geht es, wie im Regelfall, um Gefährdungen der Beschaffenheit von Gewässern, muß der Liegenschaftseigentümer die erforderlichen Eingriffe nach § 72 Wasserrechtsgesetz dulden[16]. Aufgrund des Altlastensanierungsgesetzes und des Abfallrechts besteht keine Verpflichtung der Eigentümer zur Meldung kontaminierter Liegenschaften.[17]

---

15 Siehe den Durchführungserlaß des BMUJF zum ALSG vom Jänner 1990, Zl 08 3523/91-I/6/89 zu § 2 Abs. 1. Dazu SCHWARZER, Rechtsfragen der Altlasten, in: FUNK (Hrsg.), Probleme des Abfall- und Altlastenrechts (1992, in Vorbereitung).

16 Vgl. § 31 Abs. 5 und § 138 Abs. 5 WRG, dazu ROSSMANN, Wasserrecht (1990) Anm. 9 zu § 31 und Anm. 6 zu § 138 WRG.

17 Nach den Förderungsrichtlinien des Fonds für die Sanierung und Sicherung von Altlasten ist die Meldung der Liegenschaft als Verdachtsfläche an den Landeshauptmann bis 31.12.1992 Voraussetzung für die Gewährung einer Förderung. Zu eventuellen Meldepflichten des Inhabers einer gewerblichen Betriebsanlage nach Gewerberecht sowie des „Verpflichteten" nach Wasserrecht RASCHAUER, Sanierung kontaminierter Industriestandorte, ÖZW 1991, 41 (41 f).

4. Subsidiäre Altlastensanierung durch den Bund

Sofern die Sanierung oder Sicherung nicht einem Verpflichteten aufgetragen werden kann, hat sie der Bund gemäß § 18 Abs. 1 ALSG selbst durchzuführen. Die Verpflichtung, ein Sanierungs- oder Sicherungsprojekt auszuarbeiten und zu realisieren, liegt hier beim Bund als Träger von Privatrechten. Die Projektkosten hat nach § 18 Abs. 1 der Umwelt- und Wasserwirtschaftsfonds aus den Mitteln des Altlastenbeitrages zu tragen. Einer Zustimmung des Fonds bzw. einer Befassung der beratenden Altlastensanierungskommission bedarf es in diesem Fall nicht.

Die praktische Bedeutung der subsidiären Eigenvornahme durch den Bund ist durch einige Restriktionen stark eingeschränkt: Können die erforderlichen Maßnahmen einem Verpflichteten aufgetragen werden, scheidet die Sanierung durch den Bund aus. Diese Bestimmung geht zu Unrecht davon aus, daß das Vorliegen eines Verpflichteten keineswegs eine Kostenbedeckung durch den Verursacher garantiert. Nahezu im Regelfall wird dieser zu einer vollständigen Kostentragung aber außerstande sein. Weiter darf für den Bund aufgrund von Eigenvornahmen „keine über den Ertrag der Altlastenbeiträge hinausgehende finanzielle Belastung" entstehen. Der Weg der Eigenvornahme führt bei Knappheit der finanziellen Ressourcen somit bloß zu einer Umschichtung innerhalb des zur Verfügung stehenden Volumens.

III. Individualrechtliche Haftung für Altlasten

1. Individualrechtliche Haftung nach dem Altlastensanierungsgesetz

Das Altlastensanierungsgesetz sollte in die bestehende individualrechtliche Haftung für Altlasten weder entlastend noch verschärfend eingreifen.[18] Deshalb begnügt es sich im Zusammenhang mit der Inanspruchnahme von Verursachern mit zuständigkeitsmodifizierenden[19] und verfahrensrechtlichen Bestimmungen, verweist aber im übrigen, was die Durchsetzung von Sanierungs- oder Sicherungsmaßnahmen

18 Vgl. BERGER/ONZ, Altlastenhaftung (1990), 15 f.

19 Beachte vor allem die Zuständigkeitskonzentration beim Landeshauptmann in § 17 Abs. 1ALSG.

gegenüber Verursachern und Liegenschaftseigentümern betrifft, in § 17 Abs. 1 ALSG auf das Abfallrecht, das Wasserrecht und das Gewerberecht.

Bloß für den Fall der Sanierung bzw. Sicherung einer Altlast durch den Bund[20] wird in § 18 Abs. 2 eine eigene individualrechtliche Haftungsregelung getroffen. Der Bund kann von Personen Kostenersatz fordern, die die Altlast rechtswidrig und schuldhaft verursacht haben oder als Liegenschaftseigentümer der Ablagerung, die zum Entstehen der Altlast geführt hat, zugestimmt oder sie geduldet haben. Die Voraussetzungen der Rechtswidrigkeit und des Verschuldens bestehen auch in den Fällen der vereinbarten oder geduldeten Ablagerung von Abfällen durch Dritte. Verschulden liegt etwa dann nicht vor, wenn ein Ablagerungsvorgang nach damals herrschender Auffassung und Praxis keiner Genehmigung bedurfte und auch sonst unbedenklich erschien.

Die individuelle Haftung für Altlasten wurde jedoch bereits kurz nach der Erlassung des Altlastensanierungsgesetzes, nämlich 1990, durch das Abfallwirtschaftsgesetz und eine Novelle zum Wasserrechtsgesetz neugestaltet.

2. Individualrechtliche Haftung nach dem Wasserrecht[21]

2.1. Überblick

Das Wasserrecht regelt die Abwehr von Beeinträchtigungen der Beschaffenheit von Gewässern. Diesem Zweck dienen die wasserpolizeilichen Anordnungen nach § 31 und nach § 138 Wasserrechtsgesetz. Für Anordnungen, die anderen Anliegen, etwa der Schutz der Gesundheit von Anrainern vor explosiven oder toxischen Gasen oder der Landschaftspflege, dienen, bietet diese Bestimmung keine Grundlage.

---

20 Kritisch zu den Restriktionen für die Sanierung bzw. Sicherung durch den Bund: HÜTTLER, Altlastensanierung durch den Bund – eine Totgeburt? 1992, und SCHWARZER, Rechtsfragen.

21 Vgl. ROSSMANN, Wasserrecht, Anm. 5 zu § 138 WRG, RASCHAUER, ÖZW 1991, 41, und BINDER, Die Sicherung und Sanierung von Altlasten (1991), 64 ff.

2.2. Haftung nach § 31 WRG

2.2.1. Haftung für ab dem 1.7.1990 entstandene Altlasten

§ 31 Abs. 1 WRG verpflichtet jedermann, dessen Anlagen, Maßnahmen oder Unterlassungen eine Einwirkung auf Gewässer herbeiführen können, zur Sorgfalt im Umgang mit den Gewässern. Tritt dennoch die Gefahr einer Gewässerverunreinigung ein – so Abs. 2 –, so hat der nach Abs. 1 Verpflichtete unverzüglich die zur Vermeidung einer Verunreinigung erforderlichen Maßnahmen zu treffen. Geschieht dies nicht, so hat die Wasserrechtsbehörde nach Abs. 3 vorzugehen: In Betracht kommen entsprechende Aufträge an den Verpflichteten und bei Gefahr im Verzuge die kostenpflichtige Durchführung der erforderlichen Maßnahmen durch die Behörde.

In dieser Form bestand § 31 WRG bis zur Novelle 1990, welche die Absätze 4 – 6 anfügte. Abs. 4 begründet für den Fall, daß der Verpflichtete nicht herangezogen werden kann, eine subsidiäre Liegenschaftseigentümerhaftung. Voraussetzung dafür ist, daß der Eigentümer den Anlagen oder Maßnahmen, von denen die Gefahr ausgeht, zugestimmt oder sie freiwillig geduldet hat und ihm zumutbare Abwehrmaßnahmen unterlassen hat. Diese Regelung gilt für die im Zeitpunkt der Verunreinigungshandlung aktuellen Grundstückseigentümer. Rechtsnachfolger haften, wenn sie von den Anlagen oder Maßnahmen, von denen die Gefahr ausgeht, Kenntnis hatten oder bei gehöriger Aufmerksamkeit Kenntnis haben mußten.

2.2.2. Haftung für vor dem 1.7.1990 entstandene Altlasten

Abs. 6 trifft abweichende Haftungsbestimmungen für die derzeit relevanteste Fallgruppe, die zum Zeitpunkt des Inkrafttretens der Novelle am 1.7.1990 bestehenden Bodenverunreinigungen. Die Anwendung des Abs. 4 wird jedoch in doppelter Hinsicht eingeschränkt: Zum einen haftet der Liegenschaftseigentümer, während dessen Herrschaft die Verunreinigung stattgefunden hat, nur, wenn er sie ausdrücklich gestattet hat und daraus in Form einer Vergütung einen Vorteil gezogen hat. Zum anderen sind die Rechtsnachfolger für die am 1.7.1990 bestehenden Altlasten von jeglicher Haftung nach § 31 befreit, denn im Unterschied zu Abs. 4 enthält Abs. 6 keine Haftungsregelung für die Rechtsnachfolger.

Diese Einschränkungen gelten für den „Nur-Eigentümer“: Eigentümer, die selbst die Nutzung der von einem Dritten übernommenen wassergefährdenden Anlage fortführen, haften als Verpflichtete im Sinne des § 31 Abs. 1 WRG.[22]

2.3. Haftung nach § 138 WRG

2.3.1. Haftung für ab dem 1.7.1990 entstandene Altlasten

§ 138 Abs. 1 WRG ermächtigt die Behörde zur Anordnung der Herstellung des gesetzmäßigen Zustandes. Diese Regelung zielt auf die Beseitigung von Maßnahmen, die entgegen einer wasserrechtlichen Genehmigungspflicht ohne wasserbehördliche Genehmigung durchgeführt wurden. Dazu können auch Ablagerungen und sonstige Bodenverunreinigungen zählen. Die Anordnungsbefugnisse entsprechen weitgehend jenen nach § 31 WRG: Im Normalfall sind entsprechende Aufträge zu erteilen, bei Gefahr im Verzug kann die Behörde die Maßnahmen auf Kosten des Verpflichteten durchführen lassen. Anstelle der Beseitigung der Verunreinigungen tritt deren Sicherung, wenn die erste mit unverhältnismäßigen Schwierigkeiten verbunden wäre.[23]

2.3.2. Haftung für vor dem 1.7.1990 entstandene Altlasten

§ 138 Abs. 4 normiert analog zu § 31 Abs. 4 eine subsidiäre Haftung des Liegenschaftseigentümers. Durch den Verweis auf § 31 Abs. 6 WRG wird die Möglichkeit der Inanspruchnahme des Liegenschaftseigentümers bei Altlasten, die vor dem 1.7.1990 entstanden sind, in der oben dargestellten Weise stark reduziert. Herangezogen kann nur der Liegenschaftseigentümer werden, der die Verunreinigung oder die Ablagerung ausdrücklich gestattet hat, wobei die Haftung auf den empfangenen Vorteil begrenzt ist.

---

22 Dies wäre etwa bei Fortführung eines Deponiebetriebes anzunehmen. Die bloße Innehabung einer kontaminierten Liegenschaft begründet aber nicht diese unmittelbare Haftung als Verpflichteter, vgl. ROSSMANN, Wasserrecht, Anm. 5 zu § 138 WRG.

23 Vgl. § 138 Abs. 1 lit b idF der WRG-Novelle 1990.

3. Individualrechtliche Haftung nach dem Abfallrecht[24]

3.1. Überblick

Das 1990 erlassene Abfallwirtschaftsgesetz des Bundes regelt in § 32 die sogenannten Behandlungsaufträge, das sind Aufträge zur ordnungsgemäßen Behandlung von Abfällen. Auf der Grundlage dieser Bestimmung kann auch die Beseitigung von Abfällen von einem Grundstück angeordnet werden.

3.2. Haftung für ab dem 1.7.1990 entstandene Altlasten

§ 32 Abs. 1 AWG ermöglicht die Inpflichtnahme desjenigen, der die Abfälle in einer die Umwelt beeinträchtigenden Weise auf einem – eigenen oder fremden – Grundstück gelagert hat. Die Behörde hat ihm die erforderlichen Maßnahmen aufzutragen oder, bei Gefahr im Verzug, die Maßnahmen selbst kostenpflichtig für den Verursacher durchführen zu lassen. Zum zeitlichen Anwendungsbereich dieser Vorschrift enthält das Abfallwirtschaftsgesetz keine ausdrückliche Anordnung. ME ist daher anzunehmen, daß § 32 Abs. 1 für alle ab dem 1.7.1990 vorgenommenen Abfallablagerungen gilt.

§ 32 Abs. 1 AWG regelt wiederum – wie die bereits behandelten §§ 31 und 138 WRG – eine subsidiäre Haftung des Liegenschaftseigentümers: „Ist der gemäß Abs. 1 Verpflichtete nicht feststellbar, zur Entsorgung rechtlich nicht imstande oder kann er aus sonstigen Gründen dazu nicht verhalten werden", so ist der Auftrag unter bestimmten Voraussetzungen an den Eigentümer der Liegenschaft, auf der sich die Abfälle befinden, zu erteilen. Die näheren Regelungen zur Liegenschaftseigentümerhaftung enthält § 18 Abs. 2 – 4 AWG. § 18 Abs. 2 regelt den Fall der Abfallablagerung ab dem 1.7.1990, die Abs. 3 und 4 beziehen sich auf vor diesem Datum erfolgte Ablagerungen.

Die Regelung der ersten Fallgruppe in § 18 Abs. 2 entspricht dem § 31 Abs. 4 WRG: Der Liegenschaftseigentümer, während dessen Herr-

---

24 Vgl. dazu RASCHAUER, ÖZW 1991, 41, und BINDER, Sicherung, 46 ff.

schaft die Ablagerung stattgefunden hat, haftet, wenn er ihr zugestimmt hat oder sie freiwillig geduldet und ihm zumutbare Abwehrmaßnahmen unterlassen hat. Der Rechtsnachfolger haftet, wenn er von der Ablagerung Kenntnis hatte oder bei gehöriger Aufmerksamkeit Kenntnis haben mußte.

Eine Schranke des Anwendungsbereiches der dargestellten abfallbehördlichen Anordnungsbefugnisse ergibt sich aus dem dem § 18 Abs. 1 und 2 AWG zugrundeliegenden Abfallbegriff. Diese Regelungen gelten nämlich nur für Altöle und gefährliche Abfälle. Die erwähnten Haftungsgrundlagen für den Abfallbesitzer und den Liegenschaftseigentümer kommen somit für die Ablagerung sonstiger (nichtgefährlicher) Abfälle nicht zum Tragen. Einschlägige Bestimmungen für diese Abfallart finden sich in den Abfallgesetzen der Länder. Für die Behörde ist die Kenntnis der Abfallart (Zuordnung zu den gefährlichen oder den nichtgefährlichen Abfällen) Voraussetzung für die Erlassung tragfähiger Anordnungen, da hiervon die Wahl der Rechtsgrundlage abhängt.

3.3. Haftung für vor dem 1.7.1990 entstandene Altlasten

Bezüglich der zweiten – bei weitem bedeutenderen – Fallgruppe differenziert die Haftungsregelung des AWG wie folgt: Wurden Sonderabfälle im Sinne des – am 1.7.1990 außer Kraft getretenen – Sonderabfallgesetzes gelagert, haftet der Eigentümer, wenn der Abfallbesitzer die Liegenschaft mit seiner Zustimmung benützte. Unter derselben Voraussetzung – der Zustimmung des (damaligen) Eigentümers – ist auch der Rechtsnachfolger zur Entsorgung zu verpflichten. Diese Bestimmung ist insofern strenger als das Regime für neue Ablagerungen (§ 18 Abs. 2), als die (tatsächliche oder bei gehöriger Aufmerksamkeit zu erwartende) Kenntnis der Ablagerung durch den Rechtsnachfolger keine Haftungsvoraussetzung ist.

Wurden hingegen andere Abfälle als Sonderabfälle gelagert, gilt die Regelung der Vorteilsabschöpfung wie im Wasserrecht. Rechtsnachfolger gehen hier frei aus. Die Haftung für Sonderabfallablagerungen ist zeitlich auf jene Ablagerungen limitiert, die während der Geltung des Sonderabfallgesetzes (also vom 1.1.1984 – 30.6.1990) erfolgten. Dagegen ist die Vorteilsabschöpfung bezüglich der anderen Abfälle nicht durch einen Anfangszeitpunkt begrenzt. Diese zweite Regelung gilt m. E. auch für Abfälle, die an sich unter den Begriff des Sonderabfalles fallen würden, aber vor dem Inkrafttreten des Sonderabfallgesetzes abgelagert wurden[25]. Andernfalls würde eine sachlich nicht zu rechtfertigende Haftungslücke für diese Fallgruppe eintreten.

IV. Finanzierung der Sanierung und Sicherung von Altlasten durch den Umwelt- und Wasserwirtschaftsfonds

Der Umwelt- und Wasserwirtschaftsfonds (häufig kurz „Ökofonds“ genannt) kann die Kosten der Sanierung oder Sicherung von Altlasten zur Gänze oder teilweise übernehmen. Er wird dabei nicht von sich aus tätig, sondern entscheidet – wie in der Förderungsverwaltung üblich – nur auf Antrag. Der Fonds hat nicht die Möglichkeit, selbst Projekte zu initiieren, sondern hat über vorgelegte Projekte zu befinden.

Antragsberechtigt sind Liegenschaftseigentümer, Unternehmungen, die Altlastensanierungen durchführen, Gebietskörperschaften und Abfallverbände.

Ausgeschlossen von der Förderung sind Altlasten, die nach dem 1.7.1989 entstanden sind[26], sowie – nach den Förderungsrichtlinien[27] – Altlasten, für die bis 31.12.1992 keine Verdachtsflächenmeldung erfolgt ist[28]. Die Registrierung der betroffenen Liegenschaft im Altlastenatlas ist nach Auffassung des BMUJF ebenfalls eine Voraussetzung für die Gewährung einer Förderung[29]. Bedenklich erscheint in diesem Zusammenhang allerdings das Fehlen eines Rechtsanspruches des Liegenschaftseigentümers auf Eintragung seines Grundstückes in den Altlastenatlas unter den gesetzlichen Voraussetzungen[30].

Das Ausmaß der Kostenübernahme durch den Ökofonds wurde 1991 durch Richtlinien geregelt. Die Richtlinien unterscheiden zwischen Deponien, die nach der Sanierung oder Sicherung weiterbetrieben

---

25 Anderer Ansicht RASCHAUER, ÖZW 1991, 46.

26 § 12a Abs. 1 WBFG idF nach dem ALSG.

27 Zl. RE 0110/036-GF/90, veröffentlicht im Amtsblatt zur Wiener Zeitung vom 26.6.1991.

28 § 4 Abs. 1 Förderungsrichtlinien. Eine gesetzliche Grundlage für diese Einschränkung fehlt.

29 So der Durchführungserlaß des BMUJF zum ALSG, Zl. 08 3523/9-I/6/89, zu § 2 Abs. 1.

30 Eingehender zu den Rechtsschutzdefiziten im Zusammenhang mit der Eintragung in den Altlastenatlas, SCHWARZER, Rechtsfragen.

werden sollen, und sonstigen Altlasten[31]. Im ersten Fall soll ein Teil der Sanierungs- oder Sicherungskosten über die künftigen Deponierungsentgelte eingebracht werden. Im zweiten Fall ist eine Förderung bis zu 100 % der Kosten möglich. Bei der Festlegung des Förderungsausmaßes sind zwei Faktoren zu berücksichtigen: Je dringlicher die Sanierung bzw. Sicherung ist, desto mehr ist das maximale Förderungsausmaß auszuschöpfen[32]. Das (Mit-)Verschulden des Antragstellers an der Entstehung der Altlast schlägt sich in einem geringeren Förderungsausmaß nieder, schließt aber die Gewährung der Förderung nicht grundsätzlich aus[33].

Kriterien zur Beurteilung der Förderungswürdigkeit von Projekten geben die Richtlinien nur ansatzweise durch das Postulat vor, daß die Maßnahmen dem Stand der Technik entsprechen müssen[34]. Es ist aber offenbar an eine komplexe Beurteilung gedacht, da mit dem Förderungsantrag eine Variantenuntersuchung vorzulegen ist[35]. Insbesondere die Wahl zwischen der Sanierungs- und der Sicherungsoption ist im Rahmen einer mehrdimensionalen Kosten-Nutzen-Rechnung zu treffen.

V. Resümee und Ausblick

Das geltende österreichische Altlastenrecht ist nach den dargelegten Anpassungen durch den Gesetzgeber zusammenfassend wie folgt zu beurteilen:

A. Zur Wirksamkeit des Altlastensanierungsgesetzes

1. An die Spitze ist die Bemerkung zu stellen, daß das Altlastensanierungsgesetz die – längst fällige – Initialzündung für die Inangriffnahme des Altlastenproblems war. So kritikwürdig manches an diesem Gesetz und vor allem an seiner Handhabung sein mag, ohne dieses Gesetz

31 Vgl. § 5 Abs. 1 der Förderungsrichtlinien.
32 Vgl. § 5 Abs. 2 Richtlinien.
33 Vgl. § 6 Richtlinien. Ob diese Regelung dem gesetzlichen Auftrag (§ 12a WBFG idF nach dem Altlastensanierungsgesetz) entspricht, das Verursacherprinzip zu beachten, sei dahingestellt.
34 Vgl. § 1 Abs. 1 Z 1.
35 § 4 Abs. 3 Z 2 der Richtlinien.

wäre das Altlastenproblem von Politik, Verwaltung, Technik und Wirtschaft vermutlich weiterhin weitgehend negiert worden. Insbesondere wurden organisatorische Strukturen für eine systematische Befassung der Verwaltung mit den Altlasten geschaffen.

2. Gemessen am Anspruch des Altlastensanierungsgesetzes, einen erheblichen Teil von 3000 stillgelegten Deponien innerhalb von 10 Jahren zu sanieren oder zu sichern, ist die Zahl der bisher nach beinahe dreijähriger Geltung sanierten oder gesicherten Altlasten mehr als bescheiden. 19 Projekte wurden von der Altlastensanierungskommission positiv begutachtet. Ein Teil davon bezieht sich auf Studien oder Versuchsanlagen. In manchen Fällen konnte keine Förderungszusicherung erteilt werden, weil die erforderliche behördliche Genehmigung des Projekts nicht erwirkt werden konnte.

3. Die Verpflichtungen zur subsidiären Ersatzvornahme durch den Bund sind bisher kaum zum Tragen gekommen. Wegen der schwer zu überwindenden Hürden (Ausschöpfung der in Betracht kommenden Anordnungsmöglichkeiten gegenüber einem Verpflichteten) konnte § 18 ALSG bisher keine Altlastenfälle einer Sanierung oder Sicherung zuführen. Das Vorhandensein eines Antragstellers ist somit in der Praxis Bedingung für zweckentsprechende Verwendung der Altlastenbeiträge.

4. Anstelle des erwarteten Aufkommens von rund 390 Millionen Schilling pro Jahr wurden bisher im Jahr 1990 rund 140 Millionen Schilling und im Jahr 1991 rund 170 Millionen Schilling erzielt[36]. Deshalb strebt das BMUJF mit der von der Bundesregierung bereits verabschiedeten Novelle zum Altlastensanierungsgesetz die Verfünffachung der Abgabentarife des Altlastenbeitrages an. Unklar ist aber noch, in welchem Ausmaß die relativ geringe Ergiebigkeit des Altlastenbeitrages auf ein entsprechend niedriges Abfallaufkommen oder auf Vollzugsschwächen bei der Abgabendurchsetzung zurückzuführen ist. Unbestritten ist, daß die zweite Ursache wesentlich beigetragen hat. Trotz der relativ niedrigen Tarife scheint der Steuerwiderstand beträchtlich zu sein.

5. Gewisse positive Effekte dürften die verwaltungsrechtlichen Bestimmungen des Altlastensanierungsgesetzes über die Ausstattung von De-

36 Vgl. die Erläuterungen zur Regierungsvorlage der ALSG-Novelle 534 Blg. NR 18. Gesetzgebungsperiode, 6.

ponien quasi als Vorgriff auf allgemeine Deponiestandards gehabt haben, wenngleich auch hier erhebliche Vollzugsschwächen vorliegen dürften.

6. In Anbetracht der geringen Abgabentarife ist es kaum möglich, dem Altlastenbeitrag einen bestimmten quantifizierten Vermeidungseffekt zuzuordnen. Immerhin hat der Altlastenbeitrag aber die Tendenz der steigenden Entsorgungskosten verstärkt, welche zur Vermeidung und Verwertung von Abfällen anregen dürfte. Zu einer Verteuerung der Deponierungskosten haben unter anderem auch die eben erwähnten Anforderungen an die Deponieausstattung beigetragen.

B. Zur individualrechtlichen Haftung nach Wasser- und Abfallrecht

Die neuen Bestimmungen über die individualrechtliche Haftung für Altlasten haben die subsidiäre Haftung des Liegenschaftseigentümers für die am 1.7.1990 bestehenden Altlasten erheblich eingeschränkt. Man geht kaum fehl, wenn man von einer weitgehenden Haftungsfreistellung der Liegenschaftseigentümer für diese bedeutsamste Fallgruppe spricht. Die Inanspruchnahme des Ablagerers ist in der Praxis – selbst wenn er bekannt ist – sehr schwierig. Diese Problematik wird zumindest in einfacheren Fällen dadurch entschärft, daß der aktuelle Liegenschaftseigentümer häufig im Interesse der Nutzung der Liegenschaft (etwa Errichtung einer neuen Betriebsanlage) freiwillig die Initiative zur Sanierung ergreift.

C. Ausblick

Was die Finanzierung der Altlastensanierung betrifft, so ist m. E. davon auszugehen, daß die derzeitigen Abgabentarife nur beschränkt steigerbar sind, sollen nicht unerwünschte Lenkungseffekte in den Vordergrund treten. Wird das gegenwärtige Tempo und Ausmaß der Sanierungsaktivitäten beibehalten, reicht das derzeitige Abgabenaufkommen möglicherweise zur Bedeckung der Förderungsausgaben des Ökofonds aus. Nach Ausschöpfung der Steigerungsmöglichkeiten durch verbesserten Abgabenvollzug ist auch eine maßvolle Anhebung der Tarife in Betracht zu ziehen. Bei einem optimistischeren Szenario wird eine Entkopplung der Fondsaufwendungen vom Abgabenaufkommen langfristig nicht zu umgehen sein.

Die Schwerfälligkeit der Abwicklung von Sanierungsprojekten müßte Anstoß sein, nach Vereinfachungsmöglichkeiten zu suchen. Solche sind zunächst im Altlastensanierungsgesetz selbst auszumachen[37]. In manchen Fällen scheinen Projekte an der Verweigerung der erforderlichen behördlichen Genehmigungen zu scheitern. Dies deutet entweder auf eine mangelnde Qualität der vom Fonds begutachteten Projekte oder auf unnötige Formalismen hin.

Für die erste Variante spricht m. E., daß die Fondsverwaltung der zur Verfügung stehenden Mittel keinem geschlossenen Konzept folgen kann, sondern bloß einlangende Projekte auf die Erfüllung der Förderungsvoraussetzungen prüfen kann. Dabei wird der Fonds wohl auch in Rechnung stellen, daß die Abweisung eines suboptimalen Projektes für eine dringend sanierungsbedürftige Altlast zu einer beachtlichen Verzögerung der Maßnahmen führen kann, sofern der Antragsteller überhaupt bereit ist, ein modifiziertes Projekt ausarbeiten zu lassen. Sinnvoller erschiene mir, daß der Fonds „von Amts wegen" Sanierungs- und Sicherungsprojekte nach Maßgabe der Prioritätenliste betreibt. Der förderungsrechtliche Ansatz wäre somit zu verlassen.

Selbst wenn es gelingt, die Effizienz und Raschheit der Vollziehung wesentlich zu verbessern, dürfen die Erwartungen nicht zu hoch angesetzt werden. Gerade bei den besonders prioritären Fällen ist ein sinnvolles Sanierungs- oder Sicherungsprojekt oft nur in einer Abfolge mehrerer Schritte zu entwickeln und umzusetzen.

---

37 Es sei nochmals auf § 18 Abs. 1 ALSG verwiesen (siehe Fußnote 20).

Edmund Brandt

Altlasten und Bodenschutz

Auch wenn das Problem Altlasten meistens mit der Kontamination von Grundwasser in Beziehung gesetzt wird, so handelt es sich streng genommen zuallererst um eine Bodenkontamination, und erst im weiteren Verlauf der Verunreinigung werden dann denkbarerweise auch andere Umweltmedien wie das Wasser oder die Luft in Mitleidenschaft gezogen. Es ist deshalb folgerichtig, wenn die Bewältigung des Altlastenproblems als Teil der Bodenschutzproblematik angesehen und auch entsprechend angegangen wird. In dem Kontinuum

- Vorsorge vor nachteiligen Einwirkungen auf den Boden,
- Untersuchung möglicher Bodenverunreinigungen,
- Abwehr von Gefahren, die von den Bodenverunreinigungen ausgehen,
- Sanierung,
- Rekultivierung
- Nachsorge,

das kennzeichnend für den Bodenschutz ist und im Rahmen der Bodenschutzpolitik auch instrumentell ausgeformt werden muß, findet sich im Grundsatz – abgesehen vom ersten Punkt – all das, was bei der Bewältigung des Altlastenproblems eine Rolle spielt. Im folgenden werden deshalb einige der hier bestehenden Zusammenhänge einer näheren Betrachtung unterzogen (unter I.) und danach Konsequenzen im Hinblick auf adäquate kodifikatorische Verankerungen gezogen (unter II.).

I. Bodenschutz als Schutz ökologischer Bodenfunktionen

Der Boden erfüllt eine große Zahl von Funktionen, etwa als Standort von Rohstofflagerstätten oder von Infrastruktureinrichtungen, aber auch im Rahmen des Wachstums von Pflanzen oder als Lebensraum für Bodenorganismen. Aus Umweltsicht sind nur einige der Bodenfunktionen schützenswert, nämlich nur diejenigen, die ökologische Bodenfunktionen erfüllen. In Anlehnung an den Vorschlag des Sachverständigenrates für Umweltfragen[1] wird dieser Erwägung Rechnung getragen, wenn vorrangig die Funktionen betrachtet werden, denen nicht nur eine hohe Umweltrelevanz zukommt, sondern bei denen gerade die Erhaltung von Böden im ökologischen Sinne eine besondere Rolle spielt. Es handelt sich um

- die Regelung der Stoff- und Energieflüsse im Naturhaushalt (Regelungsfunktion),
- die Produktion von Biomasse, insbesondere von pflanzlichen Stoffen, einschließlich Wurzelraum und Verankerung der Pflanzen (Produktionsfunktion),
- die Gewährung von Lebensraum für die Bodenorganismen (Lebensraumfunktion).

Ziel muß es sein, möglichst viele dieser Funktionen an möglichst vielen Standorten zu erhalten. Ob das erreicht werden kann, hängt einmal davon ab, was in Konkurrenz mit gegenläufigen Nutzungsansprüchen durchgesetzt werden kann, zum anderen von der bereits vorhandenen Belastungssituation und ggf. zu realisierenden Sanierungs- und Rekultivierungsaktivitäten.

Unter Berücksichtigung des eingangs erwähnten Kontinuums bedeutet das in bezug auf die instrumentelle Umsetzung: Schutz- und Pflegemaßnahmen werden dort im Vordergrund zu stehen haben, wo Schäden und Belastungen zu besorgen und naturnahe Böden zu erhalten sind. Sanierungs- und Rekultivierungsmaßnahmen werden demgegenüber dort dominieren, wo Schäden bereits eingetreten sind. Übergeordnetes Ziel aller Lösungsansätze ist die Gewährleistung einer ökologisch verantworteten Nutzung und Inanspruchnahme der Böden. Dabei kommt der Herstellung einer Parität zwischen dem schon erreichten Schutz der Medien Luft und Wasser, Natur und Landschaft sowie dem Schutz des Bodens besondere Bedeutung zu. Insofern hat der Bodenschutz nachholenden Charakter. Zugleich bietet sich ihm aber hierdurch auch die Chance, seine Regelungen im Lichte der teilweise problematischen Lösungsansätze bestehender umweltpolitischer Instrumente zu gestalten. So sind etwa solche Effekte zu vermeiden, wie die räumliche oder zeitliche Verlagerung von Schadstoff-Frachten von einem Umweltmedium in das andere, wie sie mit der Politik der hohen Schornsteine und derje-

1 Gutachten 1987, Tz 548.

nigen der Klärschlamm-Verbringung bisher zu Lasten der Böden in Kauf genommen wurde.

Um sichtbar zu machen, was dies für die Ausformung bodenschützender Bestimmungen bedeutet, werden im folgenden einige Eckpunkte bezeichnet, die im Rahmen des Rechtssetzungsprozesses zu berücksichtigen sind. Es handelt sich um
- das Minimierungsgebot für den Eintrag von Schadstoffen,
- den bodenschonenden Landverbrauch sowie
- die Nutzung von Bodensubstraten.

Das Minimierungsgebot für den Eintrag von Schadstoffen soll gewährleisten, daß aus der Sicht des Bodenschutzes problematische Stoffe nur noch in solchem Ausmaß in die Böden gelangen, daß zwischen dem Eintrag und den natürlichen Regelungsfunktionen des Bodens (Abbau, Umbau, Austrag in Luft und Grundwasser, Anreicherung) ein Gleichgewicht auf möglichst niedrigem Niveau entsteht. Mit der Verbesserung der Informationsgrundlagen des Bodenschutzes sind zielgerichtet vor allem auch auf bestimmte Stoffe und bestimmte Böden bezogene entsprechende Bilanzen zu erstellen.

Das Minimierungsgebot gilt insbesondere auch für die landwirtschaftliche Bodennutzung. Der Eintrag von Nährstoffen durch die landwirtschaftliche Bodenbearbeitung soll nach den Maßstäben einer „ordnungsgemäßen Landwirtschaft" erfolgen. Im Hinblick auf die Düngung werden diese vom Gesetz zur Förderung der bäuerlichen Landwirtschaft[2] so festgelegt, „daß die Düngung nach Art, Menge und Zeit auf den Bedarf der im Boden verfügbaren Nährstoffe und organischen Substanz sowie der Standort- und Abbaubedingungen ausgerichtet wird". Bei Beachtung dieser Anforderungen sind im Verhältnis zur gegenwärtigen Situation beträchtliche Reduzierungen denkbar.[3] Das Minimierungsgebot gilt im Hinblick auf den Eintrag von verschiedenen Stoffen aus unterschiedlichen Quellen, seien es ferntransportierte Stoffe in Waldböden, gezielt mit der Bewirtschaftung eingebrachte Stoffe oder solche, die bei anderen Maßnahmen und Nutzungen freigesetzt werden. Je nach dem Ausmaß der Vorbelastung eines Gebietes und des spezifischen Verhaltens (Wirkung, Verbleib im Boden, Auswaschung, Anreicherung etc.) der problematischen Stoffe kann es als Ver-

2 LaFG vom 6.7.1989, Abschnitt 4 § 1.
3 Siehe dazu HORN und CORDSEN, in: Handbuch des Bodenschutzes, 588 ff.

schlechterungsverbot, als Verbesserungsgebot oder als Gebot zur Erhaltung einer bestimmten Situation ausgestaltet werden.

Bodenschonender Landverbrauch im Sinne des Bodenschutzes muß trotz einer Reihe bereits vorliegender Regelungen zum Umweltschutz entscheidend verstärkt werden. Maßstäbe für eine sparsame und schonende Bodennutzung sind u.a.

- eine vergleichende Bilanz der Inanspruchnahme von Böden für verschiedene bauliche und flächenplanerische Optionen;
- die Durchführung baulicher Eingriffe in einer schonenden Weise z.B. was die Handhabung von bodenverdichtenden Substanzen und den zu versiegelnden Bodenanteil angeht;
- der Ausgleich von schädlichen oder abträglichen Eingriffen und Einwirkungen in den Boden durch geeignete Maßnahmen am Standort oder an solchen anderen Standorten, die für einen ökologischen Ausgleich in Frage kommen.

Zu einer umweltgerechten Bodenwirtschaft müßte gehören, daß ausgekofferte, abgegrabene oder bei umwelttechnischen Vorgängen (z.B. im Rahmen des Reststoff-Managements der Recyclingwirtschaft) anfallende oder entstandene Bodensubstrate in einer Weise wiederverwendet werden, die standortangepaßt ist und eine Verunreinigung der Umwelt ausschließt. So darf z.B. ein von Natur aus nährstoffreicher Boden nicht an nährstoffarmen Standorten eingebaut werden, und es darf die Wiederverwendung von gereinigtem Bodensubstrat bzw. von technisch hergestellten Substraten (Technosolen, d.h. zu Bodensubstrat aufbereiteten industriellen Reststoffen) nicht Schadstoffe auslaugen, auswaschen oder anders an die Umwelt verlieren. Bei der Abschätzung solcher Möglichkeiten sind angemessene Zeiträume zu betrachten.

Ausgeblendet bei den bisherigen Überlegungen wurden Handlungsmöglichkeiten, die punktuell beim Anlagenbetrieb ansetzen und die dazu dienen sollen, von vornherein zu verhindern, daß es zu Bodenkontaminationen kommt, die zu Altlasten werden können. Darauf ist nunmehr noch kurz einzugehen. Die zentrale Bestimmung ist hier § 5 Abs. 3 BImSchG. Nach dieser – erst 1990 eingeführten – Vorschrift hat der Anlagenbetreiber sicherzustellen, daß auch nach einer Betriebseinstellung

- von der Anlage oder dem Anlagengrundstück keine schädlichen Umwelteinwirkungen und sonstige Gefahren, erhebliche Nachteile und erhebliche Belästigungen für die Allgemeinheit und die Nachbarschaft hervorgerufen werden können (Zif. 1),

- vorhandene Reststoffe ordnungsgemäß und schadlos verwertet oder als Abfälle ohne Beeinträchtigung des Wohls der Allgemeinheit beseitigt werden (Zif. 2).

Fraglich erscheint allerdings, ob eine derartige materiellrechtliche Verpflichtung für sich allein den damit angestrebten Effekt haben kann. Gerade wenn Bodenkontaminationen größeren Ausmaßes drohen, dürfte es außerordentlich schwerfallen, nach der Betriebsstillegung den Betreiber noch zu einem normkonformen Verhalten zu veranlassen. Es bedarf also einer Regelung, mit deren Hilfe die finanzielle Sicherstellung gerade für den Fall gewährleistet ist, daß der Anlagenbetreiber nicht in dem gebotenen Maße tätig wird.[4] Da es zu einer derartigen Absicherung bisher nicht gekommen ist, muß bezweifelt werden, ob über § 5 Abs. 3 BImSchG die insofern bestehende Regelungslücke in ausreichendem Maße geschlossen worden ist.

II. Kodifikatorische Verankerung altlastenrechtlicher Bestimmungen

In der gegenwärtigen Phase der rechtspolitischen Diskussion richtet sich das Interesse ganz wesentlich auf die Beantwortung der Frage, wo, in welchem kodifikatorischen Kontext altlastenrechtliche Vorschriften verankert werden. Angesichts der Fülle von prinzipiell zur Verfügung stehender Möglichkeiten einerseits, der z.Z. erheblich divergierenden Interessen andererseits ist das sich darbietende Bild entsprechend unübersichtlich. Um die Überlegungen nicht zu überfrachten, wird hier darauf verzichtet, einzelne Ansätze nachzuzeichnen, zu analysieren und zu kommentieren, die namentlich auf der Ebene der Bundesländer entwickelt worden sind. Vielmehr werden modellhaft-strukturierend die verschiedenen Handlungsmöglichkeiten mit den damit verbundenen Implikationen weitgehend unabhängig davon nebeneinandergestellt und kurz diskutiert, wie es mit den jeweiligen Realisierungsabsichten und -chancen aussieht. Dabei konzentrieren sich die Überlegungen auf die kodifikatorischen Verankerungsmöglichkeiten

- Abfallgesetz (unter 1.),
- Naturschutzgesetz (unter 2.),
- eigenständiges Altlastengesetz (unter 3.) sowie
- Bodenschutzgesetz (unter 4.).

---

4 Zu den verschiedenen Umsetzungsmöglichkeiten, die hier zur Verfügung stehen, siehe im einzelnen BRANDT, Pflicht nach Stillegung, 1989, S. 16 ff.

1. Abfallgesetz

Explizit auf Altlasten bezogene Regelungen finden sich in den Abfallgesetzen einiger Bundesländer. Dieser Ansatz könnte in der Weise weiterentwickelt werden, daß durchgängig auf die Erfassung, die Untersuchung, die Sanierung und die Finanzierung ausgerichtete Bestimmungen Bestandteil der Landesabfallgesetze würden. Abgesehen davon, daß es insoweit schon legislatorische Vorbilder gibt und von daher der jeweils zu erbringende gesetzgeberische Aufwand vergleichsweise gering ist, spricht für eine solche Lösung einmal, daß von der Entstehungsgeschichte her die Altlasteneigenschaft ihren Ursprung nicht selten in der unsachgemäßen Lagerung bzw. Ablagerung von Abfällen hat. Zum anderen wird sich der Kreis vom Ablauf her wiederum nicht selten insofern schließen, als es sich bei dem im Zusammenhang mit der Durchführung von Maßnahmen zur Altlastensanierung ausgekofferten Material um Abfall handelt und demzufolge die weitere Abwicklung ganz wesentlich von den Bestimmungen des Abfallgesetzes bestimmt wird. Inhaltliche Anknüpfungspunkte sind also vorhanden, die ebenfalls für ein solches Vorgehen sprechen könnten.

Es lassen sich allerdings auch gewichtige Gegenargumente ins Feld führen. So ist zu bedenken, daß sich schon allein von den erfaßten Gegenständen her das Thema Altlasten wesentlich weiter erstreckt als der Regelungsbereich Abfälle und im Kern auch einen anderen Bezugspunkt hat. Ungeachtet aller Ausstrahlungen und Ausweitungen bleibt es nämlich – wie erwähnt -dabei, daß Altlasten – hochgradig – kontaminierte Böden sind. Diese prinzipielle Divergenz Abfall – Boden wird noch dadurch verstärkt, daß die Altlasteneigenschaft in der Regel nicht sogleich feststeht, sondern erst in einem mehrstufigen Verfahren erschlossen werden muß. In diesem Verfahren kann sich nun ergeben, daß Handlungsbedarf besteht und möglicherweise auch saniert werden muß, ohne daß aber die Voraussetzungen für die Bejahung der Altlasteneigenschaft – Gefahr im polizeilichen Sinne – vorliegen. Durchweg wird auch in der zuletzt genannten Konstellation die Konsequenz kaum je in der Auskofferung des Bodens bestehen – mit der Konsequenz, daß abfallrechtliche Vorschriften i.e.S. gar nicht zum Tragen kommen. Gleichwohl kann nicht darauf verzichtet werden, diesbezüglich Bestimmungen vorzusehen. Zumindest latent würde ein derartiger Regelungsmechanismus danach den Rahmen in Frage stellen, der mit dem zentralen Merkmal im Abfallgesetz gegeben ist.

Die schon danach offenkundige Divergenz wird noch größer, wenn man bedenkt, daß längst nicht alle Altlasten aus der unsachgemäßen Lagerung bzw. Ablagerung von Abfällen stammen. Vielmehr führt eine ebenso bedeutsame Linie von kontaminierten Betriebsflächen zur Entstehung von Altlasten. Hier ist der Abstand zum Abfallrecht demgemäß noch größer. Es erweist sich nach alledem, daß ungeachtet einiger Berührungspunkte die Verbindung von altlasten- und abfallrechtlichen Bestimmungen eher schwach ausgeprägt ist und es demgemäß nur schwer zu rechtfertigen wäre, die kodifikatorische Verankerung für das Altlastenproblem in den Abfallgesetzen zu sehen.

2. Naturschutzgesetz

In der politischen Diskussion[5] wird gelegentlich vorgeschlagen, den Bodenschutz an den Naturschutz „anzubinden" und eine entsprechende kodifikatorische Erweiterung der Naturschutzgesetze (des Bundes und der Länder) vorzunehmen. Mag dies auch im Hinblick auf eine damit angestrebte Erhöhung des Stellenwertes des Naturschutzes im Vergleich namentlich zu den Umweltschutzsegmenten Immissions- und Gewässerschutz nachvollziehbar sein, so stehen dem Vorstoß jedenfalls dann gravierende Bedenken entgegen, wenn es in der Sache um eine nachhaltige Stärkung von Bodenschutzbelangen gehen soll. Als hauptsächliche Gegenargumenete sind zu nennen:

– Zuschnitt
Die Erwähnung des Bodens in den Schutzgrundsätzen etlicher Umweltgesetze[6] – auch in denjenigen der Naturschutzgesetze –[7] hat nicht vermocht, die Defizite im Hinblick auf den Schutz des Mediums Boden auch nur ansatzweise auszugleichen. Es zeichnet sich nicht ab, daß die insoweit bestehende Schieflage dann als überwunden gelten könnte, wenn die Umschreibung des Begriffs „Boden" in den Naturschutzgesetzen um physikalische und bodenbiologische Inhalte erweitert würden.[8]

---

5 Zu erwähnen ist z.B. ein Vorstoß Niedersachsens in der Länderarbeitsgemeinschaft Naturschutz (LANA) aus dem Frühsommer 1991.

6 Hingewiesen sei nur auf § 1 BImSchG und § 2 Abs. 1 Satz 2 Zif. 3 AbfG.

7 § 2 Abs. 1 Zif. 4 und 5, 1. HS BNatSchG lauten: „Boden ist zu erhalten; ein Verlust seiner natürlichen Fruchtbarkeit ist zu vermeiden. ... Beim Abbau von Bodenschätzen ist die Vernichtung wertvoller Landschaftsteile oder Landschaftsbestandteile zu vermeiden; ..."

8 In diese Richtung ging der erwähnte Vorstoß Niedersachsens.

Derartige lediglich punktuelle Nachbesserungen wären nicht geeignet, die Schwierigkeiten zu beheben, die bei der Problemerfassung und -bewältigung auftreten. Darüber hinaus würde eine Anbindung des Bodenschutzes an den Naturschutz zu Kollisionen bzw. Vermengungen führen, was letztlich weder dem Natur- noch dem Bodenschutz und insbesondere auch nicht der Bewältigung der Altlastenproblematik zugute käme. Zwar trifft es zu, daß der Schutz des Bodens und der Schutz von Natur und Landschaft etliche Berührungspunkte aufweisen. Dem stehen aber auch erhebliche Divergenzen gegenüber. So ist etwa darauf hinzuweisen, daß Bodenschutz medialer Schutz ist – ebenso wie der Schutz von Luft und Wasser; der Schutz von Natur und Landschaft ist demgegenüber medienübergreifend angelegt.[9] Noch gravierender dürfte sein, daß der Naturschutz vielfältige Fachplanungselemente enthält,[10] die jedenfalls dann in Zielkonflikte mit Bodenschutzzielen treten können, wenn diese – was allein sachgerecht wäre – aus den Bodenfunktionen abgeleitet würden.[11]

– Systematik und Zielkatalog

Die Systematik der Naturschutzgesetze ist kaum darauf angelegt, Bodenschutzregelungen aufzunehmen. Die größte Nähe besteht noch zu den Eingriffsregelungen.[12] Wollte man hier ansetzen, müßte man allerdings den Bodenschutz als Maßnahme zur Konkretisierung der Grundsätze von Naturschutz und Landschaftsschutz begreifen. Der Bodenschutz würde dann zu einem Element des Naturschutzes werden, was seiner Funktion nicht entspricht. Für Maßnahmen zur Altlastensanierung gilt dieser Befund erst recht. Eine sachgerechte Lösung ließe sich auch nicht durch eine Ergänzung des Zielkataloges um bodenschutzspezifische Ziele erreichen. Damit würde man in systematisch verfehlter Weise mediale und funktionelle Elemente vermengen. Nicht unerwähnt bleiben darf im übrigen, daß dies zwangsläufig zur Folge hätte,

---

9 In der künftigen umweltrechtpolitischen Entwicklung wird es darum gehen müssen, jedenfalls partiell die medienorientierte Perspektive zu ergänzen und vielleicht auch zu überwinden. Darüber darf aber weder der nur durch entsprechende spezifische Normierungen erreichbare Schutz der einzelnen Umweltmedien vergessen noch außer acht gelassen werden, daß der Schutz des Bodens erst in einer Situation größere Aufmerksamkeit findet, in der – jedenfalls im Prinzip – der Gewässer- und der Immissionsschutz längst selbstverständlich geworden sind.

10 Siehe nur §§ 5 ff, 12 ff BNatSchG.

11 Siehe nur §§ 5 ff, 12 ff BNatSchG.

12 Für die Ebene des Bundes ist namentlich § 8 BNatSchG mit seinem mehrfach gestuften Regelungssystem zu nennen.

daß die strukturellen Schwächen der Naturschutzgesetze – erwähnt seien das Agrarprivileg und die zahlreichen Abwägungsklauseln, die die Gefahr in sich bergen, zu Einfalls-toren für umweltschutzfremde Belange zu werden – auch den Bodenschutz erfassen würden.

Ohne daß es noch weiterer Erwägungen bedürfte,[13] ist somit festzuhalten, daß eine Anbindung des Bodenschutzes an den Naturschutz – mit entsprechenden Konsequenzen für die rechtliche Ausgestaltung – nicht sinnvoll erscheint.

3. Altlastengesetz

Wenn einerseits offensichtlich Kodifikationsbedarf besteht, andererseits vorhandene Normwerke – wie soeben dargelegt – von ihrer Zielsetzung und Struktur her nicht geeignet erscheinen, die benötigten Bestimmungen aufzunehmen, liegt es nahe zu erwägen, ob nicht ein eigenständiges Altlastengesetz geschaffen werden sollte.

Dafür lassen sich mehrere gewichtige Argumente ins Feld führen: Zunächst könnte damit mit aller Deutlichkeit sichtbar gemacht werden, daß hier ein neues Problemfeld vorhanden ist, dessen legislative Durchdringung ansteht. Dabei wäre der Regelungsgegenstand relativ klar abgegrenzt, und der Regelungsumfang müßte nicht allzu umfangreich sein. Für einen Teil des Problemfeldes (Rüstungsaltlasten) könnte zudem auf einen schon vorhandenen Entwurf zurückgegriffen werden,[14] und im Hinblick auf die Finanzierung der Altlastensanierung ließe sich u.U. eine Verknüpfung mit der vom Umweltministerium verfolgten Abfallabgabe herbeiführen.[15]

Gegen ein selbständiges Altlastengesetz spricht zunächst, daß eine solche Kodifikation einer weiteren Zersplitterung im Umweltrecht gerade in einer Zeit, in der es um Harmonisierung und Zusammenführung ge-

---

13 Nur am Rande erwähnt sei, daß auch vollzugspraktische Überlegungen für eine Trennung von Natur- und Bodenschutz sprechen. Bei einer Verzahnung von Vorsorgemaßnahmen und Sanierungsmaßnahmen gilt dieser Befund natürlich erst recht.

14 Gemeint ist der „Entwurf für ein Rüstungsaltlastengesetz (Gesetz über die Beseitigung und Sanierung der Rüstungsaltlasten und deren Finanzierung in der Bundesrepublik Deutschland) -RÜAltG-" vom 2.7.1991.

15 Entwurf eines Abfallabgabengesetzes vom 10.7.1991.

hen soll, Vorschub leisten würde.[16] Dieses Argument wiegt um so schwerer, als der Weg zur Schaffung eigenständiger Bodenschutzgesetze unabweisbar vorgezeichnet sein dürfte. Wird er aber beschritten, dann würde es nicht nur den Vollzug erschweren, wenn die einzelnen Regelungselemente des Bodenschutzes auf mehrere Normwerke verteilt wäre; es würde darüber hinaus von vornherein zu einen strukturellen Problem werden, wenn Sachverhalte, die eine große Affinität aufweisen, separate Regelungen erführen. Und schließlich müßte befürchtet werden, daß in der politischen Wahrnehmung sowohl der Bodenschutz als auch die Altlastensanierung nicht die erforderliche Priorität bekämen, sondern als eher untergeordnete Spezialmaterien behandelt würden. Insgesamt haben damit die Argumente ein größeres Gewicht, die gegen ein separates Altlastengesetz sprechen.

4. Bodenschutzgesetz

Aus den vorangegangenen Überlegungen ergibt sich gewissermaßen spiegelbildlich eine Präferenz zugunsten eines umfassenden Bodenschutzgesetzes mit altlastenbezogenen Regelungen als integralem Bestandteil. Gerade letzteres könnte einen Anschubeffekt im Hinblick auf Schutz und Pflege des Bodens im ökologischen Sinne auslösen. Die Zusammenführung würde es ersparen, die fachlich ohnehin kaum begründbaren Schnittstellen zwischen Bodenschutz und Altlastensanierung in unterschiedlicher Weise zu normieren, die Effektivität bei der administrativen Umsetzung ließe sich damit nachhaltig erhöhen. Die denkbarerweise gegen eine solche Lösung erhobenen Einwände, die im Zusammenhang mit der Altlastenproblematik wichtigen Kontaminationspfade Wasser und Luft würden vernachlässigt, weil ein – medial ausgerichtetes – Bodenschutzgesetz lediglich den Boden schütze, haben sicherlich Gewicht und dürfen nicht unberücksichtigt bleiben. Sie können aber ausgeräumt werden: Da das Bodenschutzgesetz von einer Betrachtung der verschiedenen Bodenfunktionen auszugehen hätte, müßte auch der Austrag von Stoffen in das Grundwasser, in Oberflächengewässer und in die Luft in den Regelungszusammenhang mit einbezogen werden. Die Entstehung einer Regelungslücke könnte also vermieden werden.

---

16 Gedacht ist hier namentlich an die Schaffung eines einheitlichen Umweltgesetzbuchs, das nach den bisherigen Planungen zur Jahrtausendwende in Kraft treten soll.

Im Hinblick auf den Zuschnitt eines - wie hier vorausgesetzt - auf der Ebene des Bundes angesiedelten Bodenschutzgesetzes sind mit den bisherigen Darlegungen allenfalls Eckpunkte bezeichnet, von denen ausgehend eine inhaltliche Ausformung (u.a. mit der Schaffung einer TA Boden) und Differenzierung noch geschehen müßte. Die danach zu leistende Aufgabe geht jedoch über das hinaus, was Gegenstand der vorliegenden Überlegungen sein sollte.[17]

---

17 Sie ist partiell an anderer Stelle weiterverfolgt worden: BRANDT, Bodenschutzgesetz Schleswig-Holstein. Inhaltliche Anforderungen - Gesetzgebungskompetenz - instrumentelle Ausnormung, Man. Juli 1991.

Über die Autoren

BRANDT, EDMUND, Dr. jur. habil., Dipl.-Pol.
Professor für Umweltrecht an der TU Cottbus.
Veröffentlichungen (u.a.): Untersuchung des Instruments „Raumwirksame Investitionen" unter Umweltschutzgesichtspunkten (ausgewählte Förderprogramme) (zusammen mit Günter Puck und Werner Raabe), 1982; Umweltplanung in der Regionalplanung (zusammen mit Werner Raabe und Robert Sander), 1984; Altlasten und Abfallproduzentenhaftung (zusammen mit Robert Sander), 1984; Berücksichtigung von Umweltschutzbelangen im geplanten Baugesetzbuch (zusammen mit Martin Dieckmann und Kersten Wagner), 1988; Rechtsfragen der Bodensanierung (zusammen mit Stephan Schwarzer), 1988; Rechtsfragen der Bodenkartierung (zusammen mit Eckart Abel-Lorenz), 1990; Altlastenkataster und Datenschutz, 1990; Altlastenrecht, 1992.

BRANDT, JUDITH, M.A.
Publizistin; Geschäftsführerin des Büros für Bodenschutz und Umweltberatung (BfBU), Hamburg.
Veröffentlichungen zu verschiedenen Aspekten der Umweltpolitik.

CLAUS, FRANK, Dr. rer. nat., Dipl.-Chem.
Seit 1986 Sprecher des AK Altlasten des BUND; Geschäftsführer des Instituts Kommunikation & Umweltplanung GmbH (iku) in Dortmund.
Veröffentlichungen zur Chemiepolitik sowie zur Abfall- und Altlastenproblematik.

DIECKMANN, MARTIN,
Rechtsanwalt in Hamburg.
Veröffentlichung: Altlasten und Abfallproduzentenhaftung, 1988 (zusammen mit Edmund Brandt und Kersten Wagner).

EISOLDT, FRANK, Dipl.-Pol.
Wissenschaftlicher Angestellter in der Forschungsstelle Umweltrecht der Universität Hamburg.
Veröffentlichungen zu umweltpolitischen Fragestellungen.

GRIMSKI; DETLEF, Dipl.-Ing.
Mitarbeiter im Fachgebiet „Altlasten" des Umweltbundesamtes, Berlin.

HENKEL, MICHAEL J., Assessor, Dr. jur.
Wissenschaftlicher Angestellter im Deutschen Institut für Urbanistik, Berlin.
Veröffentlichungen (u.a.): Immissionsschutz (zusammen mit Bernhard Sprenger), 1985; Altlasten als Rechtsproblem, 1987; Der Anlagenbegriff des Bundes-Immissionsschutzgesetzes, 1989; Altlasten – ein kommunales Problem (zusammen mit Thomas Kempf u.a.), 1991; Aufsätze in Fachzeitschriften und Sammelbänden.

KILGER, RALF, Dr. rer. nat., Dipl.-Chem.
Wissenschaftlicher Angestellter im Amt für Altlastensanierung der Umweltbehörde Hamburg.
Veröffentlichungen (u.a.) zur Behandlung von kontaminierten Böden (Handbuch der Altlastensanierung (Hrsg. V. Franzius et al.), Beiträge 5.4.1.0.1 u. 5.4.1.0.2, 1989) und zur Behandlung von Sickerflüssigkeiten (ebenda, Beitrag 5.4.3.3.0, 1988; Wasser u. Boden 41, 521 (1989) (zusammen mit H. Fremdling, P. Hein, K. Marg, G. Wernicke); VDI Berichte Nr. 745, 897 (1989) (zusammen mit E. Bilger, R. Jacob) sowie zum Giftgasunglück im indischen Bhopal, 1984 (Nachr. Chem.Tech.Lab. 33, 590 (1985); Öko-Mitteilungen (Freiburg i.Br.) 4/1986, 21.

KOCH, EVA, Dipl.-Ing.
Wissenschaftliche Mitarbeiterin der PGBU – Planungsgesellschaft Boden & Umwelt GmbH in Kassel.
Arbeitsbereich: Untersuchung und Gefährdungsabschätzung kontaminierter Standorte, Schwerpunkt Rüstungsaltlasten.

KOCH, HANS-JOACHIM, Dr. jur. habil.
Professor für öffentliches Recht an der Universität Hamburg, Richter am Hamburgischen Oberverwaltungsgericht.
Veröffentlichungen (u.a.): Ermessensermächtigungen und unbestimmte Rechtsbegriffe im Verwaltungsrecht, 1979; Juristische Begrün-

dungslehre, 1982 (zusammen mit Helmut Rüßmann); Allgemeines Verwaltungsrecht, 1984; Bodensanierung nach dem Verursacherprinzip, 1985; Grenzen der Rechtsverbindlichkeit technischer Regeln im öffentlichen Baurecht, 1986; Baurecht, Raumordnungs- und Landesplanungsrecht, 1988 (zusammen mit Rüdiger Hosch); Schutz vor Lärm, 1990 (Hrsg.); Immissionsschutz durch Baurecht, 1991; Umweltschutz in der Europäischen Gemeinschaft, 1991 (Hrsg. mit Peter Behrens); Allgemeines Verwaltungsrecht, 2. Aufl. 1992 (zusammen mit Rüdiger Rubel); Auf dem Weg zum Umweltgesetzbuch, 1992 (Hrsg.).

KÖNIG, WOLFRAM, Dipl.-Ing.
Dezernatsleiter bei der Bezirksregierung Hannover.
Zahlreiche Veröffentlichungen zur Rüstungsaltlastenproblematik.

MEINERS, HANS-GEORG, Dr. rer. nat.
Geschäftsführender Gesellschafter der AHU – Büro für Hydrogeologie und Umweltschutz GmbH in Aachen. Wissenschaftlicher Projektleiter in den Arbeitsbereichen Bodenschutz und kontaminierte Standorte sowie Grundwasserschutz und Grundwassergewinnung.
Veröffentlichungen/Vorträge (u.a.): Grundwasser-Verunreinigung trotz ordnungsgemäßer Landwirtschaft (zusammen mit Wittler, Lieser u. Lahl), Wasserwirtschaft 78 (1988) 2; Ökologische Vorbewertung Altlastenverdächtiger Flächen im Rheinhafen von Düsseldorf (zusammen mit Borgmann), in: Der Hafen – eine ökologische Herausforderung, Hamburg, Juli 1989; Schadstofftransport im Grundwasser als Kriterium für Sicherungsmaßnahmen von Altlasten (zusammen mit Stolpe), Tagung: Sanierung kontaminierter Standorte 1989, FGU-Berlin, Sept. 1989.

SCHNEIDER, ULRICH, Dipl.-Ing.
Geschäftsführer der Planungsgesellschaft Boden & Umwelt mbH, Kassel (PGBU)
Veröffentlichungen zur Altlastenproblematik.

SCHWARZER, STEPHAN, Dr. jur., Mag. rer. soc. oec.
Universitätsdozent für öffentliches Recht an der Wirtschaftsuniversität Wien und stellvertretender Leiter der Gruppe Umweltpolitik der Bundeswirtschaftskammer.
Veröffentlichungen (u.a.): Gemeindewirtschaft und Gemeindeverfassung, 1980; Verfassungsrechtliche Grundlagen der Auftragsvergabe (zusammen mit Karl Korinek), 1981; Österreichisches Luftreinhaltungsrecht, 1987; Rechtsfragen der Bodensanierung (zusammen mit Edmund Brandt), 1988; Die Genehmigung von Betriebsanlagen, 1992.

SELKE, WOLFGANG, Dipl.-Ing.
Sachgebietsleiter Bodenschutz und Altlasten im Umweltamt des Stadtverbandes Saarbrücken, Projektleiter Forschungsvorhaben 'Handlungsmodell Altlasten'.
Veröffentlichungen: Leitfaden Erfassung und Bewertung kontaminationsverdächtiger Flächen im Handbuch Altlastensanierung; kommunales Altlastenmanagement, Bd. 1 der Reihe Praxis der Altlastensanierung, Economica-Verlag 1992 (in Vorbereitung); Zeitschriftenartikel.

STAUPE, JÜRGEN, Dr. jur., Dipl.-Pol.
Abteilungsleiter im Sächsischen Staatsministerium für Umwelt und Landesentwicklung.
Veröffentlichungen u.a.: Umweltabgaben zur Sanierung von Altlasten im Abfallbereich, 1985; Rechtliche Probleme bei der Bildung eines Altlastensanierungsfonds nach dem Vorbild des amerikanischen Superfund, Schriftenreihe des Instituts für Bauwirtschaft und Baubetrieb der TU Braunschweig, Heft 18, 1986, 20 ff.; Der Besorgnisgrundsatz beim Grundwasserschutz (zusammen mit H.-P. Lühr), Schriftenreihe des Instituts für Wassergefährdende Stoffe an der TU Berlin, Band 2, 1987, 9 ff.; Der Besorgnisgrundsatz beim Grundwasserschutz verdrängt durch Abfall- und Pflanzenschutzrecht? UPR 1988, 41 ff.; Rechtliche Aspekte der Altlastensanierung, DVBl. 1988, 606 ff.; Rechtsfragen der Altlastensanierung, in: Müll- und Abfallbeseitigung. Handbuch über die Sammlung, Beseitigung und Verwertung von Abfällen aus Haushaltungen, Gemeinden und Wirtschaft, Kennz. 4390.

WIEGANDT, CLAUS-CHRISTIAN: Dr., Dipl.-Geogr.
Wissenschaftlicher Mitarbeiter in der Bundesforschungsanstalt für Landeskunde und Raumordnung. Hier Beschäftigung mit Fragen der Altlasten, Konversion und der Raumentwicklung in Deutschland.
Veröffentlichungen: Lingen im Emsland. Ansätze zur qualitativen Methodik in der Regionalforschung (zusammen mit R. Danielzyk), 1985; Altlasten und Stadtentwicklung, 1989; zahlreiche Zeitschriftenaufsätze.

Literaturhinweise

ALTLASTEN 2.
Hg. Karl J. Thomé-Kozmiensky,
1988

BARKOWSKI, DIETMAR, u.a.,
Altlasten – Handbuch zur Ermittlung und Abwehr von Gefahren durch kontaminierte Standorte.
2. Auflage 1990

BRANDT, EDMUND,
Altlastenkataster und Datenschutz,
1990

BRANDT, EDMUND,
Altlastenrecht. Ein Handbuch,
1992

CONRAD, PETER-UWE/KLAUS WOLF,
Freistellung von der Altlastenhaftung,
1991

HANDBUCH DER ALTLASTENSANIERUNG,
Hg. Volker Franzius/Rainer Stegmann/Klaus Wolf,
1988 ff.

HENKEL, MICHAEL J., u.a.,
Altlasten – ein kommunales Problem,
1991

KNOPP, LOTHAR,
Altlastenrecht in der Praxis,
1992

NAUSCHÜTT, JÜRGEN,
Altlasten,
1990

RÜSTUNGSALTLASTEN, '91.
Hg. Karl-Werner Kiefer u.a.,
1991

SONDERGUTACHTEN „ALTLASTEN“ DES RATES VON SACHVERSTÄNDIGEN FÜR UMWELTFRAGEN,
Bundestags-Drs. 11/6191

Sachregister